"十二五"职业教育国家规划教材

经全国职业教育教材审定委员会审定

# 注塑模具设计实例教程

（第三版）

主　编　黄开旺　龙锦中
副主编　黄高笛　骆仕斌
主　审　刘彦国

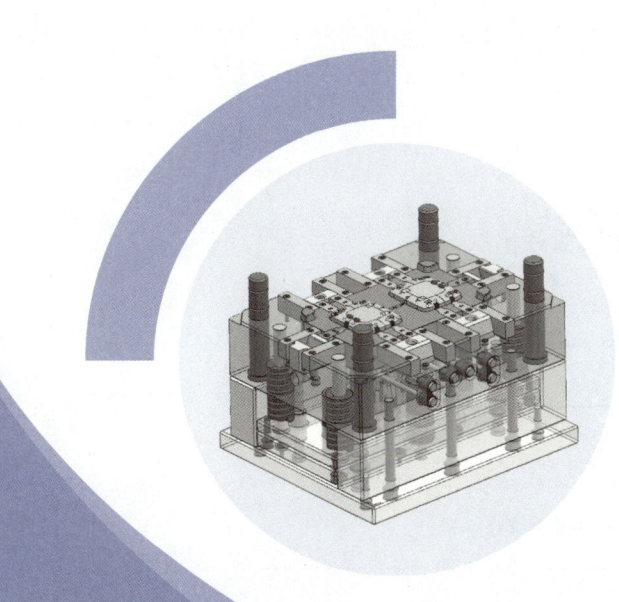

大连理工大学出版社

### 图书在版编目(CIP)数据

注塑模具设计实例教程 / 黄开旺，龙锦中主编. -- 3 版. -- 大连：大连理工大学出版社，2024.8
ISBN 978-7-5685-4929-5

Ⅰ.①注… Ⅱ.①黄… ②龙… Ⅲ.①注塑－塑料模具－计算机辅助设计－应用软件－高等职业教育－教材 Ⅳ.①TQ320.66-39

中国国家版本馆 CIP 数据核字(2024)第 073816 号

大连理工大学出版社出版

地址：大连市软件园路 80 号　邮政编码：116023
发行：0411-84708842　邮购：0411-84708943　传真：0411-84701466
E-mail：dutp@dutp.cn　URL：https://www.dutp.cn
大连图腾彩色印刷有限公司印刷　　大连理工大学出版社发行

幅面尺寸：185mm×260mm　　印张：17.75　　字数：432 千字
2009 年 10 月第 1 版　　　　　　　　　　2024 年 8 月第 3 版
2024 年 8 月第 1 次印刷

责任编辑：吴媛媛　　　　　　　　　　责任校对：唐　爽
封面设计：方　茜

ISBN 978-7-5685-4929-5　　　　　　　　定　价：59.80 元

本书如有印装质量问题，请与我社发行部联系更换。

# 前 言

塑料的发明堪称20世纪人类的一大杰作。进入21世纪,它已成为四大工业基础材料之一,广泛应用于航空、航天、通信工程、计算机、军事、农业、食品工业等各行业之中。

注塑成型作为塑料成型的重要工艺方法,其所占的比例越来越高。随着注塑模具的飞速发展,相关企业也迅速崛起,对模具设计人才的需求量也越来越大,每年都有大量模具专业的毕业生进入模具设计和制造岗位。然而,目前市场上模具设计方面的教材大多以理论阐述为主,实用性和操作性不强,且与企业生产实际相距较远,大部分毕业生对企业实际生产缺乏了解,在步入工作岗位后不能立刻上手,承担实际工作,因此迫切需要能够体现模具企业生产一线特色的模具设计指导教材,本教材正是根据这一现实需求编写而成的。

党的二十大报告提出,建设现代化产业体系,推动制造业高端化、智能化、绿色化发展,制造业中的模具行业由此迎来了新的发展机遇。本教材全面贯彻落实党的二十大精神,突出技能训练和思政内涵,在每个实例的"素质目标"中提炼所蕴含的思政元素,促使教师教学和学生学习过程中将专业知识与思政教育自然融合,对培养学生爱岗敬业、诚实守信的职业道德,智能化、绿色化的设计意识,以及勇于创新的职业素养起着积极的作用。

本教材以 UG NX 12.0 软件为平台,精选了4个生产实例,主要讲解了电动工具盖、充电器外壳、玩具外壳、平板电脑保护壳等各类塑件的模具设计流程,内容涵盖了注塑模具的主要结构类型,具有典型性和代表性。教材编写避开了繁杂的理论阐述,将企业生产实例与编者多年的模具设计工作经验相结合,形象生动地向读者阐述了各类模具结构设计的方法与技巧。

教材中的每个实例包含模具各系统和机构的设计、模具总装图和零件图出图等部分,各部分均采用3D软件设计完成,相应的操作微课视频通过二维码形式呈现,注塑模具设计与制造的相关知识和设计参数也融入其中,帮助读者知其然,也知其所以然。实例在编排上由易到难,由简到繁,由二板模、三板模到热流道模,由模具的3D结构设计到模具总装图和零件图出图,完全与工作岗位对接,条理清晰,方便实用。每个实例后附"技能训练题",其源文件及全书模具结构的动画可从出版社数字化服务平台上获取,以帮助读者更好地使用本教材,更快地掌握各类模具结构设计的方法与技巧。

阅读本教材的方法与技巧:阅读前,先打开配套资源中的实例3D文件,了解产品的基本特征,思考其大概设计思路;然后观看相应的微课视频;再依照教材的讲解进行练习,体会其中的模具设计理论、方法及技巧;最后举一反三,完成"技能训练题"的模具设计。

本教材由广西工业职业技术学院黄开旺、龙锦中任主编,东莞市翔通塑胶制品有限公司黄高笛、阳江职业技术学院骆仕斌任副主编。具体编写分工如下:黄开旺编写实例1和实例3的3.6~3.10,并负责全部实例操作微课视频的录制;龙锦中编写实例2;骆仕斌编写实例3的3.1~3.5;黄高笛编写实例4。浙江机电职业技术大学刘彦国审阅了书稿并提出了许多宝贵的意见和建议,在此深表感谢!

在编写本教材的过程中,我们参考、引用和改编了国内外出版物中的相关资料及网络资源,在此对这些资料的作者表示深深的谢意。请相关著作权人看到本教材后与出版社联系,出版社将按照相关法律规定支付稿酬。

尽管我们在教材特色的建设方面做出了许多努力,但由于编者水平有限,教材中仍可能存在一些疏漏和不妥之处,恳请各教学单位和读者在使用本教材时多提宝贵意见,以便下次修订时改进。

编 者

2024 年 7 月

所有意见和建议请发往:dutpgz@163.com

欢迎访问职教数字化服务平台:https://www.dutp.cn/sve/

联系电话:0411-84707424  84708979

# 目 录

**实例 1　一模两腔侧浇口二板模设计** ………………………………………………… 1
   1.1　成型系统设计 ………………………………………………………………… 1
   1.2　模架系统设计 ………………………………………………………………… 15
   1.3　侧浇口浇注系统设计 ………………………………………………………… 23
   1.4　顶出系统设计 ………………………………………………………………… 32
   1.5　冷却系统设计 ………………………………………………………………… 41
   1.6　紧固系统设计 ………………………………………………………………… 44
   1.7　排气系统设计 ………………………………………………………………… 47
   1.8　模具标准件设计 ……………………………………………………………… 47
   1.9　模具设计检查 ………………………………………………………………… 54
   1.10　模具总装图设计 …………………………………………………………… 55
   1.11　模具零件图设计 …………………………………………………………… 69

**实例 2　一模两腔潜伏式浇口抽芯和斜顶杆机构二板模设计** ………………………… 78
   2.1　成型系统设计 ………………………………………………………………… 79
   2.2　模架系统设计 ………………………………………………………………… 93
   2.3　滑块抽芯机构设计 …………………………………………………………… 96
   2.4　斜顶杆(斜顶)机构设计 ……………………………………………………… 117
   2.5　潜伏式浇口浇注系统设计 …………………………………………………… 129
   2.6　顶出系统设计 ………………………………………………………………… 135
   2.7　冷却系统设计 ………………………………………………………………… 139
   2.8　排气系统设计 ………………………………………………………………… 144
   2.9　模具标准件设计 ……………………………………………………………… 144
   2.10　模具总装图设计 …………………………………………………………… 150
   2.11　模具零件图设计 …………………………………………………………… 153

**实例 3　一模一腔点浇口定模抽芯三板模设计** ……………………………………… 167
   3.1　成型系统设计 ………………………………………………………………… 168
   3.2　三板模模架系统设计 ………………………………………………………… 175
   3.3　定模滑块机构设计 …………………………………………………………… 179

3.4 点浇口浇注系统设计 ······ 189
3.5 冷却系统设计 ······ 198
3.6 顶出系统设计 ······ 201
3.7 排气系统设计 ······ 203
3.8 三板模标准件的设计 ······ 203
3.9 模具总装图设计 ······ 212
3.10 模具零件图设计 ······ 216

**实例 4 一模一腔直浇口斜顶杆机构热流道模设计** ······ 223
4.1 成型系统设计 ······ 224
4.2 热流道模模架系统设计 ······ 232
4.3 热流道系统设计 ······ 236
4.4 斜顶杆机构设计 ······ 243
4.5 冷却系统设计 ······ 259
4.6 顶出系统设计 ······ 262
4.7 排气系统设计 ······ 264
4.8 热流道模标准件设计 ······ 266
4.9 模具总装图设计 ······ 271
4.10 模具零件图设计 ······ 274

**参考文献** ······ 277
**附录 注模模具术语对照表** ······ 278

# 实例 1  一模两腔侧浇口二板模设计

### 知识目标 >>>

1. 了解注塑模具结构组成。
2. 掌握注塑模具设计流程。
3. 了解分模原理并掌握分模方法。
4. 掌握二板模各系统的结构组成和参数确定方法。
5. 掌握模具总装图的出图方法。
6. 掌握模具零件图的出图方法。

### 能力目标 >>>

1. 能够正确拆分型腔、型芯。
2. 能够正确使用经验值确定各系统组成零件的设计参数,并进行合理的结构设计。
3. 能够正确确定模架规格并选择合适的二板模标准模架。
4. 能够根据浇注系统的设计原则,合理设计侧浇口浇注系统。
5. 能够绘制符合行业规范的模具总装图。
6. 能够绘制符合行业规范的模具零件图。

### 素质目标 >>>

1. 具备自主学习和独立设计的能力。
2. 具备一丝不苟、精益求精的钻研精神。
3. 具备吃苦耐劳、爱岗敬业的奉献精神。
4. 具备科技报国的家国情怀和使命感、责任感。
5. 具备安全、适用、经济、环保、美观等工程质量意识。
6. 具备良好的沟通表达能力和团队协作精神。

## 1.1 成型系统设计

成型系统是模具的核心,由与产品直接接触的零件组成。成型系统的设计主要包括产品模具设计分析、产品拔模分析、产品收缩率的设置、型腔和型芯的拆分、产品排位设计、型腔与型芯结构设计等。

## 一、产品模具设计分析

在进行模具设计前,模具设计人员必须了解用户对产品的要求,并对产品结构、塑料性能、成型加工工艺进行分析,以使设计的模具便于加工,利于生产,寿命更长。

**1. 用户对产品的要求**

用 UG 打开配套资源中的"SL-part\SL01\SL01.stp"文件,如图 1-1-1 所示。

用户对产品的要求如下:

(1)产品材料:ABS。

(2)产品收缩率:1.004 5。

(3)产品表面要求:表面喷油,不允许有毛边,不允许出现明显的段差、收缩凹陷、银纹等。

(4)未标注公差,按企业标准执行。

(5)产品批量:25 万件。

**2. 产品分型面的分析**

(1)分型面

图 1-1-1 产品 3D 图

模具上用于取出塑件和浇注系统凝料的可分离接触面(动模与定模的接触表面),称为分型面。

(2)产品的分型线与分型面

产品的分型面一般在其最大截面位置处,而产品的最大截面轮廓线即分型线。可通过拔模检测找到产品分型线和分型面。本例产品的分型线和分型面如图 1-1-2 所示。

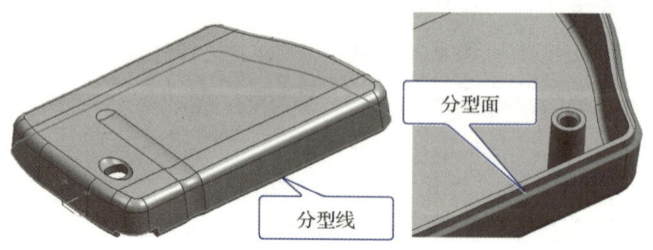

图 1-1-2 产品的分型线与分型面

(3)分型面选择原则

①保证产品能从模具中取出,分型面位置应选择在产品外形最大轮廓处。

②对于外观件,模具分型不能影响外观,需保证外观质量和精度。

③保证开模后产品能留在动模(后模)一侧。

④有利于脱模和侧向抽芯。

⑤保证产品的精度要求,如应将有同轴度要求的部分放到同一侧。

⑥考虑模具的锁模力,将产品投影面积大的方向选为动、定模的合模方向。

⑦便于模具的加工与装配,如尽量选平面为分型面。

⑧有利于排气,尽量将塑料熔体流动的末端选在分型面上。

分型面动画详见本书配套的数字化资源。

**3. 产品结构的分析**

此产品结构简单,无倒扣,模具结构无斜顶杆、滑块。但此产品有1个通孔和1个缺口,并且整圈有止口。为了方便模具的加工及注塑成型时排气,设计模具结构时,考虑在产品的通孔处做1个型芯小镶件,缺口处做1个枕位,止口内侧做1个型芯大镶件,如图1-1-3所示。

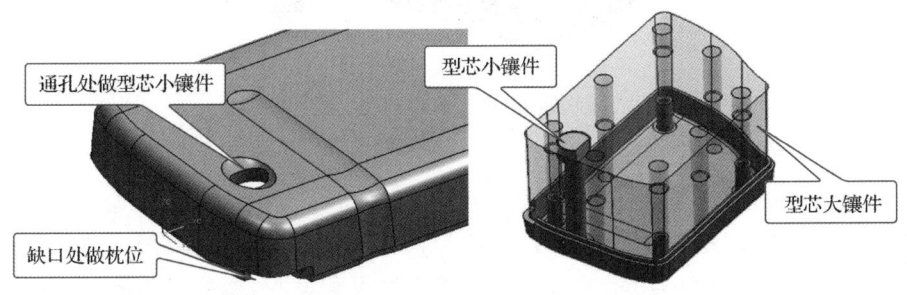

图 1-1-3　镶件与枕位

**4. 模具型腔数的确定**

模具型腔数可以由用户指定,如果用户没有指定,则由模具设计人员来确定。本例用户没有指定型腔数,故需由模具设计人员来确定。

产品尺寸如图1-1-4所示。根据产品的尺寸大小,如果做一模一腔,则产品排位偏心;如果做一模四腔,则型腔、型芯尺寸相对较大,而且注塑成型难度大。综合考虑产品排位的合理性,本产品做一模两腔排位。

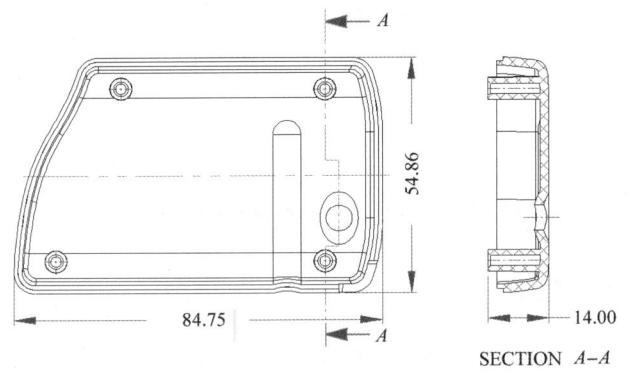

图 1-1-4　产品尺寸

**5. 产品进浇方式及位置的选择**

在进行模具设计前,要充分考虑浇口形式、最佳浇口位置及浇口的数量。浇口形式要满足用户对产品的设计要求,确定选用侧浇口、潜伏式浇口还是点浇口。作为第一个实例,本例选用比较简单而应用普遍的侧浇口(实际上,就本例产品外观要求而言,采用潜伏式浇口更为合适。潜伏式浇口会在后续的实例中做详细介绍)。

侧浇口位置通常设置在产品长边约1/3处。根据本产品的结构特点,选择其最佳浇口位置如图1-1-5所示。该位置成型后清除浇口方便,同时又不影响产品的装配。

图 1-1-5　浇口位置

**6. 产品排位方案的确定**

在确定产品的进浇方式及浇口位置后,可以对产品进行初步排位。如图 1-1-6 所示为一模两腔的两种排位方案。考虑到浇口位置要与型腔、型芯尺寸协调,图 1-1-6(a)所示的排位方案比较合理,图 1-1-6(b)所示的排位方案将使流道和型腔、型芯尺寸增大,不合理。

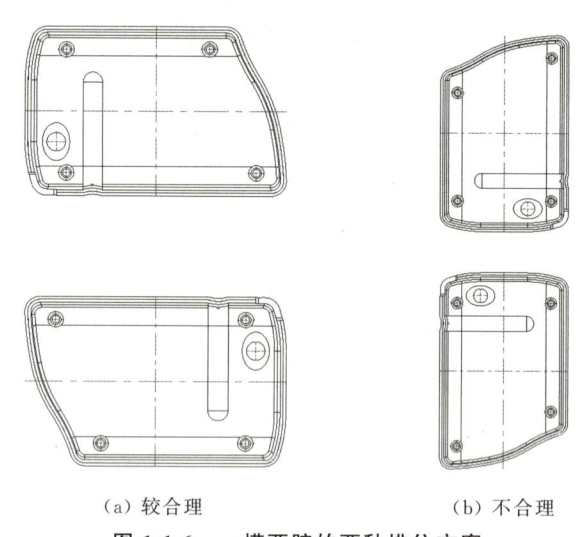

(a) 较合理　　　　　　　　(b) 不合理

图 1-1-6　一模两腔的两种排位方案

## 二、产品分模前的处理

在 3D 模具设计之前,首先要进行产品的分析处理,如处理产品的拔模、设置产品的收缩率、调整产品的位置等。

**1. 产品拔模分析**

启动 UG NX 12.0,打开配套资源中的"SL-part\SL01\SL01.stp"文件(此产品为电动工具盖),然后以"另存为"的方式,将文件另存到本例的 3D 文件夹中,并改名为"SL01-3D.prt"。

调用 UG 的"分析"→"形状"→"斜率"命令,对产品进行拔模(斜率)分析。具体操作参看微课视频。分析结果如图 1-1-7 所示。产品以不同颜色显示,粉红色面为型腔部分,蓝色面为型芯部分,绿色面为未经拔模的直身面。

产品拔模分析

拔模分析的目的，一是找出未经拔模的面（绿色面）；二是找出分型线和分型面（包括孔的分型位置）。

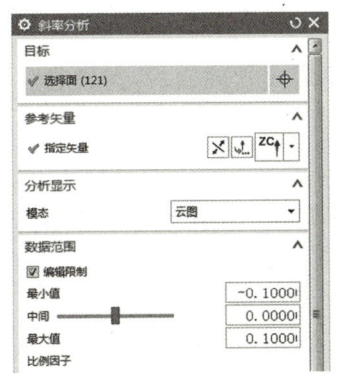

图 1-1-7　产品拔模分析结果

**2. 产品拔模处理**

根据以上的拔模分析可知，此产品结构简单，无倒扣，模具结构简单。只有 1 个通孔和 4 个柱位的内孔为直身面（绿色面）。通孔处拟做 1 个型芯小镶件，使其与型腔对碰，故可在拆分型芯小镶件后进行拔模。4 个柱位做推管（司筒），所以其内孔都做推管型芯，而内孔面无须拔模。

**3. 产品收缩率的设置**

塑件产品从温度较高的模具中取出冷却到室温后，其尺寸或体积将发生收缩。模具设计时需先将产品"放大"来确定型腔和型芯尺寸，以便模具生产出来的产品尺寸符合要求。这种将产品"放大"的操作称为设置产品收缩率，俗称放缩水。

用 UG 的"缩放体"命令设置产品收缩率。用户提供的产品收缩率为 1.004 5，具体操作参看微课视频。

产品收缩率的设置

**4. 产品的位置调整**

产品的位置调整要满足两个要求：一是产品的中心要设置在绝对坐标系原点位置上；二是产品的主分型面要处于绝对坐标系的 $X-Y$ 平面上。产品位置调整的具体操作参看微课视频。

产品的位置调整

## 三、型腔和型芯的拆分

调整好产品位置后，即可进行型腔、型芯的拆分，即分模。

型腔是成型产品外部形状的零件。型芯是成型产品内部形状的零件。型腔和型芯是模具成型系统的主要组成零件，是模具的核心，因此它们也被统称为模仁，型腔被称为前模仁，型芯被称为后模仁。

型腔、型芯动画详见本书配套的数字化资源。

**1. 补孔**

如果产品有通孔，则在分模前必须把孔补好。补孔时要注意孔的分型位置。补孔的方法有面补孔、实体补孔、面加实体补孔等。本例采用的方法为实体补孔。补孔的具体操作参看微课视频。

补孔

### 2. 分型面的创建

为了表面光顺，分型面最好由产品上的最大轮廓面延伸而得，具体操作参看微课视频。

### 3. 型腔、型芯的拆分

型腔、型芯的拆分原理是用分型面将型腔与型芯切开。拆分型腔和型芯的具体操作参看微课视频。

分型面的创建

拆分型腔、型芯后，将型芯移动至第 7 层，将型腔移动至第 8 层，将产品移动至第 150 层，以便管理。各对象移动至哪个图层，可依个人习惯或公司规定执行。

## 四、产品排位及型腔、型芯尺寸的确定

型腔和型芯的拆分

产品排位是模具设计的重要步骤，通过产品排位可确定型腔、型芯尺寸，进而确定模架的规格。

前面完成了模具设计的重要步骤——分模，接下来进行型芯与型腔的设计。

型芯、型腔设计的注意事项：产品在型芯与型腔中的排位应达到最佳排放效果，要考虑浇注位置和分型面因素，并与产品的外形尺寸、料位深度成比例。

### 1. 产品排位经验值

（1）产品的间距经验值

型芯与型腔的尺寸由产品尺寸和型腔数决定。小件产品（产品尺寸小于 80 mm）间距为 15～20 mm，大件产品（产品尺寸大于 80 mm）间距为 20～30 mm；产品料位越深，产品的间距越大；产品之间布置流道时，产品间距最小为 15 mm，如图 1-1-8 所示。

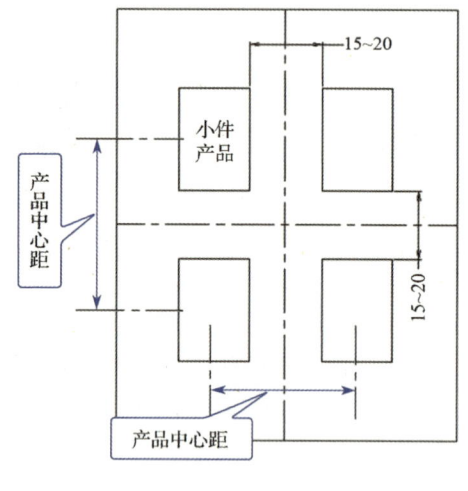
（a）小件产品

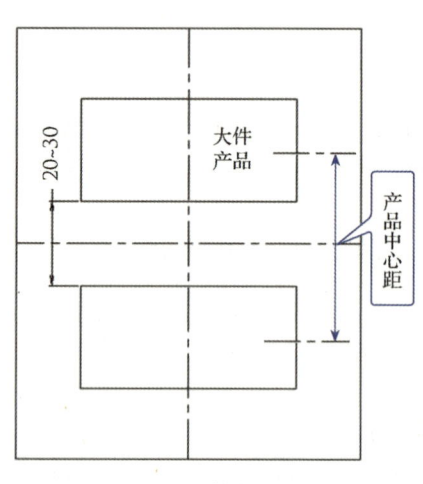
（b）大件产品

图 1-1-8　产品的间距经验值

**注意**

用图 1-1-8 所示经验值确定产品间距时，产品中心距必须取整数，而实际产品的间距在经验值范围内即可。

(2) 产品边与型芯、型腔边的间距经验值

小件产品边与型芯、型腔边的间距为 25～30 mm；大件产品边与型芯、型腔边的间距为 35～50 mm。小件产品的产品最低点与型芯底面的距离为 30～40 mm；大件产品的产品最低点与型芯底面的距离为 40～60 mm，如图 1-1-9 所示。当型芯、型腔要整体做镶件时，产品边与型芯、型腔边的间距可相应加大，以保证型芯与型腔的强度。

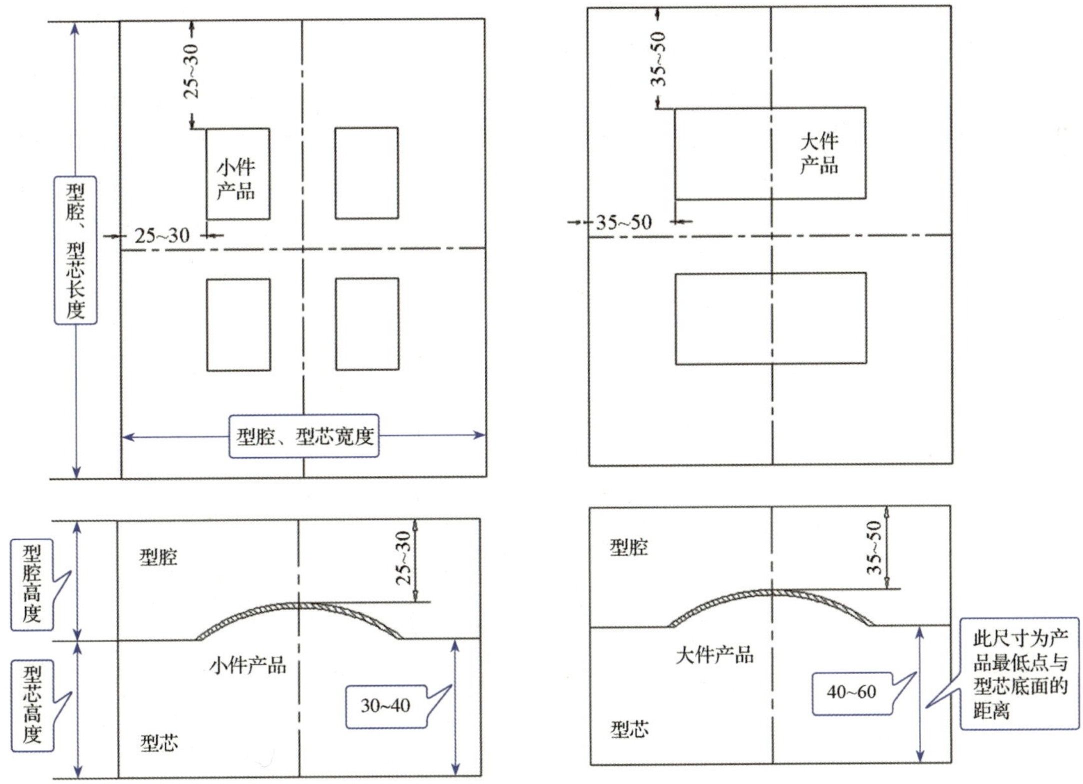

(a) 小件产品　　　　　　(b) 大件产品

图 1-1-9　产品边与型芯、型腔边的间距经验值

> **注意**
>
> 用图 1-1-9 所示经验值确定型腔、型芯的尺寸时,长、宽、高这 3 个尺寸必须取整数,并尽可能取为 10 的倍数,以便取数加工,而实际产品边与型芯、型腔边的间距在经验值范围内即可。

### 2. 产品中心距的确定

本例产品最大外形尺寸为 54.86 mm×84.75 mm,总高度为 14 mm(图 1-1-4),其最大尺寸比 80 mm 稍大,可按小件产品排位的经验值偏大取值,或按大件产品排位的经验值偏小取值。

依据图 1-1-8 所示的经验值(大件产品相邻产品的间距取 20～30 mm),本例为一模两腔,产品之间布置流道,相邻产品间距可适当加大,取 30 mm 左右。对照图 1-1-10 所示的排位图,依据图 1-1-8 所示的经验值,可以计算产品的中心距。

产品中心距=相邻产品间距+产品宽度=30 mm 左右+54.86 mm=84.86 mm 左右。

依据产品中心距取整原则,将产品中心距取为 86 mm。如图 1-1-10 所示,图中带框的尺寸必须取整数。可以测量,此时相邻产品间距实际为 30.89 mm,此值符合 30 mm 左右的经验值要求。

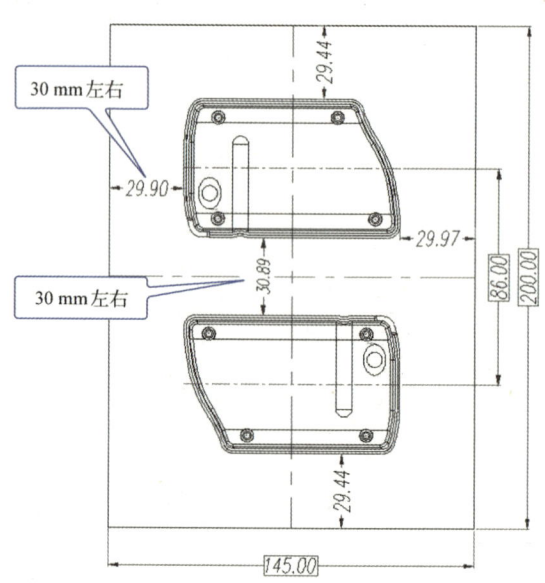

图 1-1-10　产品排位图及相关尺寸

### 3. 型腔、型芯长度和宽度的确定

(1) 型腔、型芯宽度的确定

依据图 1-1-9 所示的经验值,产品边与型腔、型芯边的间距取 30 mm 左右,以保证型腔、型芯的强度,同时为螺钉、冷却水道的布置留下足够的空间。

对照图 1-1-10 所示的排位图,依据图 1-1-9 所示的经验值,可以计算型腔、型芯的宽度。

型腔、型芯的宽度＝产品长度＋2×产品边与型腔、型芯边的间距＝84.75 mm＋2×30 mm左右＝144.75 mm左右。

依据型腔、型芯宽度的取整原则，将型腔、型芯宽度取为145 mm，如图1-1-10所示。可以测量，此时产品边与型腔、型芯边的间距实际为29.90～29.97 mm，此值符合30 mm左右的经验值要求。

(2) 型腔、型芯长度的确定

对照图1-1-10所示的排位图，依据图1-1-9所示的经验值，可以计算型腔、型芯的长度。

型腔、型芯的长度＝产品中心距＋产品宽度＋2×产品边与型腔、型芯边的间距＝86 mm＋54.86 mm＋2×30 mm左右＝200.86 mm左右。

依据型腔、型芯长度的取整原则，将型腔、型芯长度取为200 mm，如图1-1-10所示。可以测量，此时产品边与型腔、型芯边的间距实际为29.44 mm左右，此值符合30 mm左右的经验值要求。

**4. 型腔、型芯高度的确定**

型腔、型芯的高度一般是由产品的结构和高度来确定的。

依据图1-1-9提供的经验值，小件产品的产品最低点与型芯底面的距离为30～40 mm；大件产品的产品最低点与型芯底面的距离为40～60 mm。本例产品属中等大小，型腔侧产品料位高度为10.55 mm，型芯侧产品料位高度为3.52 mm，如图1-1-11所示。据此可以确定型腔高度为(10.55＋30) mm左右＝40.55 mm左右，取为40 mm；型芯高度为(3.52＋35) mm左右＝38.52 mm左右，取为35 mm。

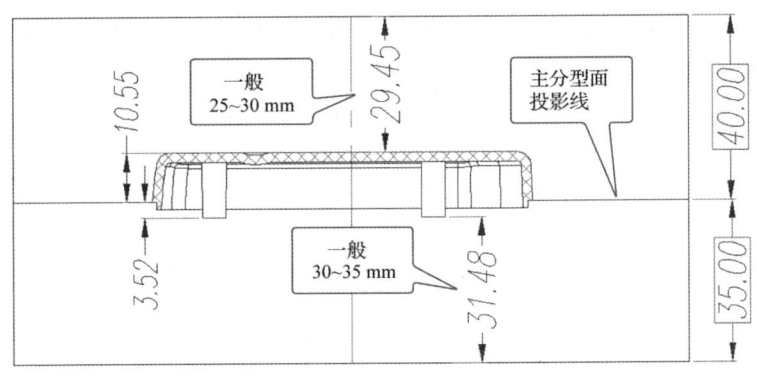

**图1-1-11 型腔、型芯的高度确定**

在确定型腔、型芯的高度时要注意，因为动模型芯有刚性要求，所以其高度应比型腔大些，一般型芯与型腔的高度最小要达到20～25 mm。即使型腔、型芯产品料位高度为零(产品在型腔、型芯中没有料位)，其高度也要达到20 mm。

型腔、型芯的长、宽、高尺寸确定后，最终的产品排位图如图1-1-12所示，其中各视图的名称依本书的规定。

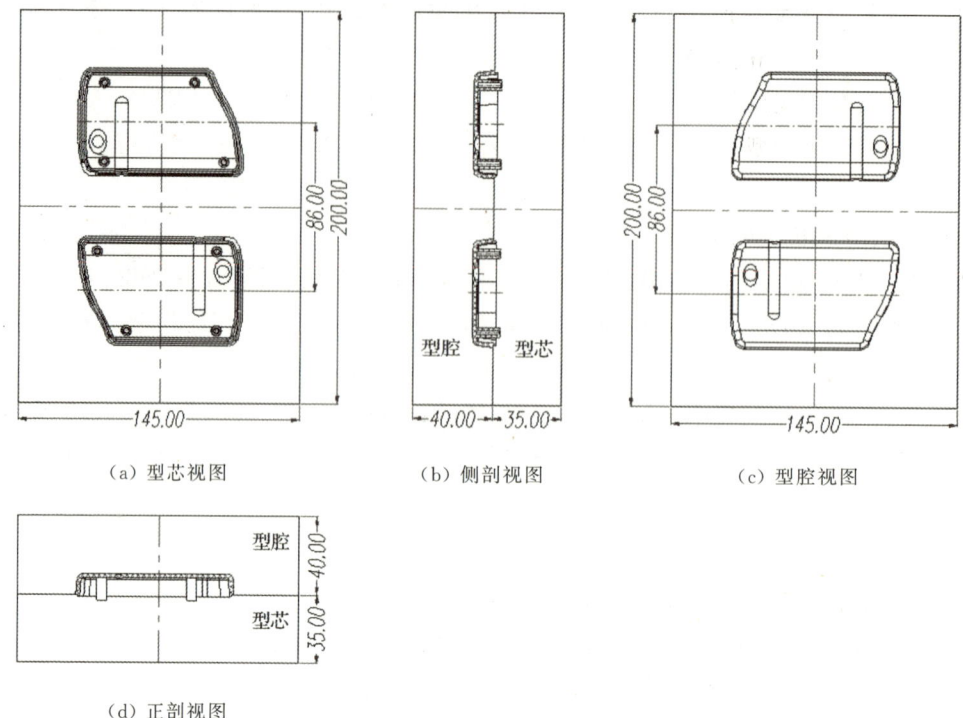

(a) 型芯视图　　　(b) 侧剖视图　　　(c) 型腔视图

(d) 正剖视图

图 1-1-12　产品排位图

## 五、型腔与型芯结构设计

由前面的模具结构设计分析可知,本例型腔与型芯结构需要在产品的通孔处做 1 个型芯小镶件,在缺口处做 1 个枕位,在止口内侧做 1 个型芯大镶件。

为避免重复操作,可先设计一腔,待一腔的结构设计完成后,再旋转 180°复制得到另一腔。

**1. 枕位的设计**

本例产品要在缺口处做 1 个枕位,一般从缺口处料位面向外留出 5～10 mm 作为封料距离,本例设为 8 mm 左右。

确定枕位大小。调用 UG 的"信息"→"点"命令,测得图 1-1-13 中点①的 $X$ 坐标为 $XC=-41.44$,点②的 $Y$ 坐标为 $YC=-27.56$。枕位封料距离设为 8 mm 左右,从坐标系原点取整确定枕位尺寸。$X$ 向拆分距离为 41.44 mm＋8 mm＝49.44 mm 左右,取整为 50 mm。$Y$ 向拆分距离为 27.56 mm＋8 mm＝35.56 mm 左右,取整为 36 mm。枕位尺寸确定后,即可进行枕位设计,具体操作参看微课视频。

枕位的设计

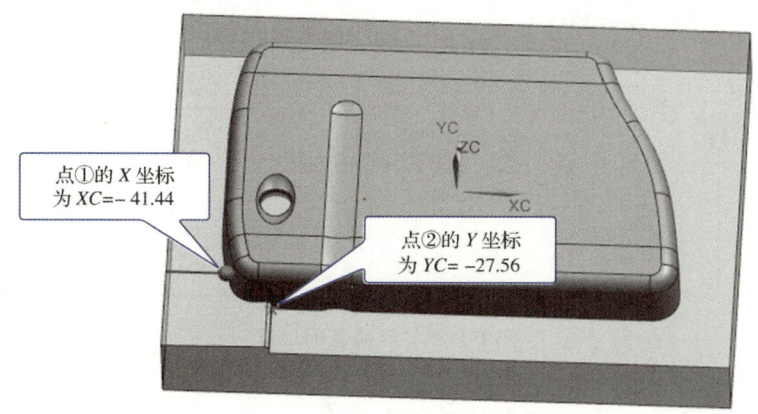

图 1-1-13 测量点的坐标

### 2. 将型腔和型芯做到设计尺寸

在确定型腔、型芯尺寸时,已将型腔、型芯设计为长度 200 mm,宽度 145 mm,型腔高度 40 mm,型芯高度 35 mm(图 1-1-12)。此处先做一腔,一腔宽度为 145 mm,长度为 100 mm,型腔高度为 40 mm,型芯高度为 35 mm。

型腔和型芯的设计尺寸如图 1-1-14 所示。将型腔、型芯做到设计尺寸的具体操作参看微课视频。

将型腔和型芯做到设计尺寸

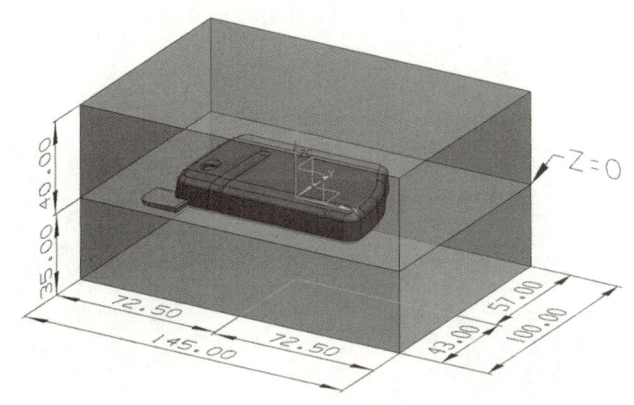

图 1-1-14 型腔和型芯的设计尺寸

### 3. 型芯大镶件的设计

为了方便模具加工及成型时排气,当料位在型芯侧较深时,最好将型芯拆成镶件。本例可将型芯设计为一个大镶件,这样可以节省模具材料和加工时间,也方便加工。如图 1-1-15、图 1-1-16 所示,当产品内侧有装配止口时,可设计拆分镶件,以便模具加工。通常止口宽度、高度只有 0.8~2.0 mm,刀具无法进入型芯凹槽进行加工。

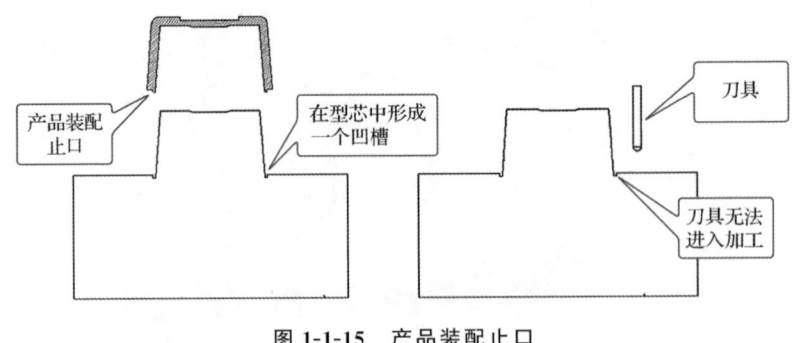

图 1-1-15 产品装配止口

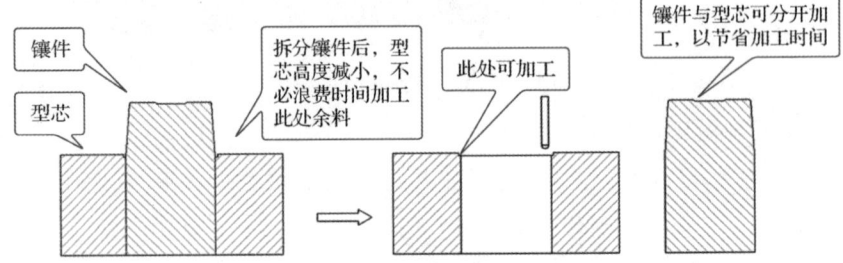

图 1-1-16 型芯拆分镶件加工

拆分镶件时要考虑料位是留在型芯上还是镶件上。本例拆分大镶件时,将止口料位留在型芯上,以便加工。型芯大镶件的设计步骤参看微课视频。拆分后的型芯和型芯大镶件如图 1-1-17 所示。

将型芯大镶件移动至第 6 层。

型芯大镶件的设计

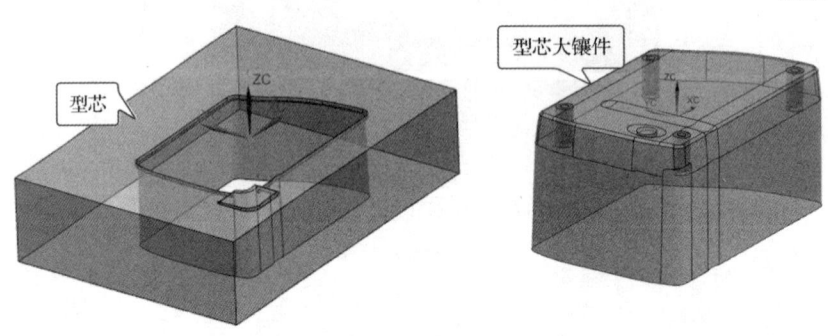

图 1-1-17 拆分后的型芯和型芯大镶件

**4. 型芯小镶件的设计**

本例产品要在通孔处做 1 个型芯小镶件。对于横截面为圆形的小通孔,小镶件通常用比通孔直径略大的标准推杆来加工。本例产品通孔的直径为 6.03 mm,故选用 $\phi6.5$ mm 的标准推杆来做型芯小镶件。

绘制小镶件时,型腔料位留出 0.8 mm 与型芯小镶件对碰。型芯通孔处减料 0.1 mm,以防对碰时产生毛边,同时可弥补因型腔、型芯分别加工而造成的偏心误差。为了方便脱模,小镶件通孔料位处单边减料拔模 5°。型芯小镶件的 2D 结构如图 1-1-18 所示。型芯小镶件的设计步骤参看微课视频。

将型芯小镶件移动至第5层。

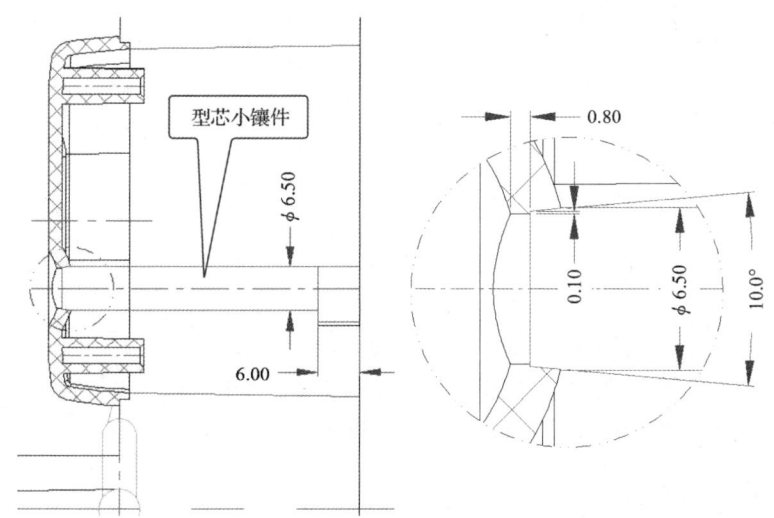

型芯小镶件的设计

图1-1-18 型芯小镶件的2D结构

**5. 一模两腔排位操作**

排位设计已确定产品中心距为86 mm(图1-1-10),其1/2为43 mm。一模两腔排位操作参看微课视频。一模两腔的型腔和型芯如图1-1-19所示。注意核对产品方位是否与产品排位图(图1-1-12)对应。

一模两腔排位操作

(a)型腔　　　　　　(b)型芯

图1-1-19 一模两腔的型腔和型芯

**6. 精定位装置的设计**

(1)精定位装置的设计参数

为了型腔与型芯在合模时能够精确定位,通常在型腔、型芯的4个角上设计精定位装置(俗称虎口)。

精定位装置的大小一般根据型腔、型芯尺寸大小来确定。若型芯长度和宽度在200 mm以下,可做15 mm×15 mm×8 mm的精定位4个,斜度为10°;若型芯长度和宽度在200 mm以上,其精定位应做到20 mm×20 mm×10 mm,如图1-1-20所示。具体设计时可按型腔、型芯整体比例做适当调整。

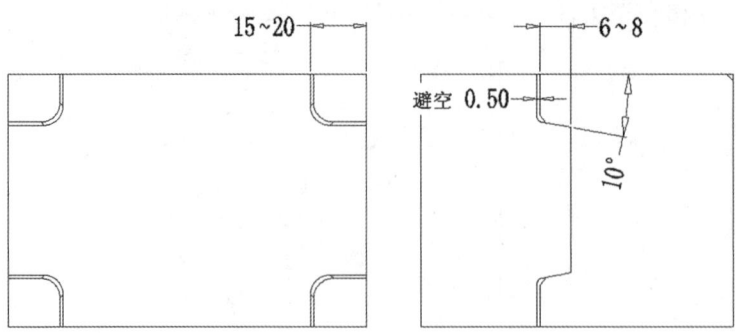

图 1-1-20 精定位的设计参数

按照型腔、型芯整体比例,本例的精定位装置尺寸取 22 mm×22 mm×8 mm。精定位装置在动模视图和正剖视图中的尺寸,分别如图 1-1-21 和图 1-1-22 所示。

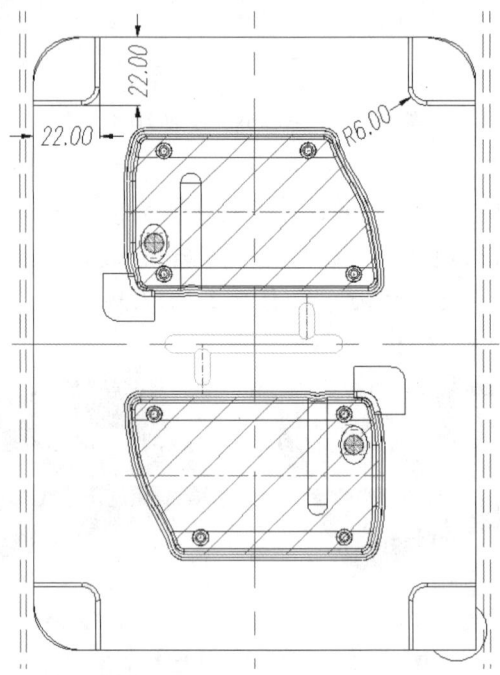

图 1-1-21 精定位装置在动模视图中的尺寸

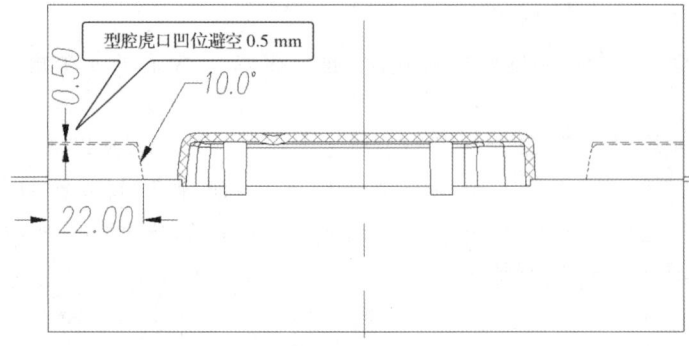

图 1-1-22 精定位装置在正剖视图中的尺寸

（2）精定位装置的设计操作

①利用"HB_MOULD M6.8"外挂创建精定位装置

精定位装置设计的具体操作参看微课视频。图 1-1-23 所示是精定位装置的数据。精定位装置的创建结果如图 1-1-24 所示。

精定位装置的设计

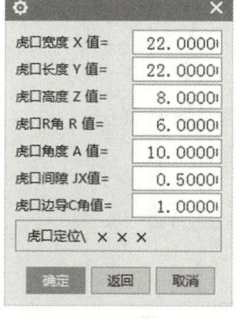
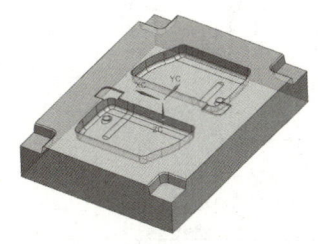
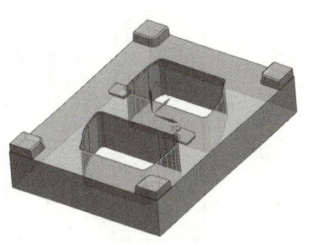

图 1-1-23　精定位装置的数据　　　图 1-1-24　精定位装置的创建结果

②在型腔、型芯创建基准符号

为便于装配，通常在型腔、型芯的基准角处刻上基准符号。图 1-1-25 所示是基准符号位置数据。型腔、型芯基准符号的创建结果如图 1-1-26 所示。

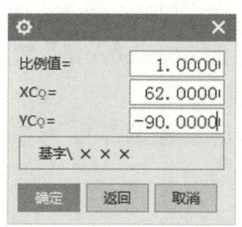
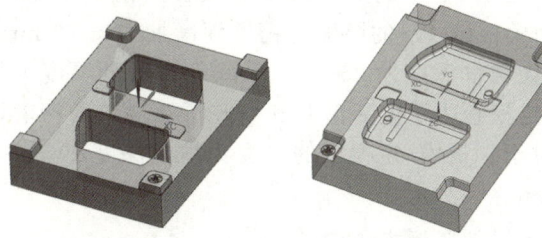

图 1-1-25　基准符号位置数据　　　图 1-1-26　在型腔、型芯创建的基准符号

## 1.2　模架系统设计

模架系统是支撑成型系统的"骨架"。型腔、型芯尺寸确定后，可以确定模架的规格，进而可订购模架和型腔、型芯材料。

### 一、模架规格的确定依据

**1. 模架规格确定的经验值**

型芯、型腔边与模架边及定模板、动模板边的间距经验值如图 1-2-1 所示。

**2. 模架规格确定的注意事项**

图 1-2-1 中的经验值是模架规格确定的依据。在使用图中的经验值时应注意以下几点：

（1）对于无滑块抽芯机构的常规模架，型芯边、型腔边与模架边的间距按图中的 50～70 mm 确定；对于有滑块抽芯机构的模架，型芯边、型腔边与模架边的间距则须按 70～90 mm 确定。

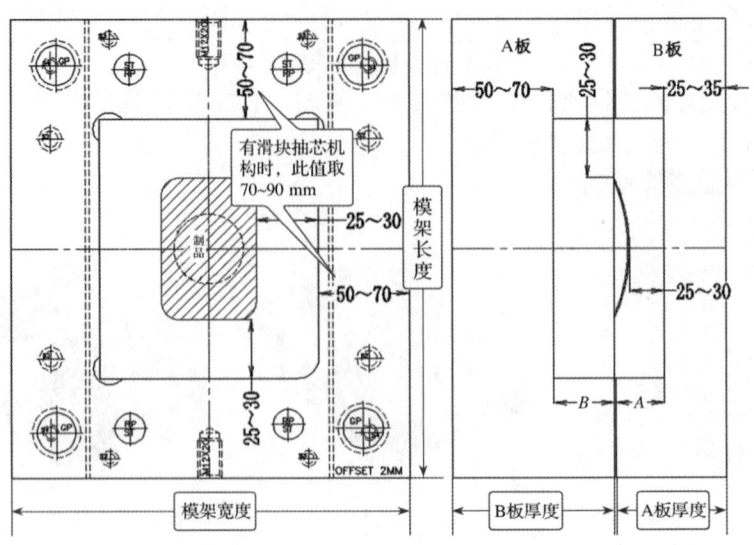

图 1-2-1　模架规格确定的经验值

（2）对于二板模中规格在 2730(270 mm×300 mm)以上的模架，定模板（A 板）的厚度为精框深度（图 1-2-1 中的尺寸 $A$ 为定模板的精框深度，尺寸 $B$ 为动模板的精框深度）加 25～35 mm，动模板（B 板）的厚度为精框深度加 50～70 mm；对于规格在 2525 以下的模架，定模板的厚度为精框深度加 25～30 mm，动模板的厚度为精框深度加 40～50 mm（精框深度是动模板和定模板为了安装型芯和型腔所要加工的深度，即开框深度）。

（3）对于三板模，定模板的厚度为精框深度加 30～40 mm，动模板的厚度为精框深度加 50～60 mm。

**3. 二板模与三板模结构**

常用二板模（大水口模）与三板模（细水口模）的结构如图 1-2-2 所示。

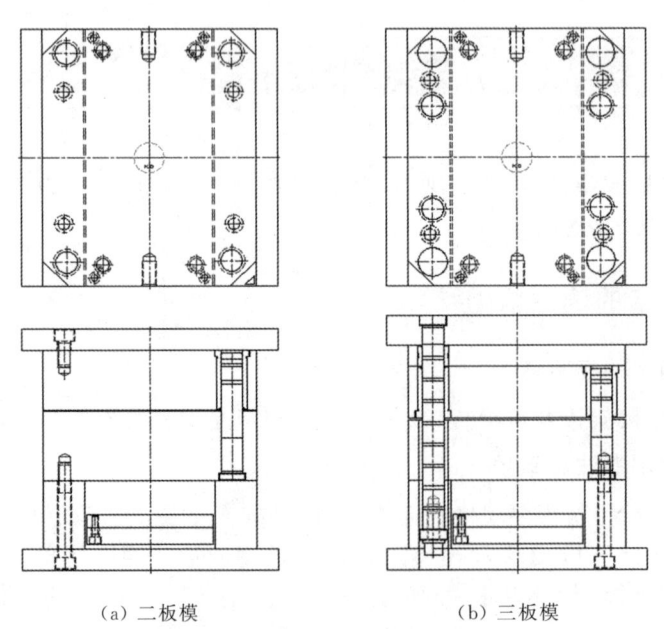

(a) 二板模　　　　　　　　(b) 三板模

图 1-2-2　二板模与三板模

二板模、三模板动画详见本书配套的数字化资源。

## 二、模架规格的确定

本例产品结构简单，无斜顶杆机构和滑块机构，适合采用二板模。

**1. 模架长、宽尺寸的确定**

模架长、宽尺寸，依据型芯和型腔的长、宽尺寸及模架规格的经验值确定。

本例属于无滑块抽芯机构的常规模架，其型芯、型腔的尺寸已确定为 200 mm×145 mm，对照图 1-2-1 所示的模架规格确定经验值：

模架宽度＝型芯、型腔的宽度＋2×(50～70)mm＝145 mm＋2×(50～70)mm＝245～285 mm(50～70 mm 为型芯、型腔边与模架边的间距经验值)。根据模架标准规格，模架宽取为 250 mm。

模架长度＝型芯、型腔的长度＋2×(50～70)mm＝200 mm＋2×(50～70)mm＝300～340 mm(50～70 mm 为型芯、型腔边与模架边的间距经验值)。根据模架标准规格，模架长度取为 300 mm。

最终确定选用规格为 2530 的模架。"25"表示模架的宽度为 25 cm(250 mm)，"30"表示模架的长度为 30 cm(300 mm)。定模板和动模板的宽度和长度与模架的宽度和长度分别相等。

**2. 定模板和动模板厚度的确定**

定模板和动模板厚度，依据型腔、型芯的厚度和模架规格的经验值确定。

本例型腔厚度为 40 mm，故定模板厚度＝40 mm(框深)＋(25～35)mm＝65～75 mm，可取为 70 mm。

型芯厚度为 35 mm，故动模板厚度＝35 mm(框深)＋(50～70)mm＝85～105 mm，可取为 90 mm。因动模板要承受注射压力，故其厚度比定模板厚度稍大些。

**3. 垫块(C 板)高度的确定**

垫块(C 板)的高度与产品顶出行程有关。通常，在模架长度、宽度和定模板、动模板厚度确定后，垫块的高度取相应规格模架对应的垫块高度默认值即可。规格为 CI-2530-A70-B90 的模架对应的垫块高度默认值为 80 mm，本例垫块的高度即取此默认值。

综上所述，本例的模架规格为 CI-2530-A70-B90-C80，"CI"中的"C"表示该模架是无推件板和支撑板的模架，"I"表示工字模；"A"表示定模板(A 板)；"B"表示动模板(B 板)；"C"表示垫块(C 板)。

**4. 标准模架(模坯)的调用**

利用"HB_MOULD M6.8"外挂调用规格为 CI-2530-A70-B90-C80 的龙记(LKM)标准模架，如图 1-2-3 所示。具体操作参看微课视频。

标准模架的调用

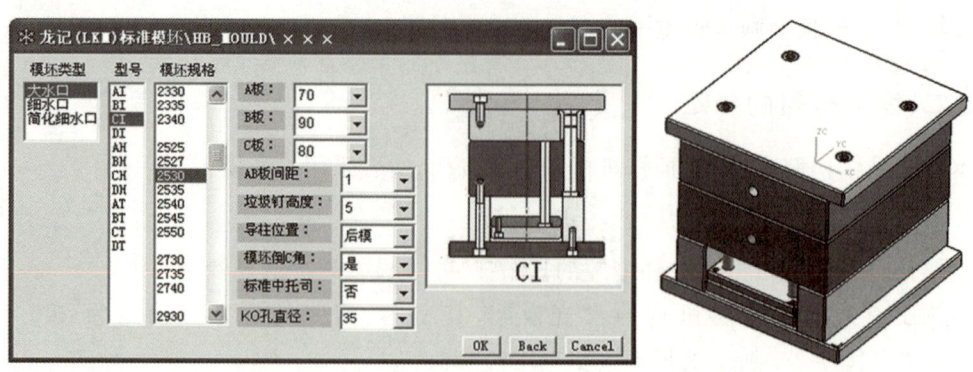

图 1-2-3　龙记 CI-2530-A70-B90-C80 标准模架

## 三、定模板和动模板开框

**1. 型腔、型芯角避空形式**

为模具安装及加工方便,通常在模架开框的 4 个角做出避空角或腔角,避空角又称为清角,腔角又称为圆角。

避空角或腔角的大小与模架开框深度(腔深)有关。当腔深较大时,需要用较大直径的刀具加工,故避空角或腔角应做大些,其具体参数可按图 1-2-4 所示的数据进行选取。例如,当腔深为 100 mm 时,对应的标准腔角为 $R16$ mm,标准避空角为 $R12.5$ mm,边心距为 8.5 mm。

| 腔深 | 标准腔角 | 标准避空角 | 边心距 |
|---|---|---|---|
| 20 | $R8$ | $R6$ | 4 |
| 40 | $R10$ | $R8$ | 5 |
| 50 | $R13$ | $R9.5$ | 6.5 |
| 60 | $R13$ | $R9.5$ | 6.5 |
| 70 | $R13$ | $R9.5$ | 6.5 |
| 100 | $R16$ | $R12.5$ | 8.5 |
| 120 | $R16$ | $R15$ | 10 |
| 150 | $R16$ | $R15$ | 10 |
| 170 | $R18$ | $R20$ | 13 |
| 200 | $R21$ | $R20$ | 13 |
| 250 | $R27$ | $R25$ | 17 |
| 300 | $R33$ | $R25$ | 17 |
| 400 | $R33$ | $R30$ | 20 |
| 500 | $R42$ | $R41$ | 27 |

(单位: mm)

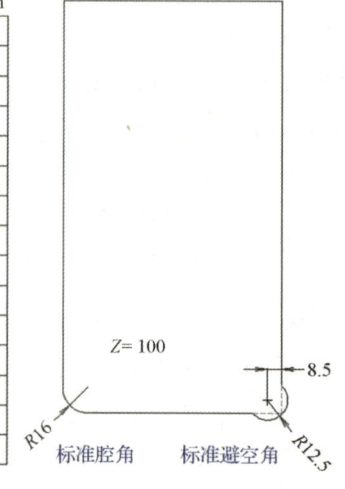

图 1-2-4　模架开框深度与避空角、腔角的关系

如图 1-2-5 所示,当进行铣削加工时,因为刀具横截面是圆的,会留下一个刀具横截面大小的区域无法加工,所以一般模具在开框加工时都会将角做成避空角或腔角的形式。

本例将模具基准方向的 1 个角做成避空角,其他 3 个角做成腔角。这样操作的目的是避免型芯装反。

依据如上设计参数,本例定模板开框深度取为 39.5 mm,动模板开框深度取为 34.5 mm,腔角选取

图 1-2-5　刀具铣削加工

$R14$ mm,避空角选取$R10$ mm,边心距选为6.5 mm(均适当偏大取值),如图1-2-6所示。注意,图中的$R16$ mm为型芯、型腔的腔角半径,它通常比动、定模板开框的圆角半径(本例为$R14$ mm)大1～2 mm。

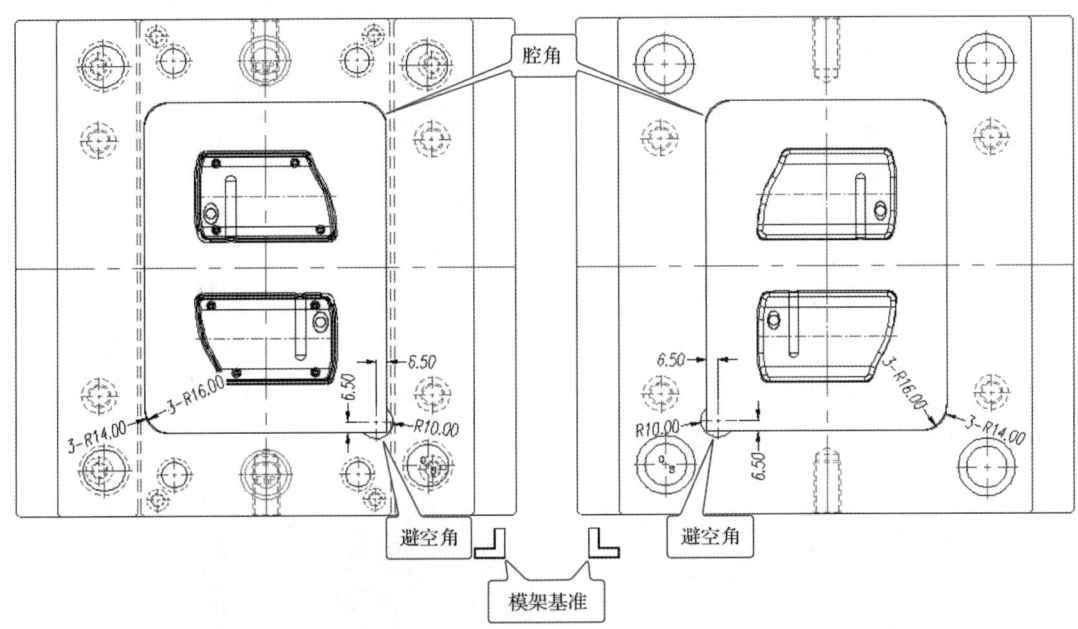

(a) 动模视图　　　　　　　　　　　　　　(b) 定模视图

图1-2-6　避空角与腔角设计

**2. 定模板开框**

定模板开框处理结果如图1-2-7所示。具体操作参看微课视频。

**3. 动模板开框**

动模板开框处理结果如图1-2-8所示。具体操作参看微课视频。

定模板和动模板开框

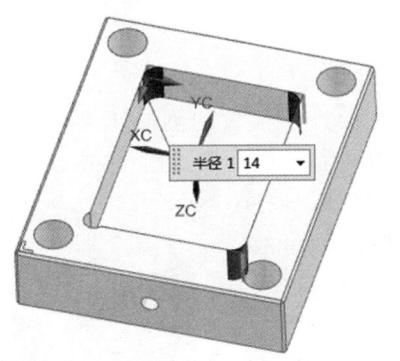
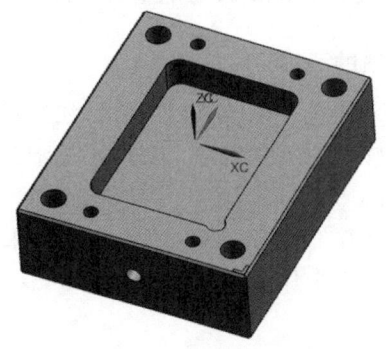

图1-2-7　定模板开框处理结果　　　图1-2-8　动模板开框处理结果

**4. 型腔、型芯倒圆角**

对型腔、型芯非基准角的3条棱边倒圆角,圆角半径为16 mm,处理结果如图1-2-9所示。

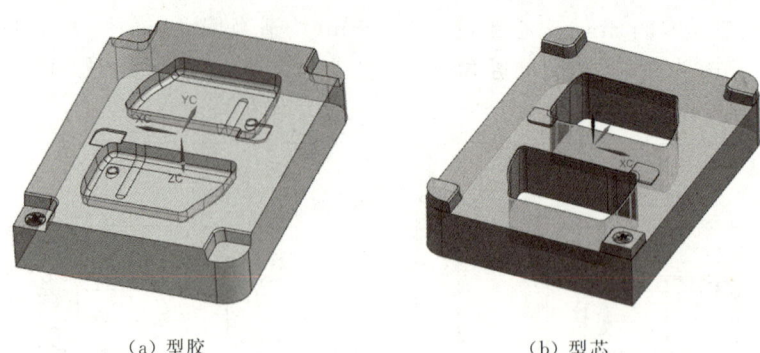

(a) 型腔　　　　　　　　　　　(b) 型芯

图 1-2-9　型腔、型芯倒圆角处理结果

**5. 型腔、型芯倒斜角**

对型腔上所有棱边倒斜角,倒角为 C1 mm,如图 1-2-10 所示。对型芯上所有棱边倒斜角,倒角为 C1 mm,如图 1-2-11 所示。图中指定的整圈棱边倒角为 C0.5 mm,操作时先倒 C1 mm 的斜角,再倒 C0.5 mm 的斜角。

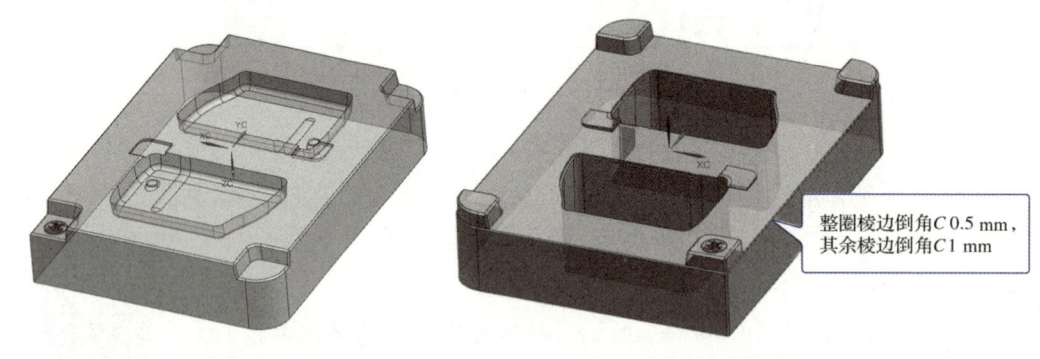

图 1-2-10　型腔棱边倒斜角　　　　图 1-2-11　型芯棱边倒斜角

## 四、边锁和推板导柱的添加

**1. 边锁的添加**

边锁又称直身锁(定位装置)。注塑成型时往往会产生很大的侧向压力,如果侧向压力传递到导柱,则导柱将弯曲、变形甚至卡死、损毁,因此需要加边锁,进行二次准确定位,使其能够承受侧向压力,从而配合导柱完成合模导向。另外,导柱与导套之间存在配合间隙,对精密模具来说,此间隙过大,故必须使用边锁来保证精度。如用户同意不装边锁,也可以省略不装。

本例模架 4 个面均添加边锁以精确定位。边锁规格为 PL-50,可在订购模架时由模架加工厂直接配好,见后文的模架订购图。边锁添加操作步骤参看微课视频。边锁添加结果如图 1-2-12 所示。

将边锁(包括紧固螺钉)移动至第 113 层。

图 1-2-12　边锁添加结果

**2. 推板导柱的添加**

推板导柱俗称中托司。当注塑机顶杆推动顶出机构顶出产品时,推板导柱能使顶出机构运动平稳且受力均衡,从而保证产品顺利顶出。推板导柱的数量按模具的尺寸大小来确定,通常为 2 或 4。

当模具中出现如下情况时,需考虑设计推板导柱:

(1)推杆比较多(一般以 30 支为限)。

(2)推杆比较细($\phi 3$ mm 以下)。

(3)一套模具中有多种不同制品。

(4)一套模具中的制品形状相差过大。

(5)有推管顶出机构。

(6)有二次推出。

(7)垫块高于 120 mm。

(8)有斜顶杆。

(9)浇口套偏中。

推板导柱的直径大小可与复位杆直径大小相当。本例为中小型模具,复位杆直径为 15 mm,推板导柱可加 2 支,其直径可根据标准取为与复位杆直径大小相当的 16 mm,其中心与模具中心的距离取整数,以方便加工。导柱嵌入动模板的深度 $L=10 \sim 15$ mm,推板导柱动模视图与侧剖视图如图 1-2-13 所示。本例推板导柱在订购模架时由模架加工厂直接配好。

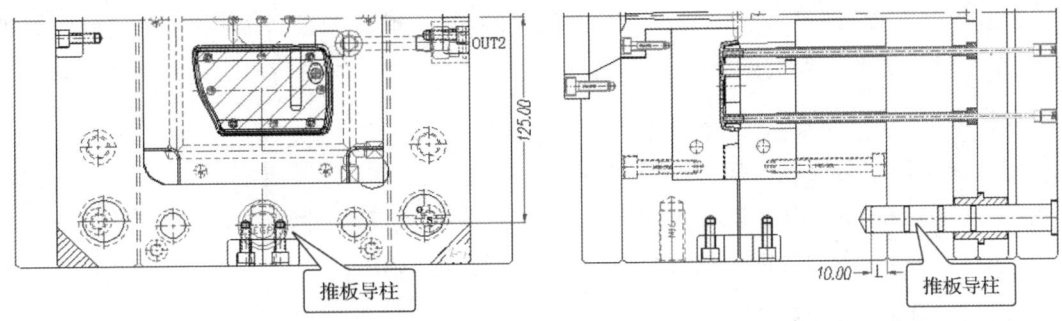

(a)动模视图  (b)侧剖视图

图 1-2-13 推板导柱动模视图与侧剖视图

添加推板导柱的操作步骤参看微课视频。两套推板导柱添加结果如图 1-2-14 所示。

将两套推板导柱移动至第 114 层。

边锁、推板导柱动画详见本书配套的数字化资源。

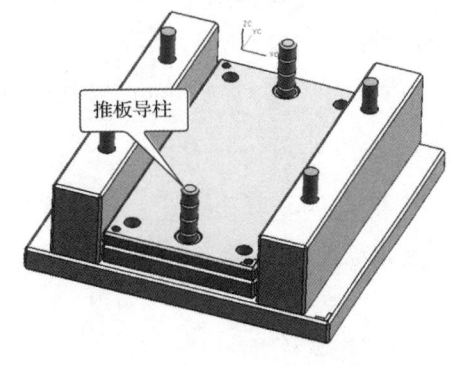

图 1-2-14 两套推板导柱添加结果

边锁和推板导柱的添加

## 五、撬模角的创建

撬模角用于拆模,撬模角距离导柱孔 10 mm 左右,不可破导柱孔。根据本例模架的规格大小,撬模角宽度取 25 mm 左右,深度取 5 mm 左右。

撬模角开在动模板上。撬模角的创建步骤参看微课视频。撬模角的创建结果如图 1-2-15 所示。

撬模角的创建

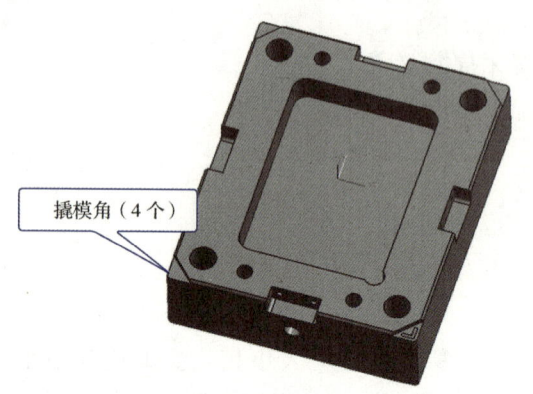

撬模角(4个)

图 1-2-15　撬模角的创建结果

## 六、标准模架及型腔、型芯材料的订购

模具设计至此,即可订购模架和型腔、型芯材料。一般订购模架需一周左右到货;订购型腔、型芯材料需两天左右到货。

**1. 标准模架的订购**

订购标准模架需绘制模架订购图,并将其发给模架加工厂,以便按图加工。一般开框、加边锁、创建撬模角等均由模架加工厂完成。本例模架订购图如图 1-2-16 所示,它可用 AutoCAD 创建,图中的边锁可从"燕秀工具箱"中的"库"调用。

**2. 型腔、型芯材料的订购**

订购型腔、型芯材料时,一般是订购精料(不留余量的钢料)。订购需热处理的钢料时,双边需留 0.5 mm 的余量。本例型腔材料选用进口 NAK80,型芯材料选用 718。这两种材料均无须热处理,故应订购精料。

型腔订料尺寸为 145 mm×200 mm×40 mm,型芯订料尺寸为 145 mm×200 mm×43 mm。

因本例的型芯需做型芯镶件,故型芯订料的高度应取到精定位装置的顶面。

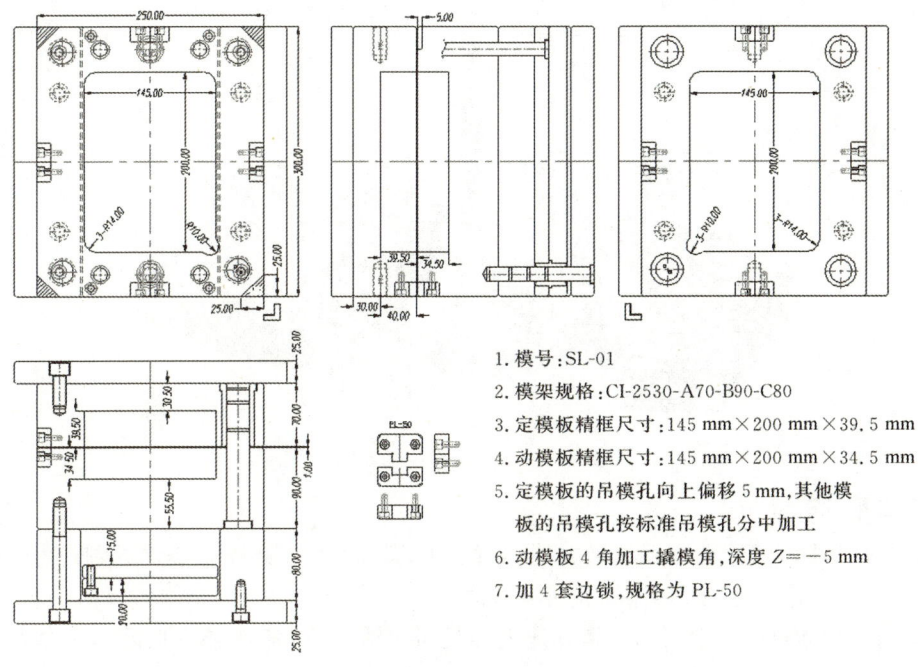

图 1-2-16 模架订购图

型芯镶件选料一般不与型芯材料相同,避免黏着烧死。本例型芯镶件选用 NAK80,订料尺寸单边余量约为 5 mm,型芯镶件订料尺寸为 90 mm×120 mm×50 mm。

## 1.3 侧浇口浇注系统设计

### 一、浇注系统组成与设计原则

**1. 浇注系统的概念**

模具的浇注系统是指模具中从注塑机喷嘴到型腔入口的流动通道。

**2. 浇注系统的作用**

浇注系统的作用是使高温熔胶在高压下高速进入模具型腔。

**3. 浇注系统的组成**

普通流道浇注系统通常由主流道、分流道、冷料井和浇口组成,如图 1-3-1 所示。

**4. 浇注系统的设计原则**

(1)保证塑件外观和内部质量。
(2)提高成型速度,缩短成型周期。
(3)浇注系统消耗的塑料尽量少。

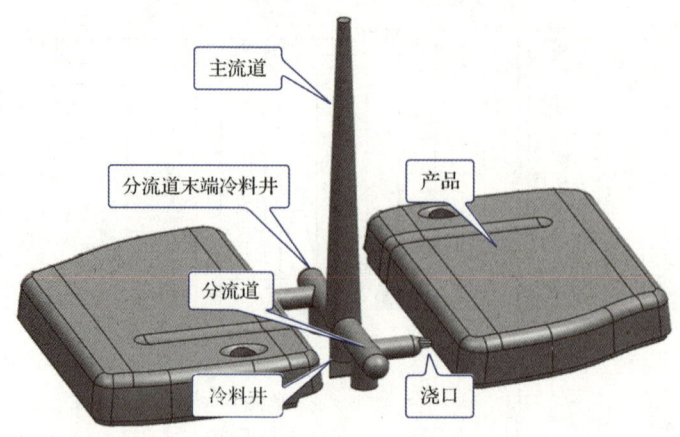

图 1-3-1 浇注系统的组成

**5. 浇注系统的类型**

根据浇口不同类型,浇注系统通常有直接浇口浇注系统、侧浇口浇注系统、潜伏式浇口浇注系统、点浇口浇注系统、热流道浇注系统等。

本实例采用侧浇口浇注系统,其设计主要是对主流道、分流道、浇口、冷料井进行设计。

## 二、分流道及其末端冷料井的设计

**1. 分流道的截面形状和尺寸**

塑料沿分流道流动时,要求其尽快充满型腔,流动中热量损失尽可能小,流动阻力尽可能小,同时应能将塑料熔体均衡地分配到各个型腔。所以在分流道设计时,应考虑流道的截面形状和尺寸。

常用的分流道截面形状一般有圆形、U形、梯形3种,如图1-3-2所示。

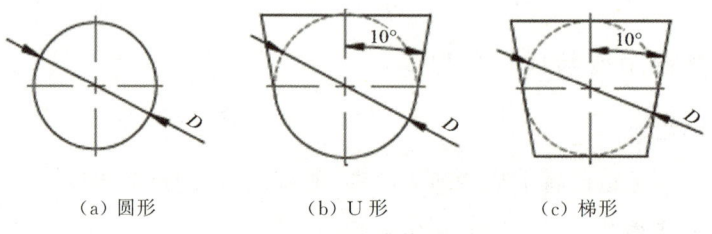

(a) 圆形　　　(b) U形　　　(c) 梯形

图 1-3-2 分流道截面形状

圆形截面流道的比表面积最小,热量不易散失,阻力也小,塑料熔体在其中的流动性能非常好,加工也方便。

U形截面流道的流动效率低于圆形截面流道,梯形截面流道的流动效率最低。所以在3种截面形状的流道中,通常优先选用圆形截面流道,其次选用U形截面流道,最后选用梯形截面流道。U形截面和梯形截面的斜度一般为 5°～10°。一般在单侧开设流道时才选用U形截面流道或梯形截面流道。圆形截面流道选用得最多,故本例选用圆形截面流道。

流道直径($D$)的选择参考值:2.5、3、3.5、4、4.5、5、6、7、8,单位为 mm。流道直径的大小通常依据产品尺寸和塑料的种类而定。当产品尺寸小于 60 mm 时,流道截面直径可取 3～4 mm;当产品尺寸为 60～150 mm 时,流道截面直径可取 5～6 mm;当产品尺寸大于

150 mm时,流道截面直径可取 8 mm 左右。流道截面直径最小应取为 3 mm。对于流动性差的塑料,流道截面直径应选得适当大些;对于流动性好的塑料,流道截面直径应选得适当小些。常用塑料的流动性见表 1-3-1。

表 1-3-1　　　　　　　　　　　常用塑料的流动性

| 塑料类型 | 举例 |
| --- | --- |
| 流动性较好的塑料 | PA(尼龙)、PE(聚乙烯)、PS(聚苯乙烯)、PP(聚丙烯) |
| 流动性中等的塑料 | ABS、PMMA(有机玻璃)、POM(聚甲醛)、AS、CPT(氯化聚醚) |
| 流动性较差的塑料 | PC(聚碳酸酯)、硬 PVC(硬聚氯乙烯)、PPO(聚苯醚)、PSU(聚砜) |

**2. 分流道末端冷料井尺寸**

冷料井又称冷料穴,位于主流道和分流道末端,用来储存先锋冷料(注塑成型时,熔体前端温度较低的部分),防止冷料流入型腔而影响制品质量,从而保证注塑质量。

分流道末端冷料井的长度取流道截面直径的 1.5~2 倍为宜,如图 1-3-3 所示。本例产品长度为 85.13 mm,依据上述设计参数,本例的一级分流道尺寸选用 φ6 mm,二级分流道尺寸通常比一级分流道尺寸小 1 mm,故本例二级分流道尺寸取为 φ5 mm。本例分流道及其末端冷料井尺寸如 1-3-3 所示。分流道在侧剖视图中的尺寸如图 1-3-4 所示。

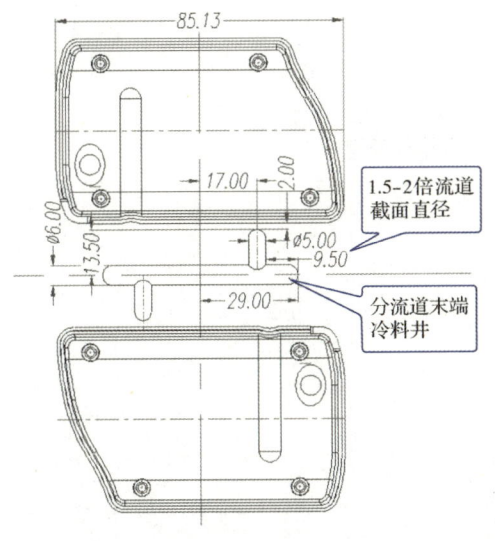

图 1-3-3　分流道及其末端冷料井尺寸

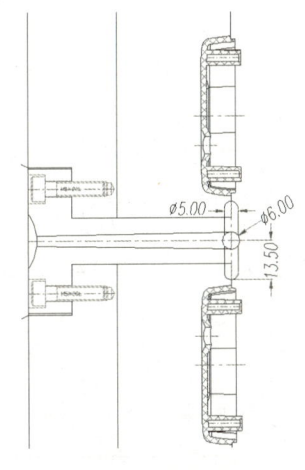

图 1-3-4　分流道在侧剖视图中的尺寸

### 三、侧浇口的设计

浇口又称进料口,是分流道与型腔之间的狭小通道,也是整个浇注系统中最短小的部分。浇口的作用是使熔融塑料在流进型腔时产生加速度,有利于迅速充满型腔。成型后浇口塑料先冷凝,以封闭型腔,防止熔融塑料倒流,避免型腔压力下降过快而在制品上产生缩孔或凹陷,成型后便于使浇注凝料与制品分离。

**1. 侧浇口形状及相关尺寸确定**

常见的浇口类型有直接浇口、侧浇口、潜伏式浇口、点浇口及扇形浇口等。在前面的模具结构设计分析中,本例已确定采用侧浇口。

侧浇口的长、宽、高尺寸一般由产品的形状和大小来确定。一般小产品的浇口长度 $L$ 可取为 $1.5\sim2$ mm,长度应尽可能短;浇口宽度 $W$ 可取为流道截面直径的 $60\%\sim65\%$ 或 $3H$($H$ 为浇口高度);浇口高度 $H$ 可取为 $(0.6\sim0.7)T$($T$ 为产品的平均料厚)。

为了进料顺畅,通常对浇口的侧面做适当的拔模处理,拔模角度一般为 $10°\sim20°$。浇口末端可以留一段 0.2 mm 左右的平位,如图 1-3-5 所示。浇口位置通常在塑件边长的 1/3 处,如图 1-3-6 所示,浇口位置尺寸"17.00"即据此确定。本例的浇口长度 $L$ 取 2 mm 左右,宽度 $W$ 取 2.5 mm 左右,高度 $H$ 取 1 mm 左右。浇口侧面单边拔模 $12°$。本例的浇口在侧剖视图中的尺寸如图 1-3-7 所示。

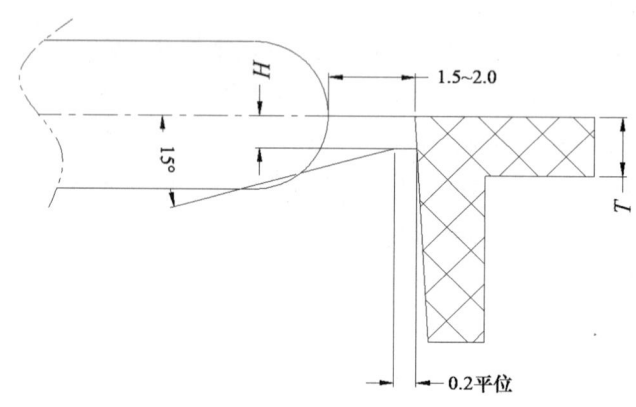

图 1-3-5 侧浇口设计参数

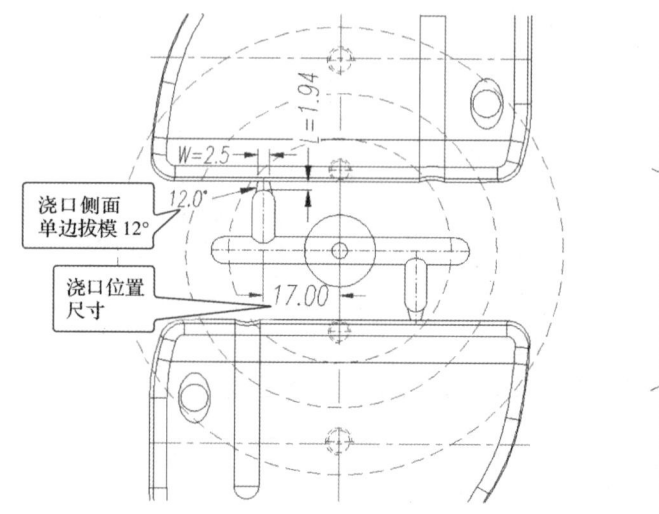

图 1-3-6 浇口形状及位置尺寸

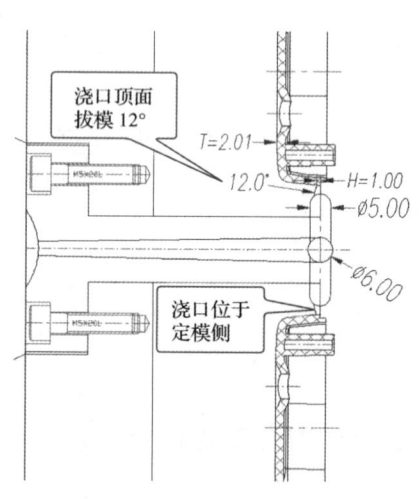

图 1-3-7 侧剖视图中的浇口尺寸

**2. 分流道及浇口设计**

对照图 1-3-3～图 1-3-7 所示的分流道及浇口形状和尺寸,利用"HB_MOULD M6.8"外挂及 UG 的相关功能创建分流道及浇口。具体操作参看微课视频。

分流道及浇口的设计

一级分流道参数如图 1-3-8 所示。二级分流道及浇口参数如图 1-3-9 所示。一级和二级分流道及浇口创建结果如图 1-3-10 所示。

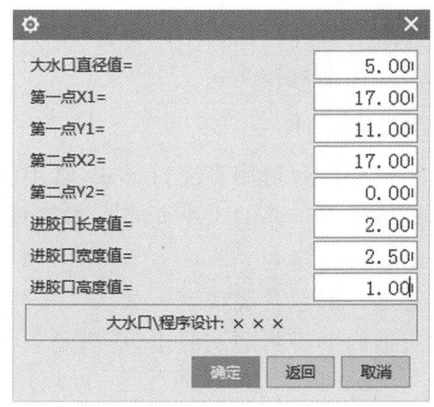

图 1-3-8　一级分流道参数　　　　　　图 1-3-9　二级分流道及浇口参数

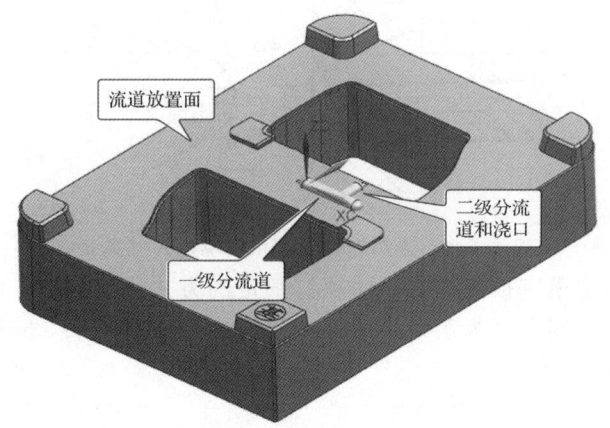

图 1-3-10　一级和二级分流道及浇口创建结果

在型腔、型芯上分别创建浇口和流道通道，结果如图 1-3-11 所示。

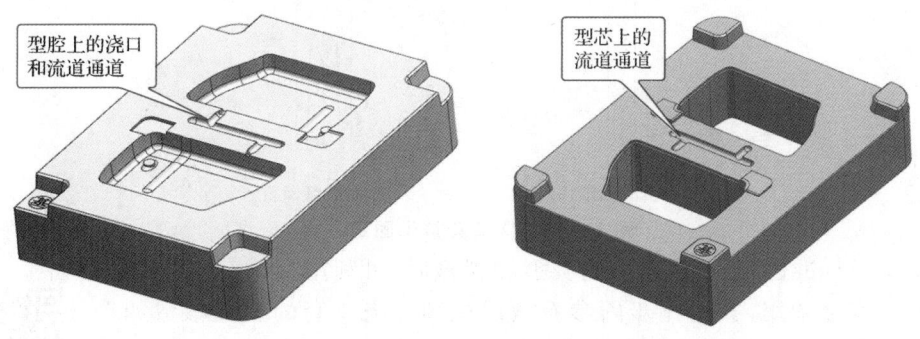

图 1-3-11　在型腔、型芯上创建浇口和流道通道结果

## 四、主流道及其末端冷料井的设计

主流道的设计包括选用浇口套(唧嘴)和定位环(法兰)。选用的浇口套和定位环的尺寸要与选定的注塑机相匹配。

**1. 浇口套设计**

二板模浇口套选用直浇口形式,常用浇口套的规格有 $\phi 12$ mm、$\phi 16$ mm、$\phi 20$ mm 3 种,选用的规格根据产品的大小而定。本例模具属于中小型模具,故可选用类型为 SBA、规格为 $\phi 16$ mm 的浇口套。

主流道一般包含浇口套。如图 1-3-12 所示为浇口套与注塑机喷嘴的尺寸关系。为了保证主流道内的凝料顺利脱出,应满足条件如下:

$$D = d + (0.5 \sim 1) \text{ mm}$$
$$SR_1 = SR_2 + (1 \sim 2) \text{ mm}$$

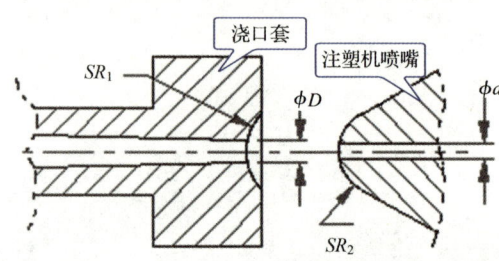

图 1-3-12 浇口套与注塑机喷嘴的尺寸关系

浇口套通常采用定模座板压住或紧固螺钉锁定的方式固定,如图 1-3-13 所示。本例采用紧固螺钉锁定的方式固定。为了减小主流道的长度和减少废料,本例将浇口套安装在定模板中。

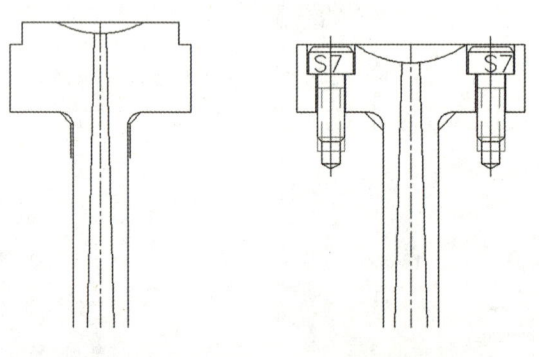

(a) 定模座板压住　　　　(b) 紧固螺钉锁定

图 1-3-13 浇口套常见固定方式

浇口套是标准件,确定浇口套的类型和规格后,可利用"HB_MOULD M6.8"外挂直接调用,其操作步骤参看微课视频。浇口套的相关参数如图 1-3-14 所示。

浇口套的设计

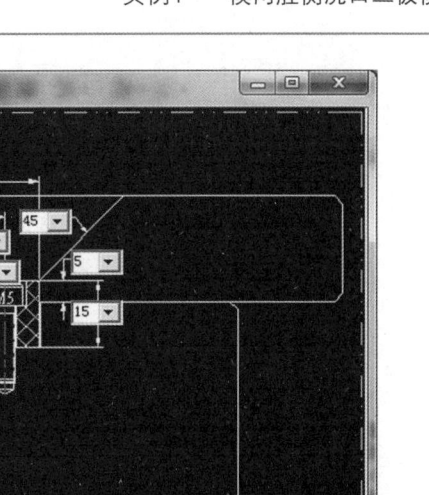

图 1-3-14　浇口套的相关参数

**2. 主流道末端冷料井及拉料杆设计**

在主流道的末端通常要设计冷料井及拉料杆,拉料杆俗称勾料针。拉料杆常见的结构形式有Z字形、锥形和圆头形等几种。图1-3-15(a)所示为点浇口拉料杆,图1-3-15(b)~图1-3-15(d)所示为侧浇口拉料杆。图1-3-15(b)为Z字形拉料杆,本例采用该结构形式的拉料杆。

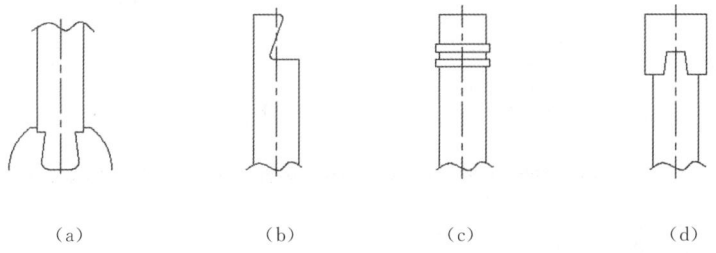

(a)　　　　　(b)　　　　　(c)　　　　　(d)

图 1-3-15　拉料杆的常见结构形式

拉料杆顶部做成Z字形拉料头,可将主流道从浇口套中拉出。拉料头兼具冷料井的作用,此即主流道末端冷料井,其长度 $L=(1\sim2)D$,$D$ 为拉料杆直径。拉料杆直径取为与分流道截面直径相同,本例取为 $\phi6$ mm。

本例主流道末端冷料井及拉料杆尺寸如图1-3-16所示。主流道末端冷料井及拉料杆设计步骤参看微课视频。冷料井及拉料杆尺寸参数如图1-3-17所示。冷料井及拉料杆位置参数如图1-3-18所示。主流道末端冷料井及拉料杆设计结果如图1-3-19所示。

主流道末端冷料井及拉料杆的设计

图 1-3-16 主流道末端冷料井及拉料杆尺寸

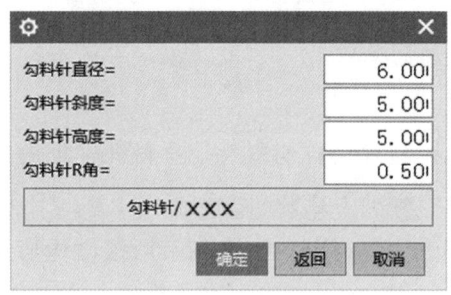

图 1-3-17 冷料井及拉料杆尺寸参数

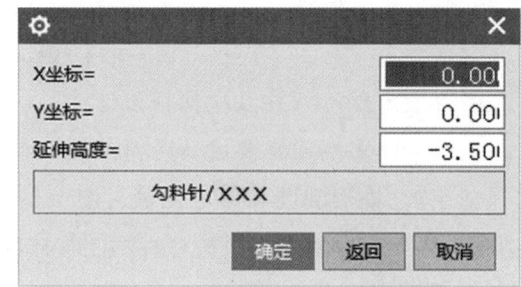

图 1-3-18 冷料井及拉料杆位置参数

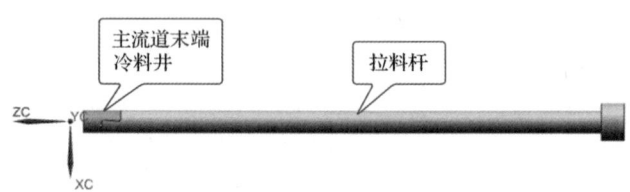

图 1-3-19 主流道末端冷料井及拉料杆设计结果

### 3. 定位环设计

往注塑机上安装模具时，为使模具浇口套与注塑机喷嘴快速对齐，应在模具上安装定位环。定位环也是标准件，其规格要与注塑机定模固定板上的定位孔相匹配，常用规格有 $\phi100$ mm、$\phi120$ mm、$\phi150$ mm、$\phi160$ mm 等。定位环端面应高出模具定模座板 10 mm，定位环用螺钉固定，设计时一般要使其沉入定模座板 5 mm。

定位环的设计

本例选用的定位环类型为 A 型，规格为 $\phi100$ mm，高度为 15 mm，可利用"HB_MOULD M6.8"外挂直接调用，其操作步骤参看微课视频。定位环的相关参数如图 1-3-20 所示。

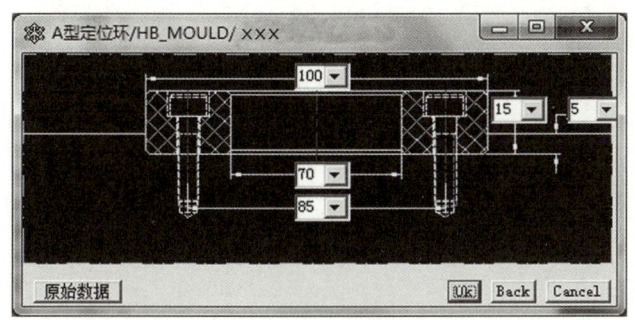

图 1-3-20　定位环的相关参数

注射机喷嘴、浇口套、浇口套与注塑机喷嘴尺寸关系、定位环动画详见本书配套的数字化资源。

## 五、直接浇口简介

直接浇口又称中心浇口或主流道浇口。这种浇口只有主流道而无分流道及浇口，或者认为主流道就是浇口。注塑时主流道直接进入模具型腔，它适用于单型腔塑料件。

直接浇口的设计参数如图 1-3-21 所示。直接浇口应设计在浇口套内，$d$ 和 $SR$ 的尺寸要与注塑机喷嘴相匹配。

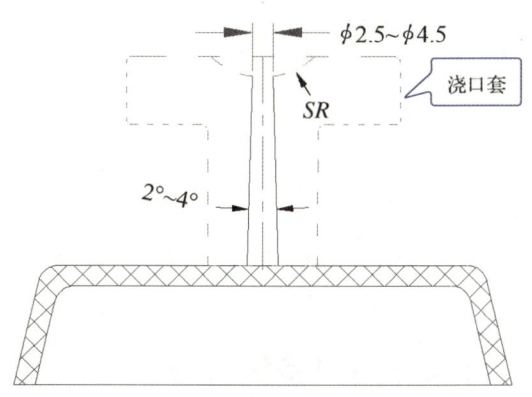

图 1-3-21　直接浇口的设计参数

## 六、其他类型侧浇口简介

### 1. 搭底浇口

搭底浇口是在侧浇口的基础上演变而来的。它具有侧浇口的优点，并且塑料件侧边没有浇口痕迹。搭底浇口的设计参数如图 1-3-22 所示，图中 $T$ 为塑件壁厚。

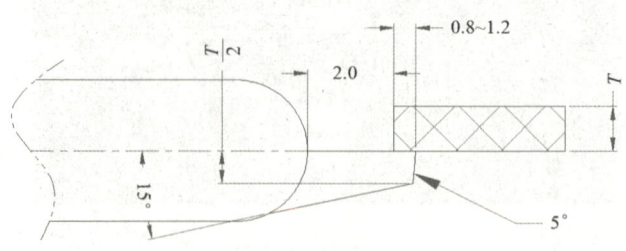

图 1-3-22 搭底浇口的设计参数

### 2. 扇形浇口

扇形浇口类似于侧浇口,浇口形状从分流道至型腔呈扇形,它适用于宽度较大的薄片状塑料件和流动性差的塑料。扇形浇口的设计参数如图 1-3-23 所示。

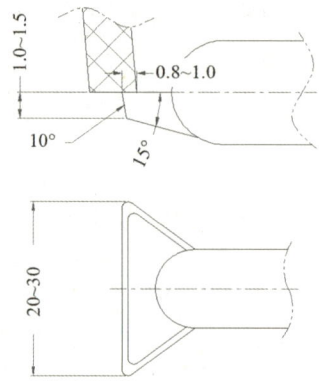

图 1-3-23 扇形浇口的设计参数

## 1.4 顶出系统设计

顶出系统的作用是把产品从型芯中顶出。常用的顶出系统有推杆顶出、推管顶出、推块顶出、推板顶出、斜顶杆顶出、气顶、油缸顶出等。本例结构简单,无斜顶杆,有 4 个柱位,柱位高度均超过 5 mm,所以在柱位处做推管顶出,其余料位处做推杆顶出。

### 一、推管的设计

推管俗称司筒,推管结构如图 1-4-1 所示,推管型芯装在动模座板上,推管装在推杆固定板上,与推板一同运动,从而将产品推出。

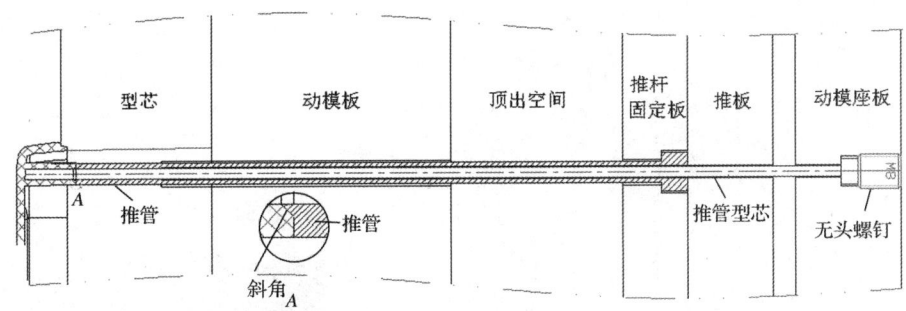

图 1-4-1 推管结构

设计推管时,首先要确定推管型芯和推管的规格。本例柱位的内孔直径为 2.41 mm,外径为 5.02 mm,故选用推管型芯直径为 2.4 mm、推管外径为 5.0 mm 的标准推管。柱位的斜角一般在推管上磨出,以保证推管壁的强度。

推管型芯固定于模具的动模座板上。推管型芯直径大小不同,其固定方式也不同。当推管型芯直径较小时,采用无头螺钉固定;当推管型芯直径大于 8 mm 或多个推管型芯相距较近时,采用压板方式固定。本例的推管型芯直径较小,故采用无头螺钉固定。

推管可利用"HB_MOULD M6.8"外挂直接调用,其操作步骤参看微课视频。推管设计过程中每一步骤所选对象如图 1-4-2 所示。图中①所指圆心为推管放置点。每一处推管都是选该圆心为放置点。图 1-4-3 所示为推管的设计参数。

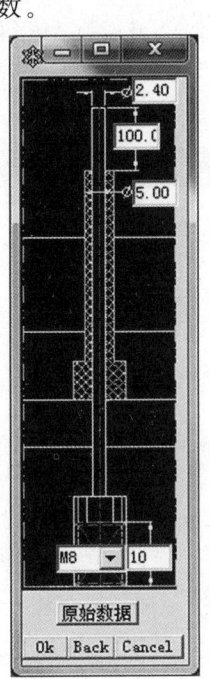

推管的设计

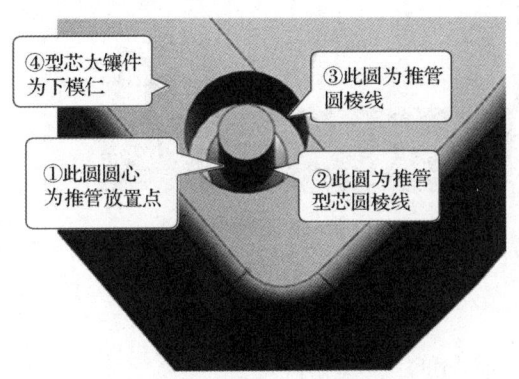

图 1-4-2 推管设计所选对象　　图 1-4-3 推管的设计参数

型芯大镶件上两腔 8 套推管的设计结果如图 1-4-4 所示。

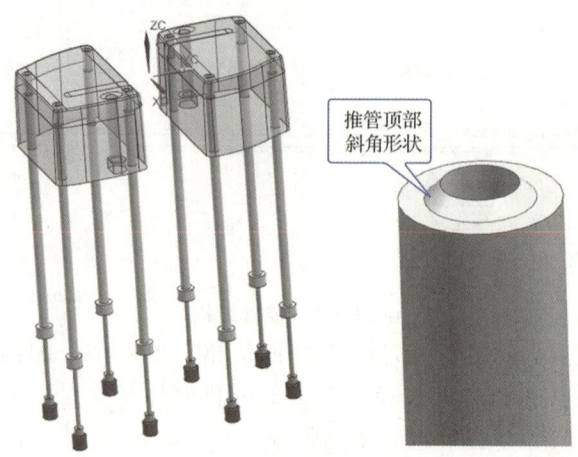

图 1-4-4  两腔 8 套推管的设计结果

推管动画详见本书配套的数字化资源。

## 二、"火山口"的设计

为了防止柱位根部出现收缩凹陷,通常在柱位根部做出"火山口"。"火山口"可利用"HB_MOULD M6.8"外挂设计,其操作步骤参看微课视频。图 1-4-5 所示为"火山口"设计参数。每个型芯大镶件上的 4 个"火山口"设计结果如图 1-4-6 所示。

"火山口"的设计

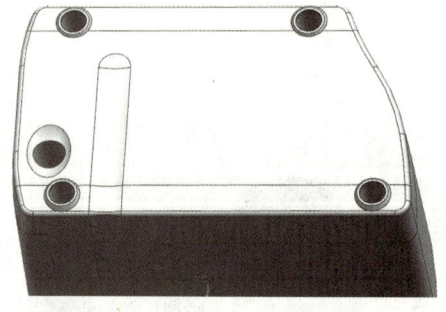

图 1-4-5  "火山口"设计参数    图 1-4-6  "火山口"设计结果

## 三、推杆的设计

推杆也称为顶针,推杆排布和规格的确定是其设计的主要内容。

### 1. 推杆的排布

推杆排布的原则如下:

(1)为防止产品变形,受力点应尽量靠近型芯或难以脱模的部位,如加强筋、柱位、台阶、金属嵌件、局部厚壁等结构复杂部位。相邻两推杆的排布间距一般为 20 mm 左右,视产品的结构而定。

(2)受力点应作用在产品可承受最大力的部位,即刚性最好的部位。
(3)尽量避免受力点作用于产品薄且平的面上,以防止产品破裂、穿孔或顶白。
(4)应注重产品的美观性,顶出痕迹尽量设在产品隐蔽面或非装饰表面。
(5)斜面上尽量不布置推杆,如必须布置,则应在推杆端面上加工出防滑槽,如图1-4-7所示。
(6)当推杆顶在曲面或斜面上时,需做管位,以防止推杆定位时发生转动。常用的推杆定位防转方式有削边定位和销钉定位,如图1-4-8所示。

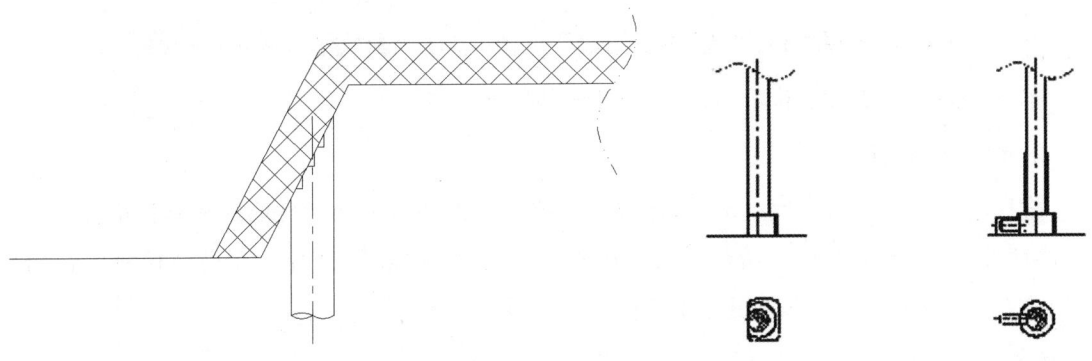

图1-4-7 在斜面上布置推杆　　图1-4-8 推杆定位防转方式

(7)在不影响产品脱模和空间足够的情况下,应尽量采用直径大小相同的推杆,以方便模具加工,不用频繁更换刀具。
(8)推杆孔边与冷却水道边的间距应最小为4 mm,与型芯镶件边的间距应最小为1.5 mm。推杆中心与模具中心间距应尽可能取整数或最多保留一位小数,以便取数加工。
(9)推杆大小要适中,不宜过小,也不宜过大;应尽可能放置在平面或同一表面上。
(10)在布局时,推杆不可破料位(推杆不在产品的同一表面上);一般情况下,也不可与定模碰穿(推杆顶在产品之外),推杆的错误放置如图1-4-9所示。

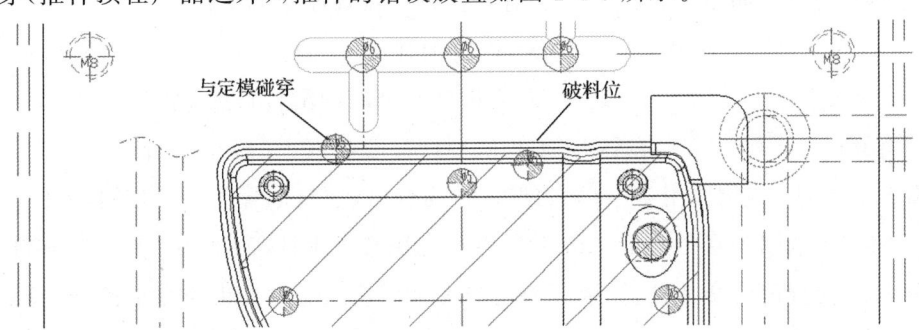

图1-4-9 推杆的错误放置

(11)推杆距离型芯边不可太近。如图1-4-10所示,$H$应最小为0.4 mm左右,并且尽量不要超过3 mm。
(12)如图1-4-11所示,推杆应尽量布置在产品的底部(A杆),推杆到型芯的距离$h=0.2\sim0.3$ mm;尽量避免布置在顶部(B杆)。

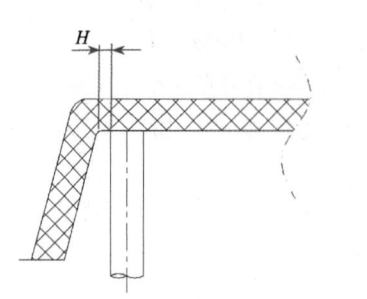 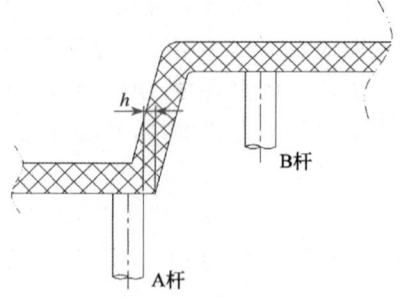

图 1-4-10　推杆距离型芯边不可太近　　图 1-4-11　推杆尽量布置在产品底部

本例产品已有 4 支推管,再布置 4 支推杆即可。

### 2. 推杆规格的确定

推杆的规格由产品的大小确定,且应尽量统一。推杆通常有直身推杆和有托推杆(阶梯推杆)两种形式,如图 1-4-12 所示。有托推杆强度比直身推杆强度高,在设计模具时,当推杆规格在 $\phi 3$ mm 以下时要选用有托推杆。

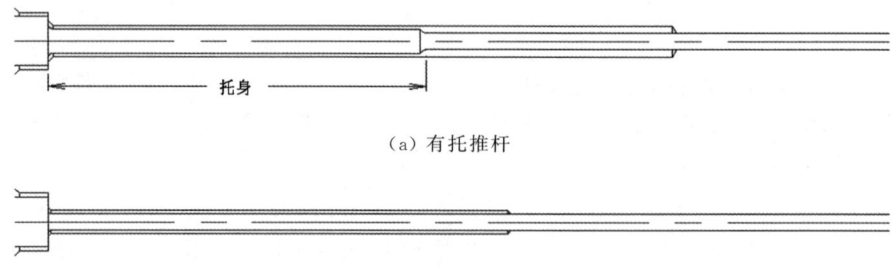

(a) 有托推杆

(b) 直身推杆

图 1-4-12　推杆的两种形式

有托推杆的尺寸如图 1-4-13 所示。有托推杆的设计原则如下:

(1) 托身尽量伸入动模板,$L_5 \geqslant 5$ mm,以增加强度。

(2) 托身长 $L_1 = L - L_3 - L_4$,其中 $L_3$ 为推杆与型芯的配合长度,通常 $L_3 = 15 \sim 20$ mm;$L_4 \geqslant L_2 + 3$ mm,$L_2$ 为产品顶出行程,通常 $L_2 =$ 产品总高度 $+ (10 \sim 15)$ mm。

根据产品大小,本例选用 $\phi 5$ mm 的推杆较为合适,这与推管的直径相同,方便了推杆孔和推管孔的加工。因为直径大于 3 mm,所以可选用直身推杆,而不必选用有托推杆。

在主流道与分流道交叉处、一级分流道与二级分流道交叉处也应布置推杆(通常称为流道推杆),以便顶出流道凝料。流道推杆的直径一般与分流道直径相同,本例分流道直径为 6 mm。

本例产品推杆和流道推杆规格及其在动模视图中的排布(坐标)如图 1-4-14 所示。

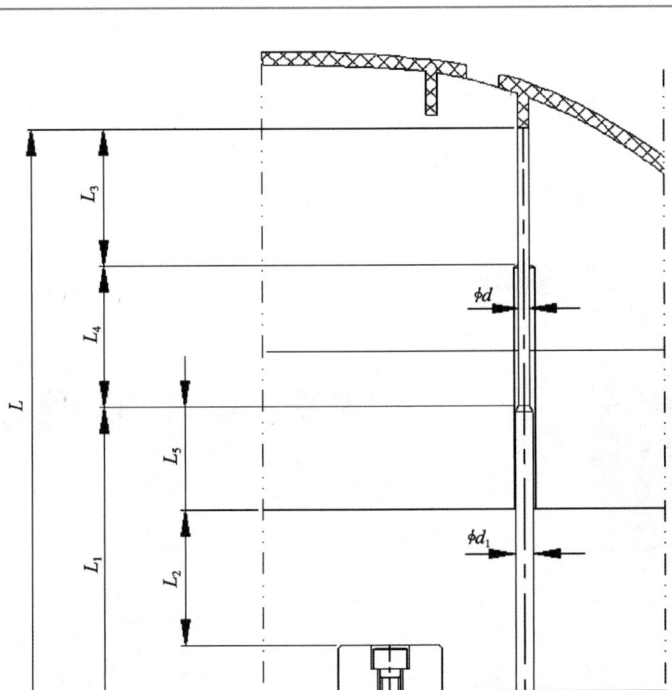

图 1-4-13　有托推杆的尺寸

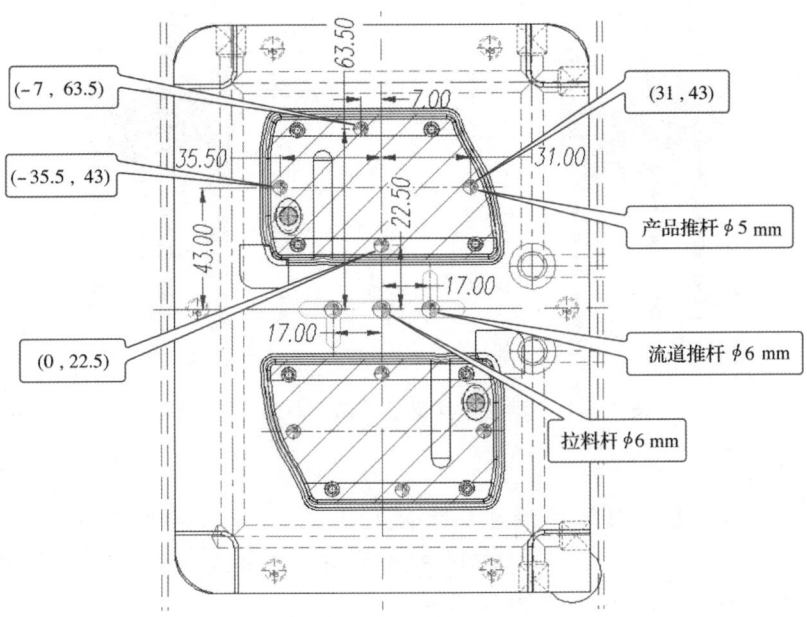

图 1-4-14　产品推杆和流道推杆规格及其在动模视图中的排布（坐标）

**3. 推杆的添加**

确定了推杆的规格和排布后,可利用"HB_MOULD M6.8"外挂添加推杆,其操作步骤参看微课视频。图 1-4-15 所示为推杆(顶针)的参数设置。图 1-4-16 所示为推杆(顶针)位置坐标设置。一腔上 4 支产品推杆(顶针)的坐标分别为(0,22.5)、(31,43)、(−7,63.5)、(−35.5,43)。

推杆的添加

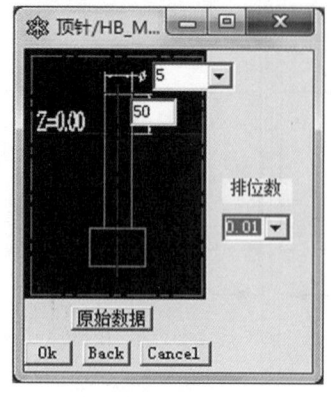

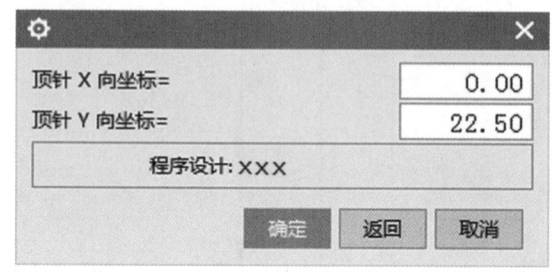

图 1-4-15  推杆(顶针)参数设置　　　图 1-4-16  推杆(顶针)位置坐标设置

一腔上 4 支产品推杆的添加结果如图 1-4-17 所示。2 支流道推杆的位置坐标分别为(17,0)和(−17,0),其添加结果如图 1-4-18 所示。

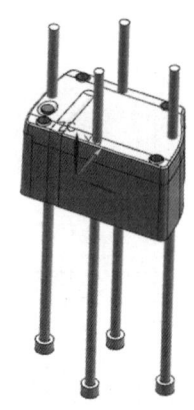 

图 1-4-17  一腔上 4 支产品推杆的添加结果　　图 1-4-18  2 支流道推杆的添加结果

**4. 推杆的处理**

推杆修剪与旋转复制的具体操作参看微课视频。产品推杆和流道推杆的修剪结果如图 1-4-19 所示。将 4 支产品推杆旋转 180°并进行复制,得到另一腔的 4 支产品推杆,如图 1-4-20 所示。

推杆的处理

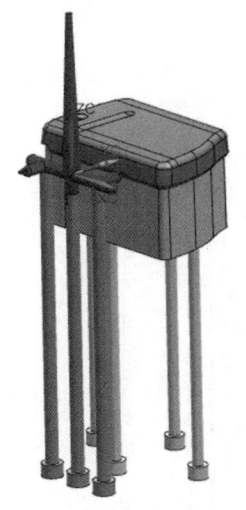
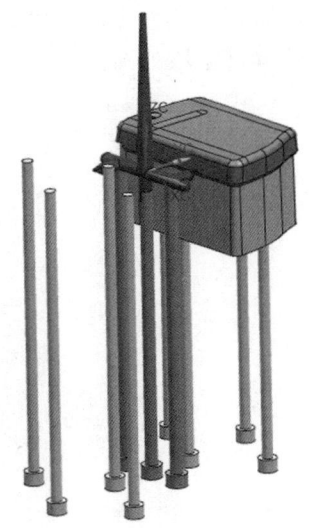

图 1-4-19　产品推杆和流道推杆的修剪结果　　　图 1-4-20　产品推杆的旋转复制

**5. 流道推杆的处理**

流道推杆的处理过程参看微课视频。

**6. 推杆的避空**

推杆避空的操作过程参看微课视频。

**7. 推杆和推管在型芯大镶件中避空段的创建**

推杆和推管穿过型芯时,需要有一段作为配合段,余下部分可作为避空段,以减少配合段的加工量。配合段的长度一般为 15~20 mm,避空段的直径 $D$ 一般取 $d+(1\sim2)$ mm,$d$ 为推杆或推管的直径,如图 1-4-21 所示。

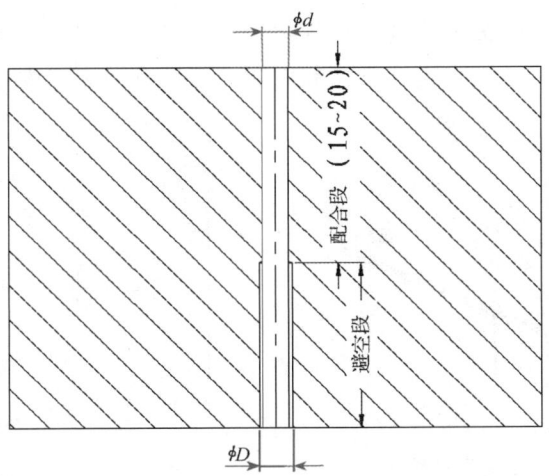

图 1-4-21　配合段和避空段的尺寸

推杆和推管在型芯大镶件中避空段的创建过程参看微课视频。推杆和推管在型芯大镶件上的配合段和避空段如图1-4-22所示。

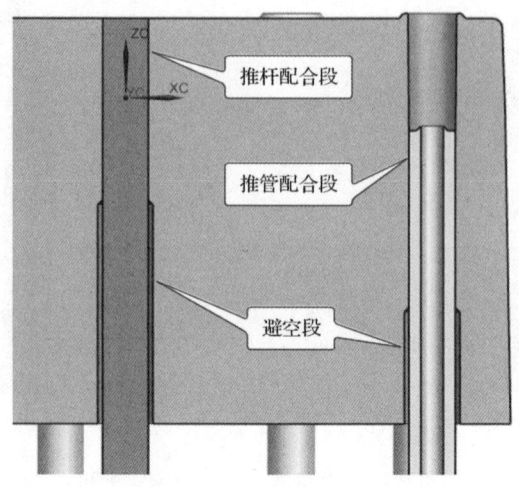

图1-4-22　推杆和推管在型芯大镶件上的配合段和避空段

**8. 推杆的防转**

本例每个产品有2支推杆顶在产品的曲面上,因此推杆沉头需做管位(定位槽),以防止推杆转动。可利用"HB_MOULD M6.8"外挂创建推杆沉头管位,其操作步骤参看微课视频。推杆沉头管位的设计结果如图1-4-23所示。

**9. 顶棍孔的设计**

顶棍孔俗称KO孔,是注塑机顶棍穿过模具动模座板的通孔。顶棍孔通常处于模具中心,如果模具浇口套偏心,则顶棍孔也要跟着一起偏移。

本例模架规格为2530,故顶棍孔选用规格为φ35 mm,数量为1,开设在模具动模座板的中心,如图1-4-24所示。本例顶棍孔已在调用标准模架时创建完成。

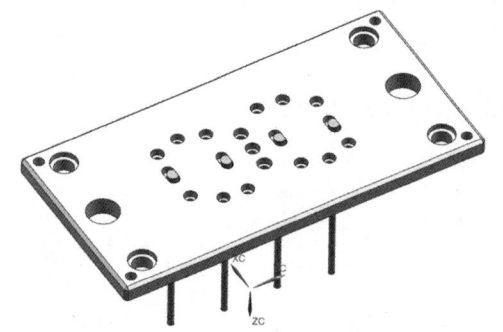

图1-4-23　推杆沉头管位的设计结果

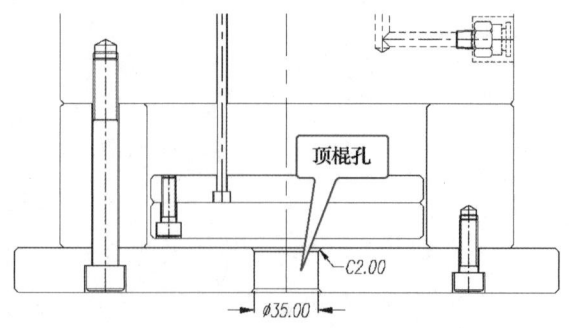

图1-4-24　正剖视图中的顶棍孔

## 1.5 冷却系统设计

### 一、冷却系统的设计依据

常用冷却系统的冷却形式有直通式、循环式、水井式等。设计冷却水道时,一定要注意冷却水道(包括密封圈)不能与推杆、螺钉、镶件等干涉。通常冷却水道边与镶件边、斜顶杆边、螺钉孔边、推杆边的间距最小为 4 mm,密封圈与推杆间距最小为 2 mm。冷却水道边与产品料位距离不能太近或太远,一般间距为 10～15 mm,以确保冷却均匀。冷却水道中心与型腔、型芯边的间距不小于 12 mm,常取整数。常用的冷却水道规格有 $\phi6.0$ mm、$\phi8.0$ mm、$\phi10.0$ mm、$\phi12.0$ mm,具体选用时可根据型腔、型芯的大小来确定,并配以相应的水管接头(水嘴)。

表 1-5-1 列出了冷却水道设计的经验值,设计冷却水道时可参考选用。

表 1-5-1　　　　冷却水道设计的经验值　　　　mm

| 模具宽度 | 冷却水道直径 | 水管接头 |
| --- | --- | --- |
| <200 | 5～6 | $\phi6.0$ 选用 1/8″ |
| 200～400 | 6～8 | $\phi8.0$、$\phi10.0$ 选用 1/4″ |
| 400～500 | 8～10 | |
| >500 | 10～13 | $\phi12.0$ 选用 3/8″ |

设计冷却系统时,应依据以下原则:
(1)在保证模具材料有足够机械强度的前提下,冷却水道应尽量靠近型腔、型芯表面。
(2)在保证模具材料有足够机械强度的前提下,冷却水道应尽量安排得紧密。
(3)冷却水道的直径应大于或等于 8 mm,并且各个水道的直径应尽量相同。
(4)制品较厚的部位应加强冷却。
(5)冷却水道接头尽量不要设计在模具天侧和地侧,因自动成型时(卧式注塑机)受水管限制,会影响制品与浇口凝料的脱落。
(6)冷却水道接头中心距应不小于 30 mm,以免安装水管困难。

### 二、冷却系统的设计

#### 1. 冷却水道直径与位置尺寸的确定

根据型腔、型芯的大小和模具宽度(250 mm),并对照表 1-5-1,本例选用规格为 $\phi8.0$ mm 的冷却水道,水管接头选为 1/4″,采用循环式冷却形式。

根据冷却水道边与产品料位间距一般取 10～15 mm,冷却水道中心与型腔、型芯边的间距不小于 12 mm 并取整数的设计原则,确定本例冷却水道的位置尺寸。相关尺寸在动模视图和正剖视图中的标注分别如图 1-5-1 和图 1-5-2 所示。定模冷却水道采用与动模冷却水道相同的布置形式。

> **注意**
> 
> 本例如在型芯大镶件内设计水井式冷却形式,则冷却效果会更理想。水井式冷却形式将在实例 2 中介绍。

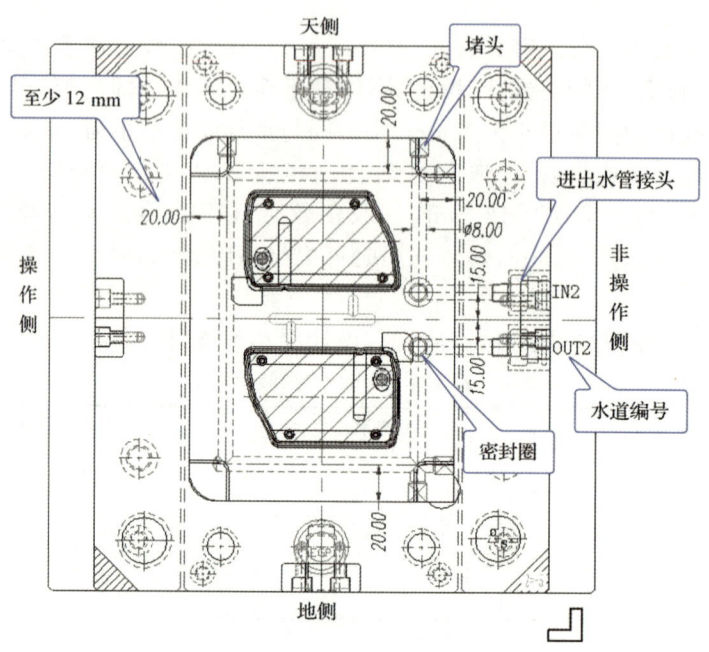

图 1-5-1　动模视图中的冷却水道位置尺寸

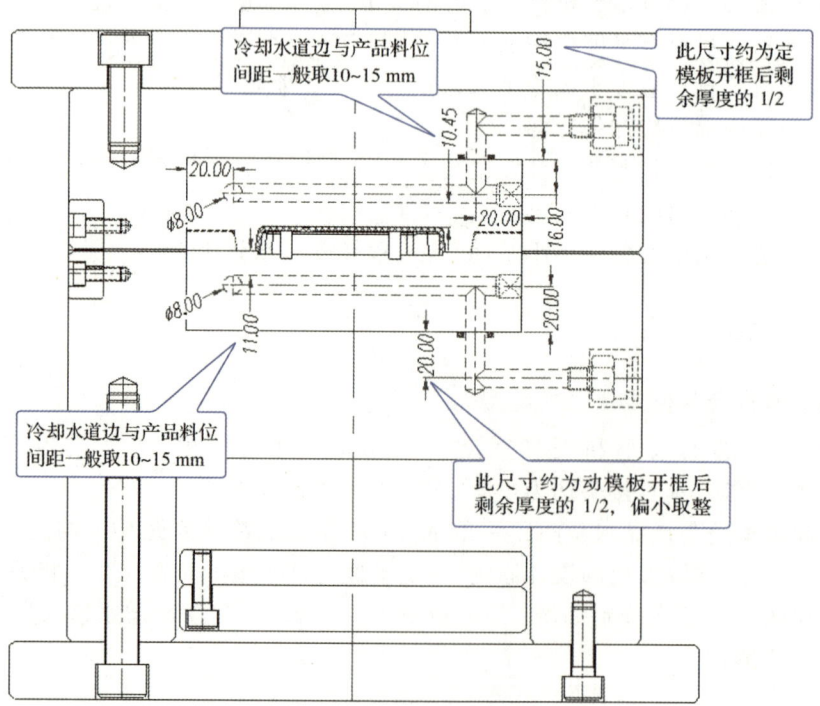

图 1-5-2　正剖视图中的冷却水道位置尺寸

## 2. 冷却水道的设计

确定冷却水道的直径与位置尺寸后,可利用"HB_MOULD M6.8"外挂设计冷却水道,其操作步骤参看微课视频。

**冷却系统的设计**

(1)动模冷却水道的设计

动模冷却水道的参数设置如图 1-5-3 所示。根据冷却水道的设计原则,冷却水道边与产品料位的间距应为 10~15 mm,如图 1-5-4 所示。如果各段冷却水道边与产品料位的间距小于 10 mm 或大于 15 mm,则应修改冷却水道参数,直至各段冷却水道边与产品料位的间距为 10~15 mm,才算完成冷却水道的设计。

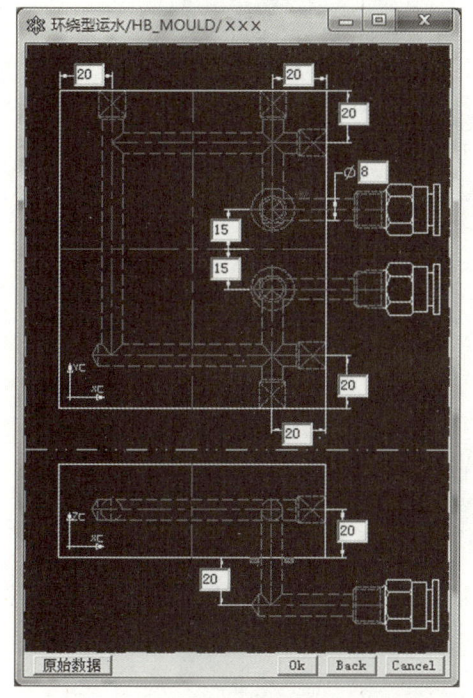

图 1-5-3 动模冷却水道的参数设置

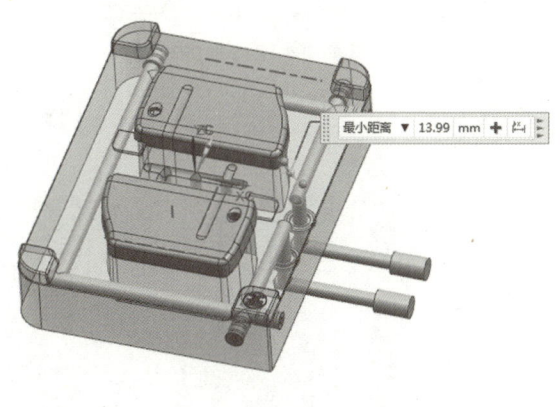

图 1-5-4 动模冷却水道边与产品料位的间距

(2)定模冷却水道的设计

参照动模冷却水道的设计方法,完成定模冷却水道的设计。定模冷却水道的参数设置如图 1-5-5 所示。定模冷却水道的设计结果如图 1-5-6 所示。

(3)水管接头的设计

水管接头规格选为 1/4″。水管接头设计结果如图 1-5-7 所示。

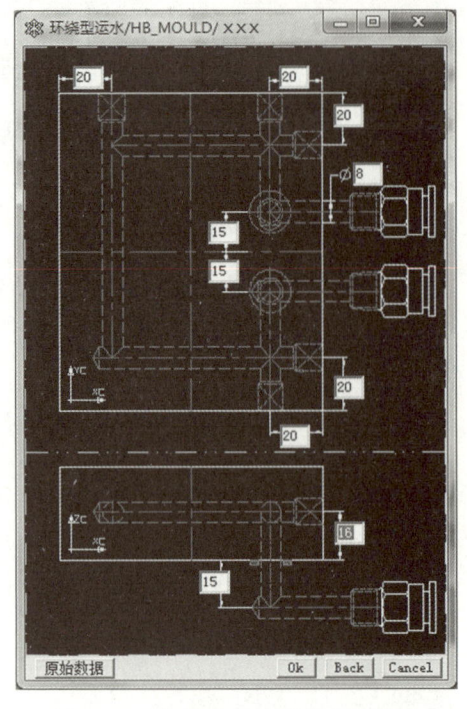

图 1-5-5　定模冷却水道的参数设置

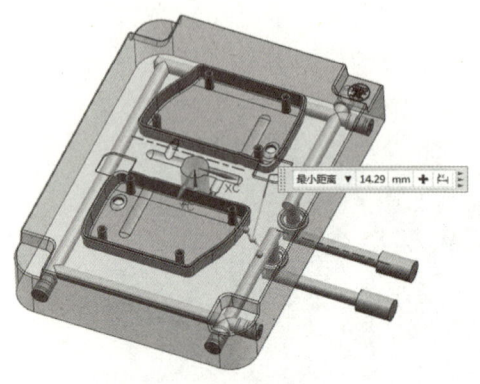

图 1-5-6　定模冷却水道的设计结果

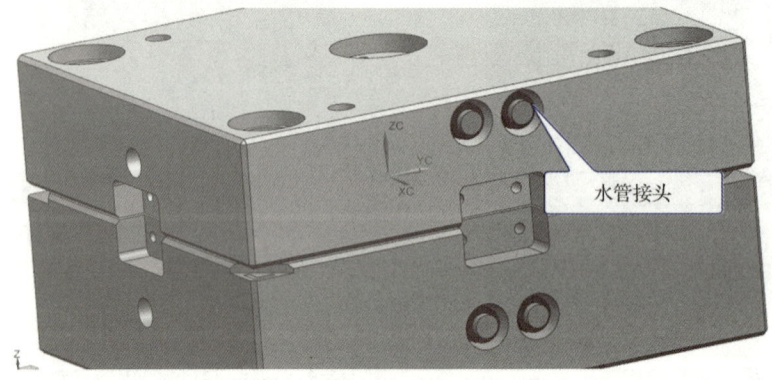

图 1-5-7　水管接头设计结果

冷却水道接头动画详见本书配套的数字化资源。

## 1.6　紧固系统设计

紧固系统设计内容包括型腔和定模板之间紧固螺钉大小和位置的确定,以及型芯和动模板之间紧固螺钉大小和位置的确定。

### 一、紧固螺钉大小和位置的确定

固定型腔、型芯的紧固螺钉大小依据型腔、型芯的大小而定。当型腔、型芯尺寸小于

150 mm 时，一般用 M6 或 M8 的紧固螺钉；当型腔、型芯尺寸为 150～300 mm 时，一般用 M8 或 M10 的紧固螺钉；当型腔、型芯尺寸大于 300 mm 时，一般用 M12 的紧固螺钉。锁紧型腔、型芯的紧固螺钉规格至少要用 M6。

紧固螺钉固定型芯、型腔，通常采用从型芯、型腔底面锁定的方法，如图 1-6-1 所示。紧固螺钉一般固定在型芯和型腔的 4 个角，以使锁紧力平衡。

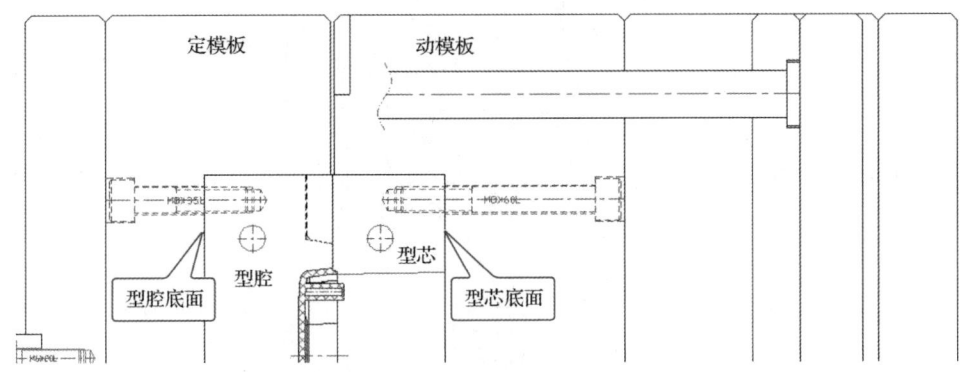

**图 1-6-1 常见的型芯、型腔固定方法**

紧固螺钉的数量依据型腔、型芯的大小而定，一般紧固螺钉中心距为 100 mm 左右。在确定紧固螺钉位置时，要注意避开冷却系统，冷却水道边与螺钉孔边的间距最小为 4 mm，以防钻穿冷却水道。紧固螺钉中心与型腔、型芯边的间距最小为紧固螺钉直径的 1～1.5 倍，且通常取整数，以方便模具的加工。紧固螺钉与型腔、型芯边间距不能太小，否则型腔、型芯螺钉孔处强度不够，如图 1-6-2 所示。本例型腔、型芯的尺寸为 145 mm×200 mm，所以紧固螺钉选用 M8，数量为 6。

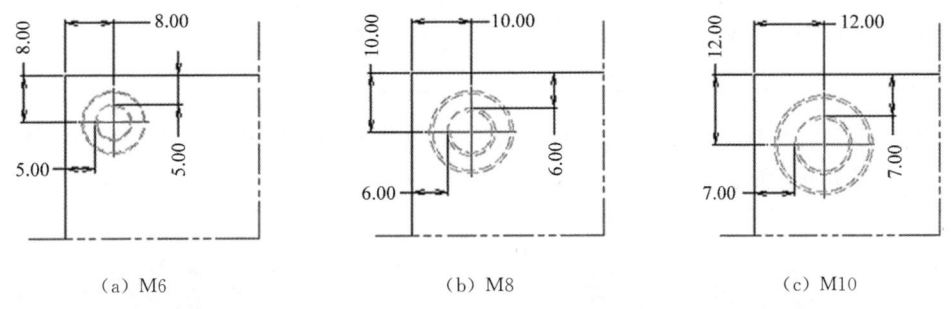

(a) M6　　　　　　　(b) M8　　　　　　　(c) M10

**图 1-6-2 紧固螺钉与型腔、型芯边间距的参考值**

紧固螺钉应首先考虑布置在型腔、型芯的 4 个角。本例型腔、型芯长度为 200 mm，故中间再布置 2 个紧固螺钉。型芯与动模板紧固螺钉的位置（坐标）如图 1-6-3 所示，型腔与定模板紧固螺钉采用与此相同的大小和位置布置，此处不另加图示。

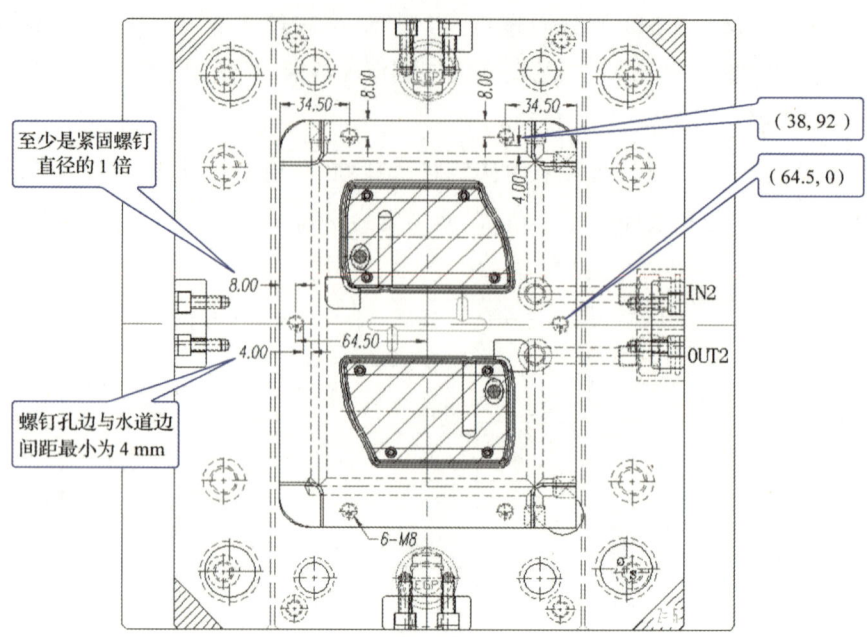

图 1-6-3　型芯与动模板紧固螺钉的位置(坐标)

## 二、紧固螺钉的添加

紧固螺钉的大小和位置确定后,可利用"HB_MOULD M6.8"外挂添加。

紧固系统的设计

**1. 型腔与定模板紧固螺钉的添加**

添加型腔与定模板紧固螺钉的具体操作参看微课视频。型腔与定模板的 6 个紧固螺钉添加结果如图 1-6-4 所示。

将 6 个型腔紧固螺钉移动至第 19 层。

**2. 型芯与动模板紧固螺钉的添加**

添加型芯与动模板紧固螺钉的具体操作参看微课视频。型芯与动模板的 6 个紧固螺钉添加结果如图 1-6-5 所示。

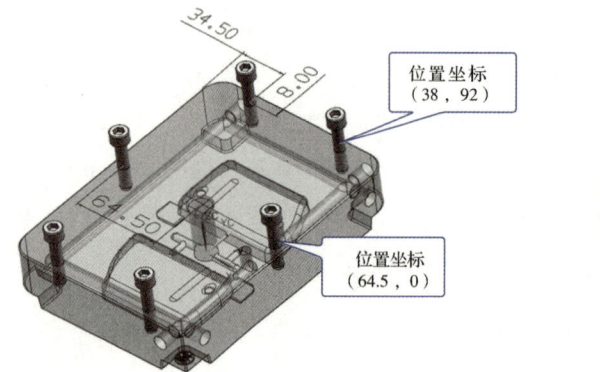

图 1-6-4　型腔与定模板的 6 个紧固螺钉添加结果

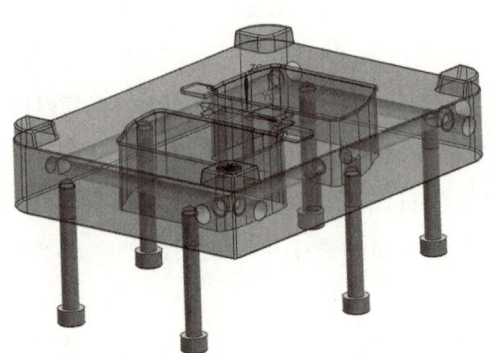

图 1-6-5　型芯与动模板的 6 个紧固螺钉添加结果

将6个型芯紧固螺钉移动至第31层。

## 1.7 排气系统设计

模具内的气体不仅包括型腔里的空气,还包括流道里的空气和塑料熔体分解产生的气体。在注塑时,这些气体都应顺利排出。如果气体不能顺利排出,模具将会填充困难或局部飞边,严重时产品表面会产生焦痕。

常用的排气方法有利用分型面排气、利用推杆排气及利用镶拼间隙排气等。若以上方法不能顺利地将模具内的气体排出,则要开排气槽。排气槽一般开设在型腔。若分型面为平面,一般无须在模具结构图上绘出排气槽,钳工师傅会凭借经验自行加工。

本例已设计了一个大镶件,又有推杆、推管等协助排气,分型面为平面,故可不必设计排气槽。

## 1.8 模具标准件设计

模具标准件主要包括推板导柱、支撑柱、边锁、限位块、弹簧、限位钉等。推板导柱和边锁已在设计模架系统时添加完成。

### 一、支撑柱的设计

支撑柱俗称撑头。注塑机产生的巨大注射压力传递至动模板,将导致其弯曲和变形,因此通常在动模板与动模座板的受力处加支撑柱,如图1-8-1所示。

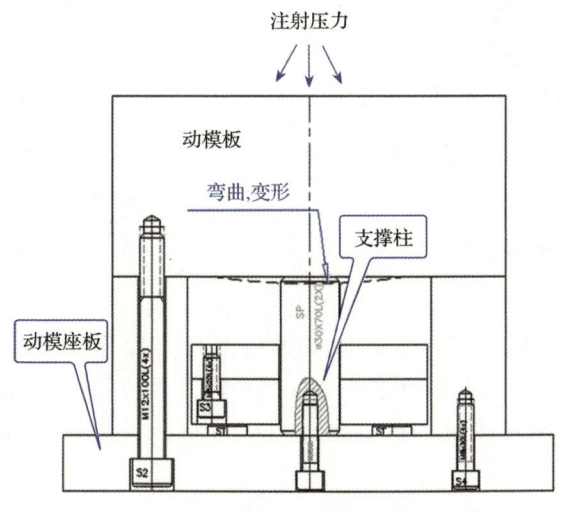

图1-8-1 支撑柱

支撑柱动画详见本书配套的数字化资源。

**1. 支撑柱形状、规格和布置的确定**

(1) 支撑柱的形状

支撑柱的外形一般为圆柱体,在空间不够(如空间狭长)而又需支撑时,可用长方体支撑柱。

(2) 支撑柱的规格

圆柱体支撑柱常用规格有 $\phi25$ mm、$\phi30$ mm、$\phi35$ mm、$\phi40$ mm、$\phi45$ mm、$\phi50$ mm 等,在空间足够时,支撑柱直径应尽量选大,且几个支撑柱应尽量取相同直径。支撑柱应高出垫块 0.1~0.2 mm。

(3) 支撑柱的布置

支撑柱的布置应尽量靠近模具中心,因模具中心所承受的注射压力最大;还要注意避开顶棍孔、推杆、弹簧、推板导柱、斜顶座等,且布置要匀称。支撑柱的避空孔边与推杆板(包括推杆固定板和推板)边的间距应最小为 8 mm。

本例为 2530 中小型模具,根据模具的空间大小,可布置 4 根 $\phi35$ mm 的支撑柱,位置尽量接近模具中心,支撑柱与模具中心的间距一定要取整数。支撑柱在动模视图和正剖视图中的位置尺寸分别如图 1-8-2 和图 1-8-3 所示。

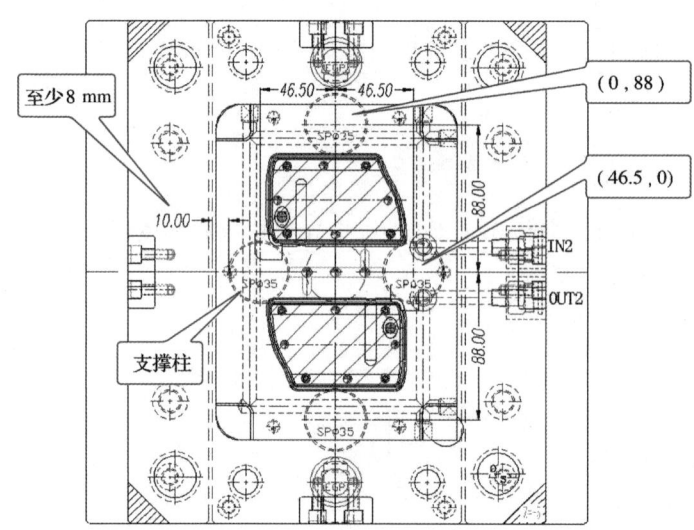

**图 1-8-2 支撑柱在动模视图中的位置尺寸**　　**图 1-8-3 支撑柱在正剖视图中的位置尺寸**

**2. 支撑柱的设计**

利用"HB_MOULD M6.8"外挂添加支撑柱。具体操作参看微课视频。支撑柱直径为 35 mm,紧固螺钉选用 M8。$X$ 轴方向支撑柱的位置坐标为(46.5,0)。$Y$ 轴方向支撑柱的位置坐标为(0,88)。支撑柱的添加结果如图 1-8-4 所示。

将所有支撑柱(包括紧固螺钉)移动至第 116 层。

支撑柱的设计

图 1-8-4　支撑柱的添加结果

## 二、限位块的设计

### 1. 限位块形状、规格和位置的确定

限位块的作用是限制顶出行程。顶出行程一般为产品总高度加 10～15 mm。本例产品总高度为 14.06 mm，故顶出行程＝14.06 mm＋(10～15)mm＝24.06～29.06 mm，可设定为 25 mm。本例顶出空间长度为 40 mm，故限位块的高度＝顶出空间长度－顶出行程＝40 mm－25 mm＝15 mm。本例的顶出空间长度为动模板底面与推杆固定板顶面的间距，如图 1-8-5 所示。

限位块通常为圆柱体，其常用规格有 $\phi$15 mm、$\phi$20 mm、$\phi$30 mm 等。本例选用 $\phi$20 mm。中小型模具布置 2 个限位块即可。限位块的位置要尽量靠近模具中心，且布置要匀称，要避开推杆、支撑柱、斜顶座等。本例在产品中心的正下方布置 2 个限位块。限位块在动模视图中的位置尺寸如图 1-8-6 所示。

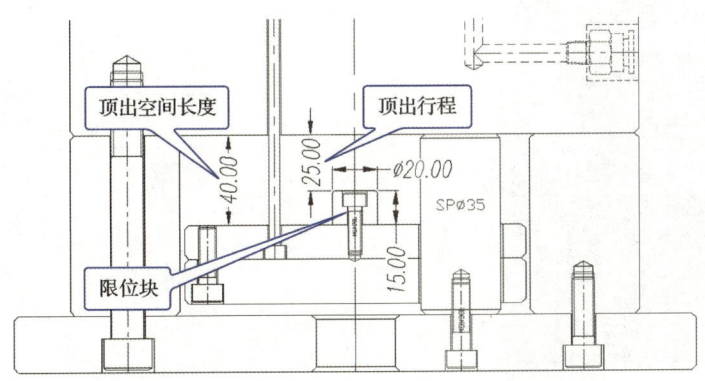

图 1-8-5　限位块在正剖视图中的尺寸

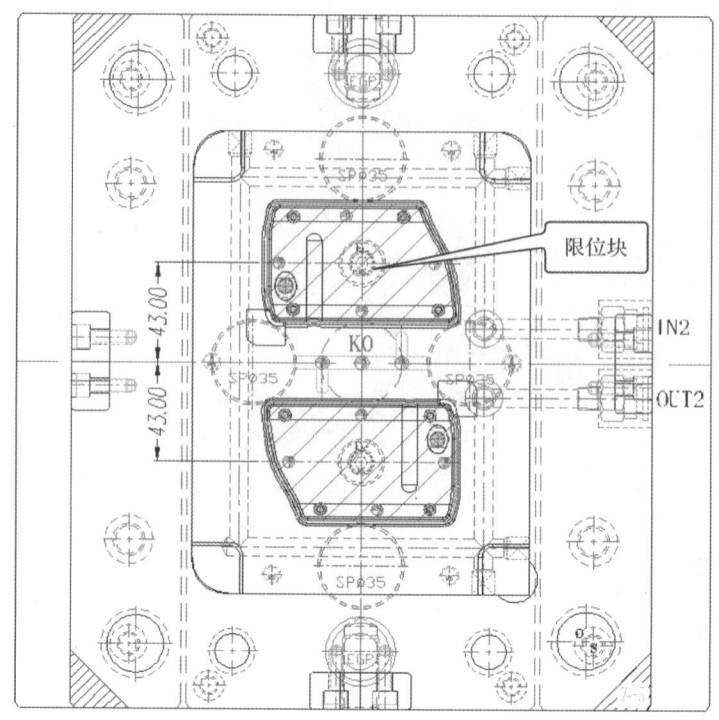

图 1-8-6　限位块在动模视图中的位置尺寸

**2. 限位块的设计**

利用"HB_MOULD M6.8"外挂添加限位块。具体操作参看微课视频。限位块的相关参数设置如图 1-8-7 所示。限位块添加结果如图 1-8-8 所示。

将所有限位块(包括紧固螺钉)移动至第 117 层。

限位块的设计

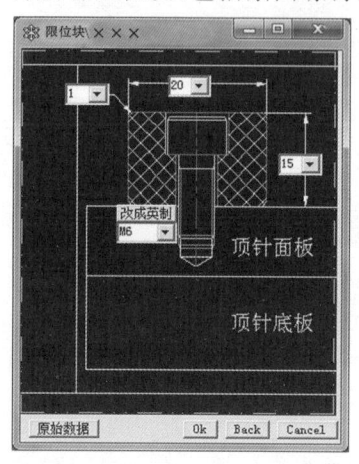

图 1-8-7　限位块的相关参数设置

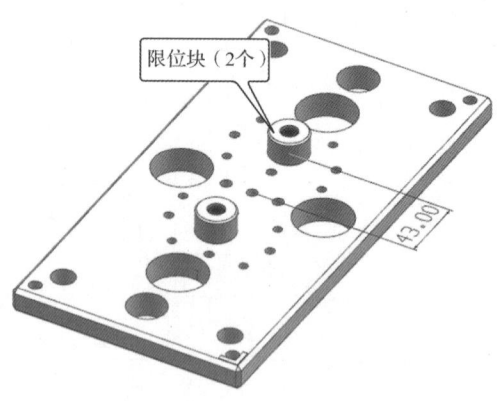

图 1-8-8　限位块添加结果

## 三、复位弹簧的设计

### 1. 复位弹簧规格的确定

复位弹簧的作用是使顶出机构复位。模具尺寸较小时,一般可将复位弹簧安装在复位杆上。复位弹簧的内径应等于或略大于复位杆的直径。如顶出行程设置较高、模具较大,复位弹簧也可装在推杆板其他位置,一般装在4个角或中间。

复位弹簧长度的计算方法如下:

$$压缩比 = (总行程 + 预压量)/复位弹簧自由长度$$

其中,复位弹簧自由长度为预压状态长度与预压量之和,预压量通常为10~15 mm,压缩比通常为0.35~0.5。

本例预压量取10 mm,前面已确定复位弹簧行程(顶出行程)为25 mm,则复位弹簧自由长度=(总行程+预压量)/压缩比=(25+10)mm/(0.35~0.5)=70~100 mm。取复位弹簧自由长度为90 mm。

本例复位杆直径为15 mm,根据复位弹簧的标准,应选用的复位弹簧内径为17.5 mm,类型为轻载荷(蓝),规格为TL 35×17.5×90。

复位弹簧在侧剖视图中的尺寸如图1-8-9所示。由图可知,复位弹簧伸入动模板的长度=复位弹簧自由长度-预压量-顶出空间长度=(90-10-40)mm=40 mm,图中复位弹簧预压状态长度=复位弹簧自由长度-预压量=(90-10)mm=80 mm。

复位弹簧压缩比验证:压缩比=(总行程+预压量)/复位弹簧自由长度=(25+10)mm/90 mm=0.39,此数值在规定范围(0.35~0.5),符合设计要求。

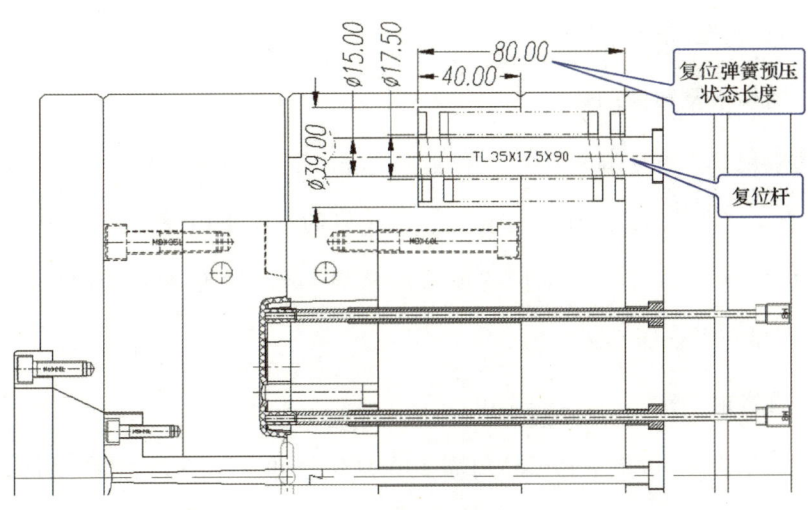

图1-8-9 复位弹簧在侧剖视图中的尺寸

复位弹簧动画详见本书配套的数字化资源。

**2. 复位弹簧的设计**

利用"HB_MOULD M6.8"外挂添加复位弹簧。具体操作参看微课视频。复位弹簧的设计参数及添加结果如图 1-8-10 所示。

将所有复位弹簧移动至第 118 层。

复位弹簧的设计

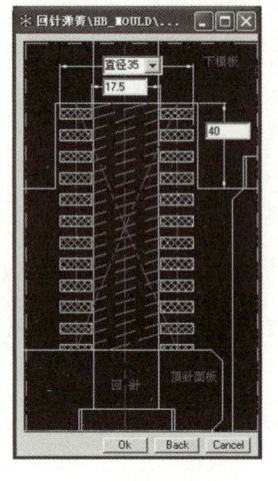
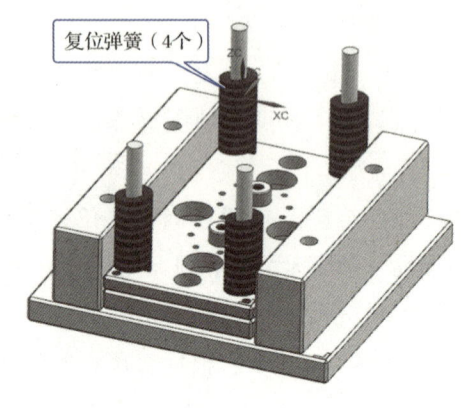

(a)设计参数　　　　　　　　(b)添加结果

图 1-8-10　复位弹簧的设计参数及添加结果

## 四、限位钉的设计

限位钉(垃圾钉)的作用是减小推板与动模座板的接触面积,防止杂物、塑料碎屑等使推板复位不准确,避免造成产品缺陷。

**1. 限位钉的规格及数量的确定**

限位钉的常用规格有 $\phi 16$ mm、$\phi 20$ mm、$\phi 30$ mm 等,具体选用规格由模具的大小确定。本例为中小型模具,选用 $\phi 20$ mm 的限位钉。限位钉的数量也由模具的大小确定,通常相邻限位钉的间距为 100 mm 左右。本例的模架规格为 2530,可布置 8 个限位钉。限位钉用 M5 平头螺钉锁紧在动模座板上。

**2. 限位钉位置的确定**

当限位钉数量为 4 时,将全部限位钉布置在复位杆的正下方;当其数量超过 4 时,将 4 个限位钉布置在复位杆正下方,将其余几个尽量均匀布置在推板的下面,并注意避开支撑柱、推管型芯、推板导柱等。本例限位钉在动模视图中的位置尺寸如图 1-8-11 所示。

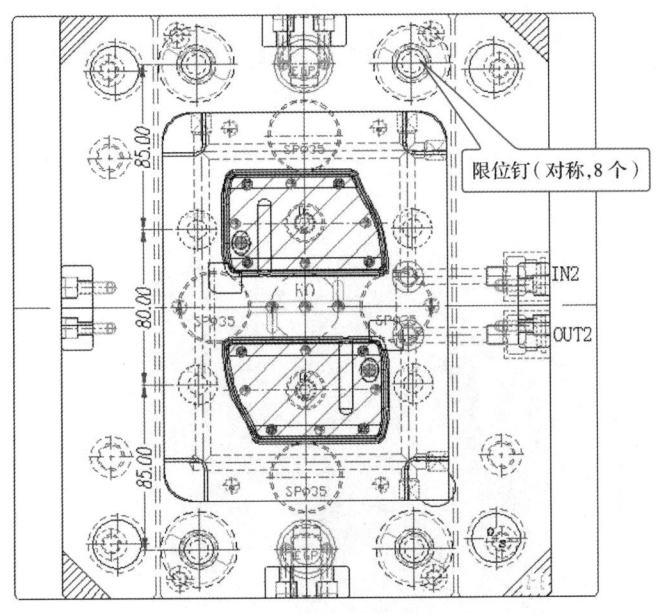

图 1-8-11　限位钉在动模视图中的位置尺寸

### 3. 限位钉的设计

利用"HB_MOULD M6.8"外挂添加限位钉。具体操作参看微课视频。限位钉规格类型为 STA-D20-PTM5。限位钉添加结果如图 1-8-12 所示。

将所有限位钉（包括紧固螺钉）移动至第 120 层。

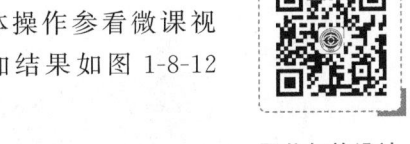

限位钉的设计

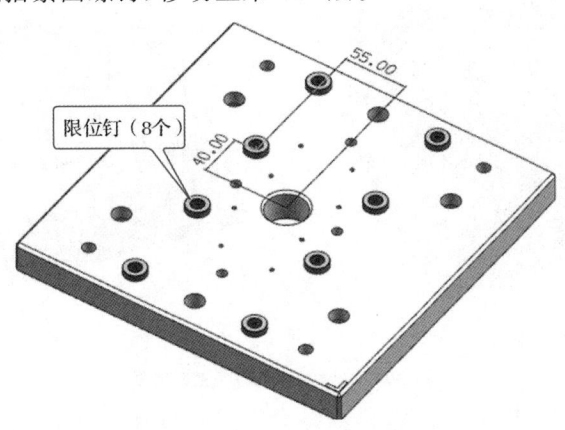

图 1-8-12　限位钉添加结果

限位钉动画详见本书配套的数字化资源。

## 1.9 模具设计检查

设计至此,已完成模具的3D结构设计。整套模具的3D效果如图1-9-1所示。

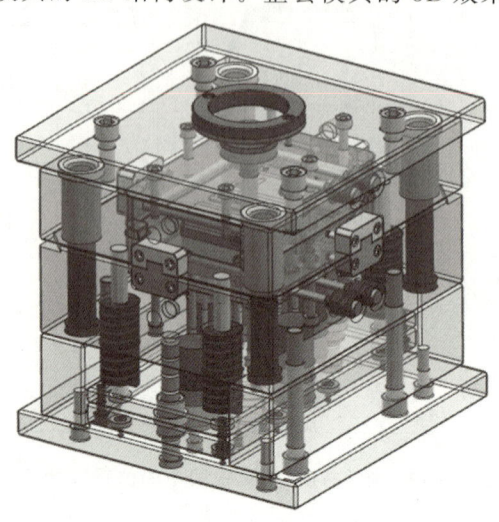

(a) 合模状态

(b) 动模部分

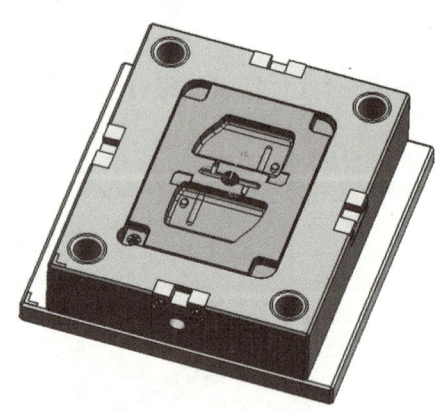

(c) 定模部分

图1-9-1 整套模具的3D效果

完成整套模具的3D结构设计后,可对整套模具的设计图进行检查,见表1-9-1。

定模座板、定模板、动模板、推杆固定板、推板、动模座板、垫块、二板模、日期章等动画详见本书配套的数字化资源。

表1-9-1　　　　　　　　　　模具设计图自检表

| 序号 | 检查内容 | 检查结果 |
|---|---|---|
| 1 | 收缩率:_____,收缩率是否正确 | □Yes　□No　□无 |
| 2 | 型腔与型芯材料尺寸是否与订购尺寸一致 | □Yes　□No　□无 |
| 3 | 所有插穿位是否都在2°以上 | □Yes　□No　□无 |

续表

| 序号 | 检查内容 | 检查结果 | | |
|---|---|---|---|---|
| 4 | 产品共有_____处公差需要修改 | ☐Yes | ☐No | ☐无 |
| 5 | 公差面和晒纹面是否已用颜色区分 | ☐Yes | ☐No | ☐无 |
| 6 | 材料是否为铜,是否用紫色表示 | ☐Yes | ☐No | ☐无 |
| 7 | 顶针与司筒的有效配合长度(配合段)是否为 15~20 mm | ☐Yes | ☐No | ☐无 |
| 8 | 水道与顶针、镶件间隙是否在 4 mm 以上,与塑件最小间隙是否为 10 mm | ☐Yes | ☐No | ☐无 |
| 9 | 钢料是否无尖角,厚度是否合适 | ☐Yes | ☐No | ☐无 |
| 10 | 塑件厚度是否在 0.8 mm 以上,加强筋小端尺寸是否大于或等于 0.7 mm | ☐Yes | ☐No | ☐无 |
| 11 | 型腔、型芯、滑块及镶件是否有排气设计,排气是否符合标准 | ☐Yes | ☐No | ☐无 |
| 12 | 盲镶的直角处是否有 8~10 mm 圆角过渡 | ☐Yes | ☐No | ☐无 |
| 13 | 避空圆角的大小是否符合刀具的加工深度 | ☐Yes | ☐No | ☐无 |
| 14 | 产品是否已刻印日期章、模穴号等 | ☐Yes | ☐No | ☐无 |
| 15 | 型腔、型芯及 15 kg 以上的零件是否已追加吊模孔 | ☐Yes | ☐No | ☐无 |
| 16 | 流道的转角处是否已追加 $R0.5$ mm 或 $R1.0$ mm 圆角 | ☐Yes | ☐No | ☐无 |
| 17 | 流道末端是否有排气设计 | ☐Yes | ☐No | ☐无 |
| 18 | 分型面插穿位是否留出 8~10 mm 作为封料距离,其余处是否避空 0.2 mm 以上 | ☐Yes | ☐No | ☐无 |
| 19 | 型腔、型芯外围对插部分是否有 0.3~0.5 mm 的避空 | ☐Yes | ☐No | ☐无 |
| 20 | 段差大于 0.3 mm 时是否有圆角过渡 | ☐Yes | ☐No | ☐无 |
| 21 | 顶针是否加管位 | ☐Yes | ☐No | ☐无 |
| 22 | 型腔、型芯与模架的基准角是否正确 | ☐Yes | ☐No | ☐无 |
| 23 | 确认上传的版本是否正确 | ☐Yes | ☐No | ☐无 |

## 1.10 模具总装图设计

模具总装图主要用于检验模具结构的可行性,并指导模具的制造和拆装。模具总装图通常包括以下内容:

(1)模具成型部分结构
(2)浇注系统、排气系统的结构形式
(3)分型面及分模取件方式
(4)外形结构及所有连接件、定位件、导向件的位置
(5)主要尺寸及模具总体尺寸

(6)辅助工具(取件卸模工具、校正工具等)

(7)零件序号和明细表

(8)技术要求和使用说明

完成模具 3D 设计后,根据 3D 模具总装图确定剖切位置。利用 UG 的"制图"模块,自动生成 2D 模具总装图和零件图,必要时可将其生成的 2D 模具总装图和零件图导出到 AutoCAD,进行修改、标注和整理。

2D 模具总装图设计主要包括 2D 模具总装图的绘制、标注和明细表等的编写。

## 一、2D 模具总装图的绘制

### 1. 2D 模具总装图的布局

按行业习惯,2D 模具总装图的布局如图 1-10-1 所示。

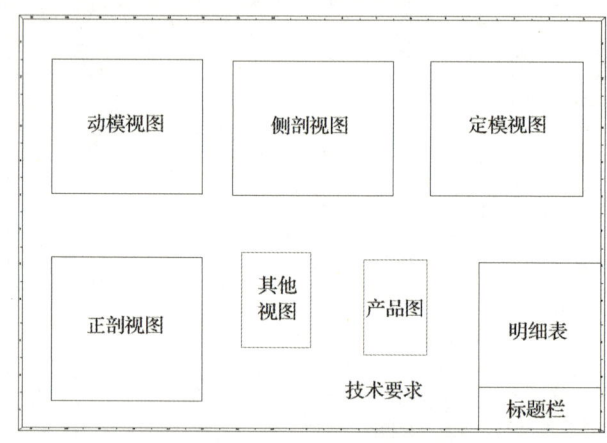

图 1-10-1  2D 模具总装图的布局

总装图主要包括 4 个基本视图、其他视图、产品图等。

(1)动模视图——假想将定模部分去掉,沿注射方向从上向下看得到的视图,该视图主要表达动模部分的结构。

(2)定模视图——假想将动模部分去掉,沿注射方向从下向上看得到的视图,该视图主要表达定模部分的结构。

(3)正剖视图——一般按闭合状态画出,采用全剖或阶梯剖,该视图主要表达正视(前视)状态下模具各系统和机构的结构组成和各零件之间的装配关系。

(4)侧剖视图——一般按闭合状态画出,采用全剖或阶梯剖,该视图主要表达侧视(右视)状态下模具各系统和机构的结构组成和各零件之间的装配关系。

(5)其他视图——浇口局部放大图,其他局部视图,动、定模部分的 3D 轴测图,冷却水道 3D 示意图等,用于表达以上 4 个基本视图没有表达清楚的结构。

(6)产品图——产品的轴测图,表明该模具所成型产品的结构形状和表面要求。

### 2. 图层的整理

绘制 2D 模具总装图前,应先整理图层,设置各零件的颜色,以便控制各视图的显示,然后开始出图。图层整理的具体操作参看微课视频。

(1)将前面设计完成的 3D 模具总装图另存一份,命名为"SL01-2D 总装图",用于 2D 模具总装图的绘制。

(2)调用"移动至图层"命令,将定模部分的所有零件移动至第 201 层;将动模部分的所有零件移动至第 202 层;将冷却水道实体(包括定模和动模的冷却水道实体)移动至第 210 层;将流道实体移动至第 220 层;将产品移动至第 150 层。

图层的整理

(3)显示第 201 和第 202 层,即把定模部分和动模部分的所有零件全部显示出来。

### 3. 基本视图的绘制

基本视图绘制的具体操作看微课视频。

(1)切换到 UG 的"制图"模块(快捷键为"Ctrl+Shift+D"组合键)。

(2)单击"新建图纸页"按钮,在弹出的"工作表"对话框中设置各项,如图 1-10-2 所示,然后单击"确定"按钮,得到一张 A0 图纸。

基本视图的绘制

(3)绘制动模视图。

①单击"基本视图"图标,再单击图纸的左上角位置,此时总装图的俯视图出现在图纸上,如图 1-10-3 所示。

图 1-10-2 "工作表"对话框

图 1-10-3 总装图的俯视图

②在总装图俯视图的图框上单击右键,选择菜单中的"设置"选项,弹出"设置"对话框,如图 1-10-4 所示。按图中的步骤 1、2、3 分别设置可见线和隐藏线的线型和颜色。当执行步骤 3 单击颜色框时,弹出"颜色"对话框,如图 1-10-5 所示。按图中的步骤 1、2、3 分别设置可见线和隐藏线的颜色。可见线和隐藏线的线型和颜色设置完成的俯视图如图 1-10-6 所示。

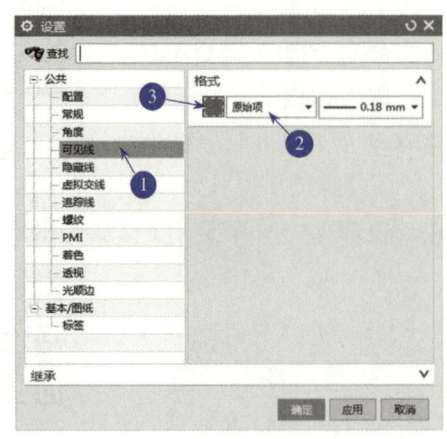 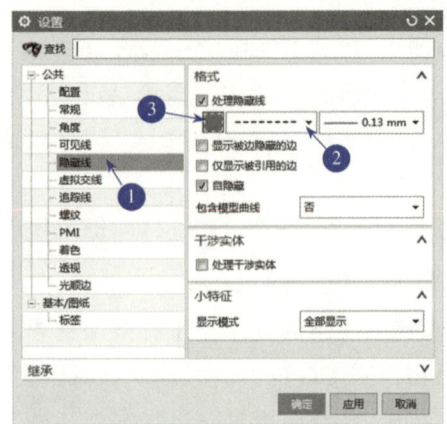

(a)可见线　　　　　　　　　　　(b)隐藏线

图 1-10-4　设置可见线和隐藏线的线型和颜色

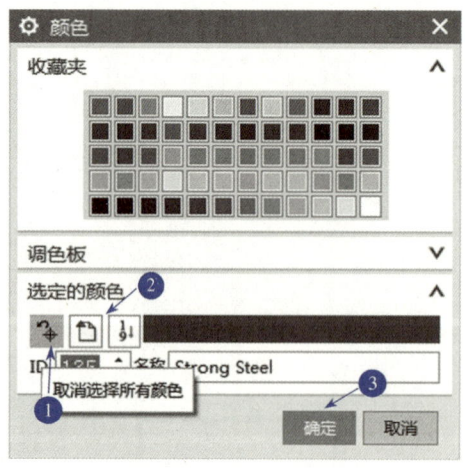 

图 1-10-5　"颜色"对话框　　　　图 1-10-6　可见线和隐藏线的线型和颜色设置完成的俯视图

③调用"菜单"→"格式"→"视图中可见图层"命令,选择俯视图,弹出"视图中可见图层"对话框。先将所有图层都设为不可见,然后将第 202 层设为可见,更新视图,得到动模视图;再调用"自动中心线"命令 ,生成中心线,最终得到的动模视图如图 1-10-7 所示。

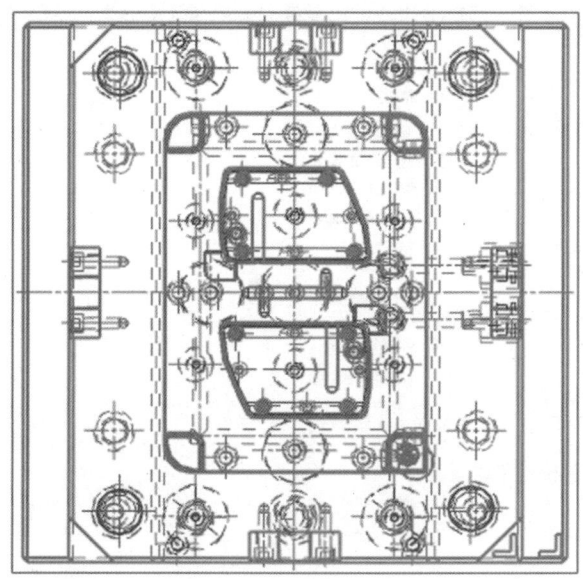

图 1-10-7 动模视图

(4)绘制侧剖视图。

①单击"剖视图"图标 ▨,在动模视图上选择适当的剖切位置,如图 1-10-8(a)所示,并在动模视图的正右侧生成一个初步的侧剖视图,如图 1-10-8(b)所示。

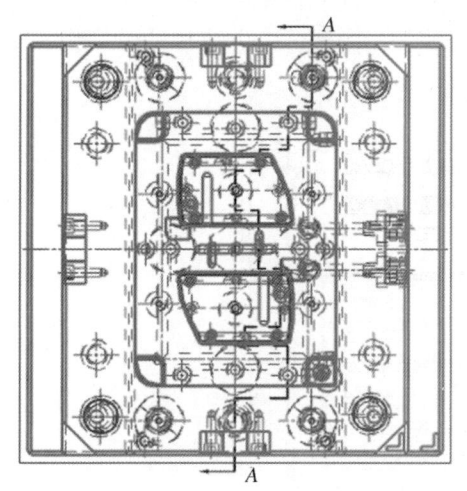

(a)在动模视图上选择适当的剖切位置

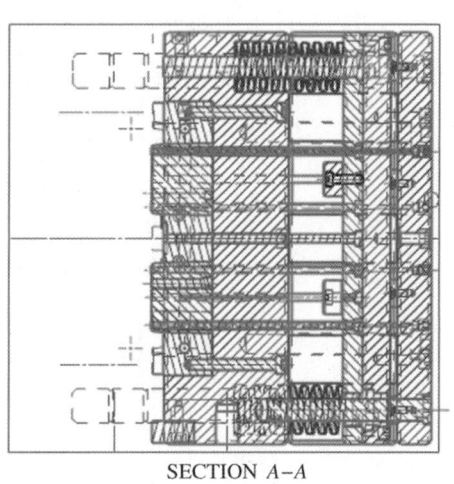

(b)初步的侧剖视图

图 1-10-8 初步创建侧剖视图

②在侧剖视图的图框上单击右键,选择菜单中的"设置"选项,弹出"设置"对话框。将隐藏线设为不可见,并取消选择"创建剖面线",如图 1-10-9 所示。

图 1-10-9　剖面线的显示或隐藏设置

③调用"菜单"→"格式"→"视图中可见图层"命令,选择侧剖视图,弹出"视图中可见图层"对话框。将第 201 层、第 202 层设为可见,其他图层设为不可见,更新视图;再调用"自动中心线"命令 、"2D 中心线"命令 、"3D 中心线"命令 等,生成中心线,删除其中重叠或多余的部分,最终得到的侧剖视图如图 1-10-10 所示。

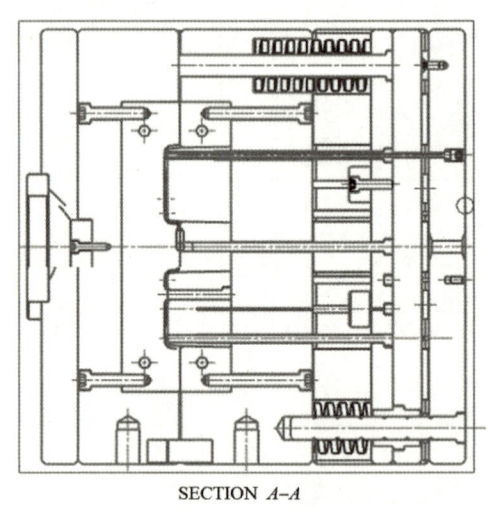

图 1-10-10　侧剖视图

(5)绘制定模视图。

①单击侧剖视图的图框,然后单击"投影视图"图标 ,再单击侧剖视图的正右侧,生成一个初步的定模视图,如图 1-10-11 所示。

②在定模视图的图框上单击右键,选择菜单中的"设置"选项,弹出"设置"对话框。参照动模视图的创建方法,将隐藏线的线型设为虚线。

③调用"菜单"→"格式"→"视图中可见图层"命令,选择定模视图,弹出"视图中可见图层"对话框。将第 201 层设为可见,其他图层设为不可见,更新视图;再调用"自动中心线"命令 、"2D 中心线"命令 等,生成中心线,删除其中重叠或多余的部分,最终得到的定模视图如图 1-10-12 所示。

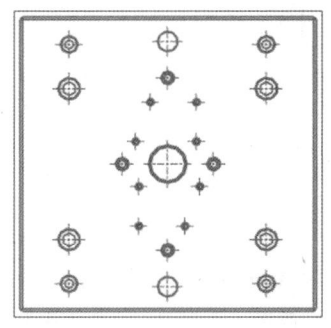 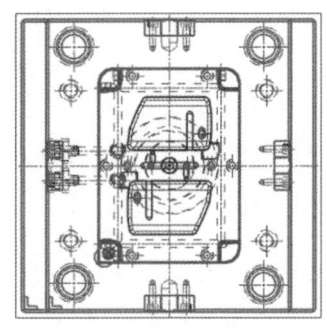

图 1-10-11　初步的定模视图　　图 1-10-12　定模视图

(6)绘制正剖视图。

①单击"剖视图"图标 ,在动模视图上选择适当的剖切位置,如图 1-10-13(a)所示,并在动模视图的正下方生成一个初步的正剖视图,如图 1-10-13(b)所示。

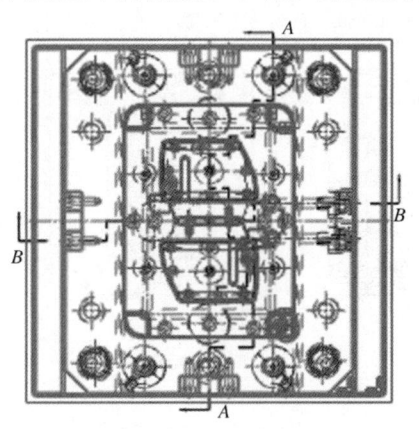 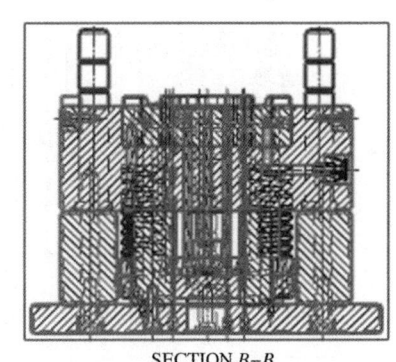

(a)在动模视图上选择适当的剖切位置　　(b)初步的正剖视图

图 1-10-13　初步创建正剖视图

②在正剖视图的图框上单击右键,选择菜单中的"设置"选项,弹出"设置"对话框。将隐藏线设为不可见,并取消选择"创建剖面线"。

③调用"菜单"→"格式"→"视图中可见图层"命令,选择正剖视图,弹出"视图中可见图层"对话框。将第 201 层、第 202 层设为可见,其他图层设为不可见,更新视图;再调用"自动中心线"命令 、"2D 中心线"命令 、"3D 中心线"命令 等,生成中心线,删除其中重叠或多余的部分,最终得到的正剖视图如图 1-10-14 所示。

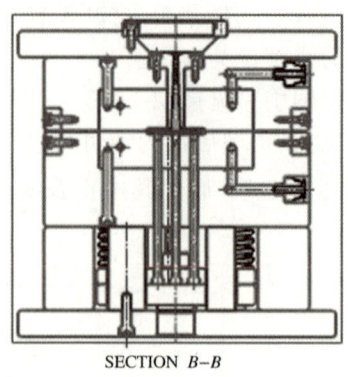

图 1-10-14 正剖视图

> **注意**
>
> 侧剖视图和正剖视图的剖切位置要选择得当,两个剖视图要剖到模具的主要结构,如与注塑机相关部分(包括定位圈、浇口套、顶棍孔等)、进浇位置、导柱、导套、滑块、斜顶、复位杆、弹簧、限位钉、螺钉、限位块、镶件、推管、推杆、支撑柱、冷却水道、推板导柱等。通常情况下,相同结构只剖一处即可。

如果仍然存在正剖视图和侧剖视图无法表达清楚的结构,可增加其他视图。创建完成的动模视图、侧剖视图、定模视图和正剖视图如图 1-10-15 所示。

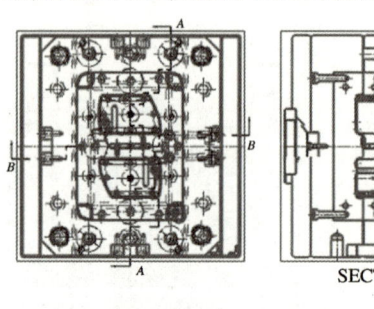

(a)动模视图

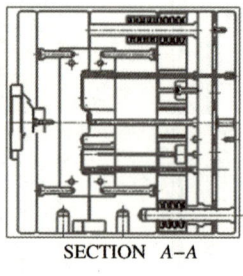

(b)侧剖视图

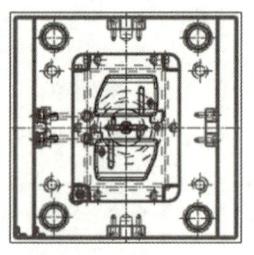

(c)定模视图

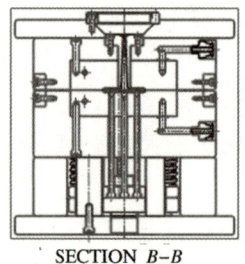

(d)正剖视图

图 1-10-15 动模视图、侧剖视图、定模视图和正剖视图

#### 4. 其他视图的绘制

(1) 绘制局部放大图。为了清晰表达浇口的形状,也为了便于浇口尺寸的标注,通常对浇口部位单独绘制一个局部放大图。

① 单击"局部放大图"图标 ,弹出"局部放大图"对话框。单击侧剖视图中浇口部位的大致中心位置,拉出一个圆,将要放大的部分圈起,如图 1-10-16 所示。

局部放大图的绘制

② 回到"局部放大图"对话框,如图 1-10-17 所示,设置"比例"为 10∶1,在"标签"栏内选择图示选项。

③ 指定放置位置,即可生成浇口的局部放大图,如图 1-10-18 所示。

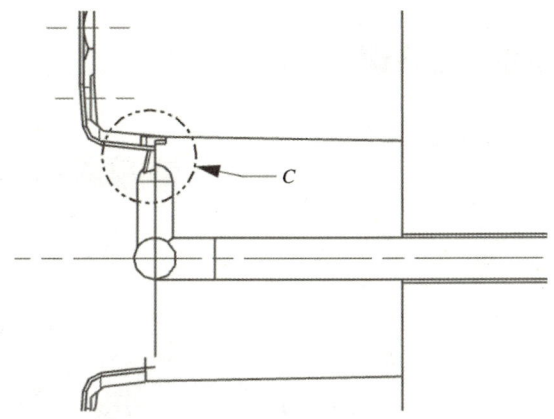

图 1-10-16　在侧剖视图中指定放大部分

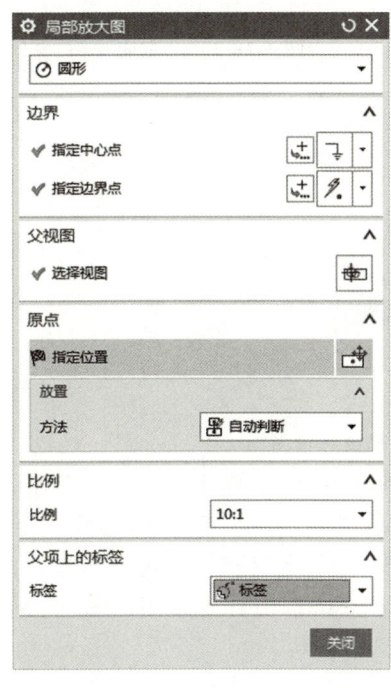

图 1-10-17　设定"比例"和"标签"

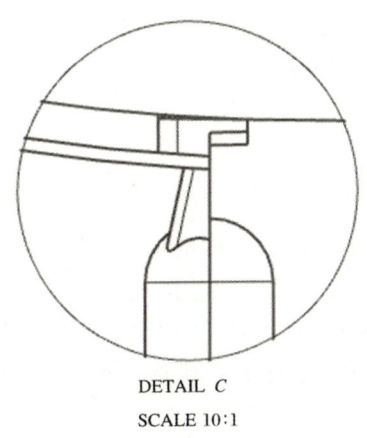

图 1-10-18　浇口的局部放大图

(2)绘制轴测图。下面以本例产品为例,说明轴测图的绘制过程。

①在 UG 的"建模"模块,将需要创建轴测图的产品单独显示出来。

②切换到 UG"制图"模块,单击"基本视图"图标,弹出如图 1-10-19 所示的"基本视图"对话框。单击该对话框中的"定向视图工具"图标,弹出"定向视图"窗口,如图 1-10-20 所示。在窗口内旋转产品至合适的视角后单击鼠标中键,回到"基本视图"对话框。设定适当的比例(1∶1),指定放置位置,即可生成产品的轴测图。

轴测图的绘制

③对生成的轴测图设置线型、颜色、视图中的可见图层。通常轴测图只显示可见轮廓,颜色继承 3D 模型,设置产品所在层为唯一可见层,删除中心线。图 1-10-21 所示为本例产品 2 个视角的轴测图。

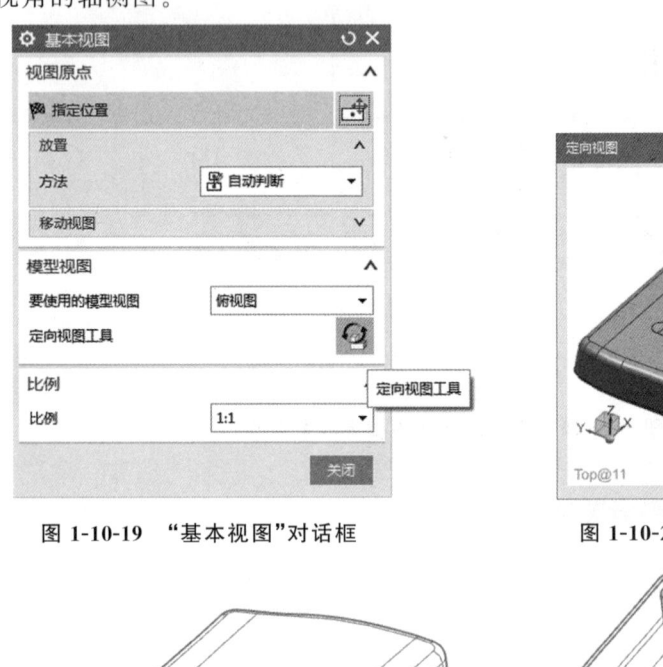

图 1-10-19　"基本视图"对话框　　　图 1-10-20　"定向视图"窗口

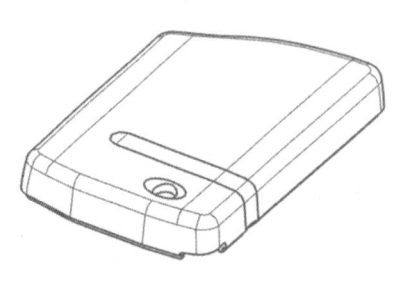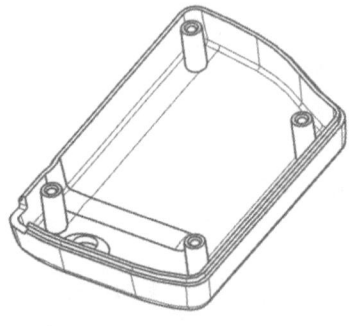

图 1-10-21　产品 2 个视角的轴测图

(3)取消各视图边界框的显示。在 UG 的"制图"模块中调用"菜单"→"首选项"→"制图"命令。在弹出的"制图首选项"对话框中单击"视图"选项将其展开,选择"工作流程",取消选择对话框右侧"边界"选项下的"显示",然后单击"确定"按钮,即可取消各视图边界框的显示,如图 1-10-22 所示。取消各视图边界框显示后的 2D 模具总装图如图 1-10-23 所示。

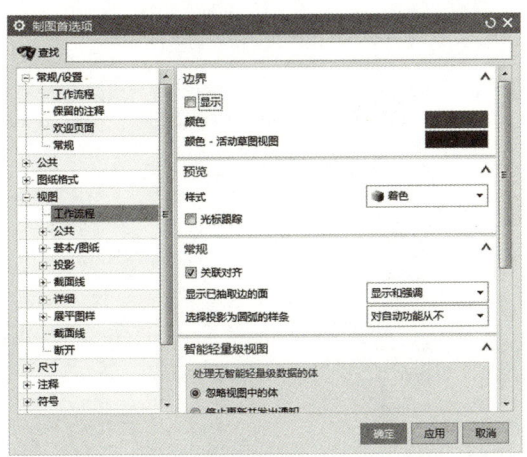

图 1-10-22　取消各视图边界框的显示

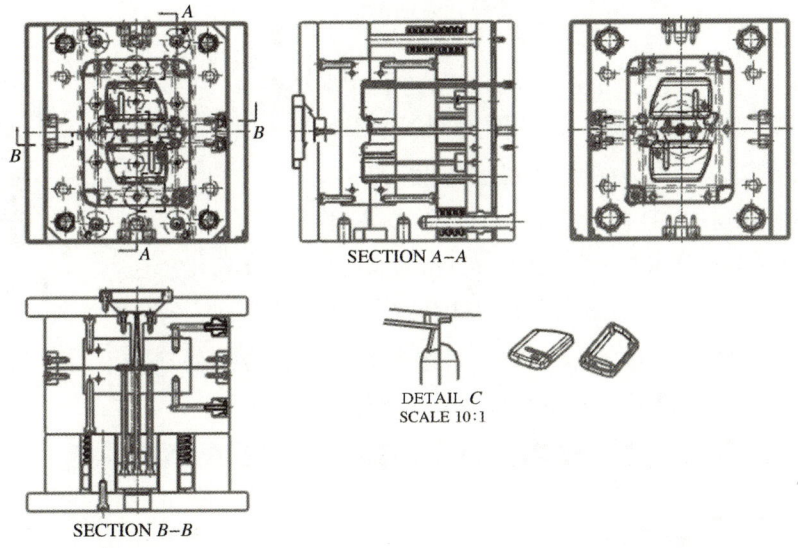

图 1-10-23　取消各视图边界框显示后的 2D 模具总装图

## 二、UG 工程图的打印输出

如要打印在 UG 中创建的工程图,可执行如下操作:

(1)在 UG 的"制图"模块,调用"文件"→"导出"→"PDF"命令。

(2)在弹出的"导出 PDF"对话框中指定"保存 PDF 文件"路径,根据需要设置"打印属性"等选项,然后单击"确定"按钮,如图 1-10-24 所示。

(3)打开导出的 PDF 文件,即可根据需要进行打印。

## 三、UG 工程图转换为 AutoCAD 文件

将在 UG 中生成的 2D 模具总装图和零件图导出到 AutoCAD 中进行修改,标注,填写标题栏、明细表和技术要求等,有时更为便捷。

图 1-10-24 "导出 PDF"对话框

下面以本例 2D 模具总装图的导出为例，介绍将 UG 工程图转换为 AutoCAD 文件的方法（也可参看微课视频）。

(1)打开前面创建的 2D 模具总装图，进入"制图"模块。

(2)调用"菜单"→"文件"→"导出"→"AutoCAD DXF/DWG"命令，弹出如图 1-10-25 所示的"AutoCAD DXF/DWG 导出向导"对话框。指定输出文件的存放路径，然后单击"完成"按钮，系统即开始进行转换处理。大约 1 min 后，系统完成转换处理，将 UG 工程图转换为 AutoCAD 文件。

UG 工程图转换为 AutoCAD 文件

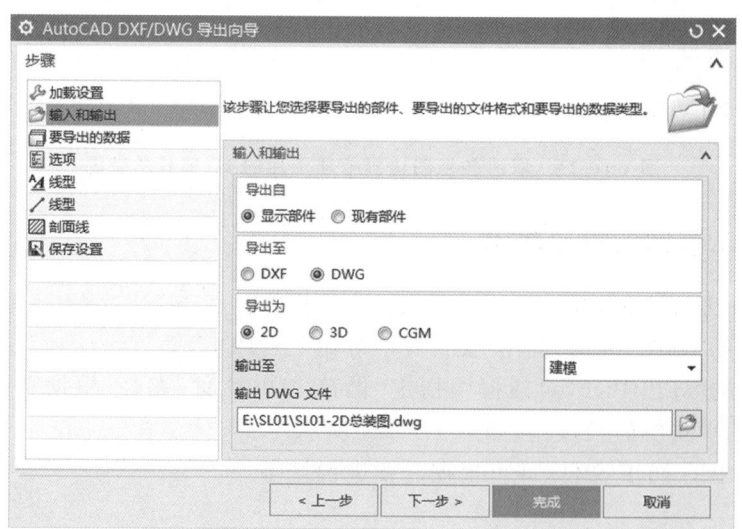

图 1-10-25 "AutoCAD DXF/DWG 导出向导"对话框

(3)启动 AutoCAD，打开从 UG 导出的文件。

(4)在 AutoCAD 中打开本书提供的"配套资源\注塑模具设计 2D 模板.dwg"文件。

（5）切换到从 UG 导出的文件窗口，框选所有视图，用"Ctrl+C"复制，然后切换到"注塑模具设计 2D 模板.dwg"文件窗口，用"Ctrl+V"将从 UG 导出的文件粘贴到模板文件中，再另存该文件，即可对其进行各种编辑操作。

> **注意**
>
> （1）本书提供的"注塑模具设计 2D 模板.dwg"文件已预设各种标注样式、文字样式、标题栏、明细表、技术要求等，读者可直接套用。
>
> （2）本书采用将 UG 工程图导出到 AutoCAD 中进行编辑操作的方法，并借助"燕秀工具箱"创建模具工程图。

### 四、2D 模具总装图的标注

2D 模具总装图现在更多地用于检验模具结构的可行性，而非用于加工取数。故标注方面较以前有所简化，以简单清晰为原则，将关键的位置尺寸表达清楚即可。具体的加工参数一般在零件图中给予表述。标注可在 UG 中进行，也可将图纸导出到 AutoCAD 中进行。下面介绍 2D 模具总装图的标注（也可参看微课视频）。

#### 1. 动、定模视图中的尺寸标注

按行业习惯，通常分别以动模视图和定模视图的中心为坐标系原点，采用坐标标注的方式，分别对动模视图和定模视图进行尺寸标注。重点标注设计的结构元素，如型腔与型芯大小、产品中心位置、冷却水道位置、锁紧型腔和型芯的紧固螺钉位置、支撑柱位置、限位块位置、弹簧及限位钉位置、推板导柱位置、滑块宽度、模架大小等。除模架的外形尺寸，其原有的其他结构元素不必标注。

**2D 模具总装图的标注**

在 UG 中的"制图"模块，调用"菜单"→"首选项"→"制图"命令。在弹出的"制图首选项"对话框中对"尺寸"的相关选项进行设置，然后调用"坐标"标注命令，分别对动模视图和定模视图进行坐标标注，如图 1-10-26 所示。

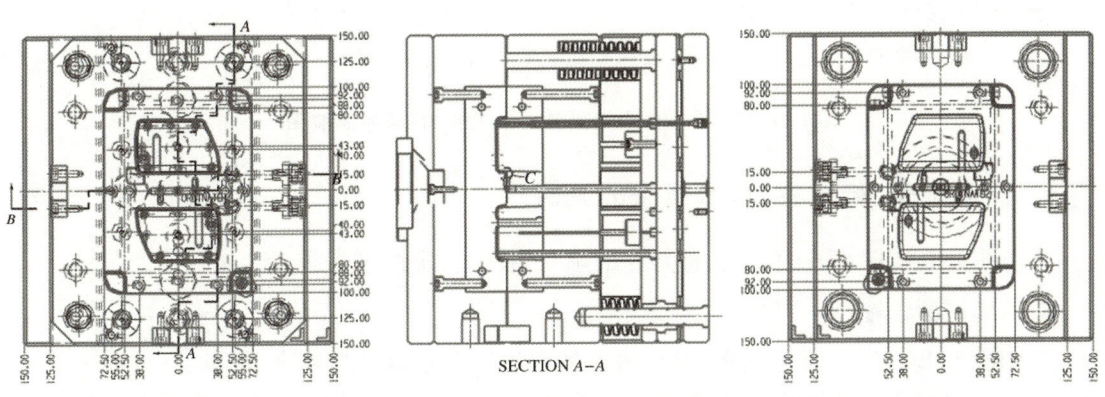

图 1-10-26　动模视图和定模视图的坐标标注

**2. 剖视图中的尺寸标注**

按行业习惯,正剖视图和侧剖视图通常采用线性标注的方式进行尺寸标注。主要标注各模板的厚度、型腔和型芯的厚度、浇口套尺寸、浇口尺寸、滑块抽芯结构高度方向的尺寸、抽芯行程、斜导柱斜度、产品顶出行程、弹簧相关尺寸、限位尺寸、冷却水道的大小及位置尺寸等。

本例正剖视图和侧剖视图的尺寸标注结果可参看最终的 2D 模具总装图。

**3. 浇口局部放大图及尺寸标注**

为了清晰地表达浇口的形状,也为了便于标注浇口尺寸,通常对浇口部位单独绘制一个局部放大图,并在此局部放大图上标注浇口的尺寸。

本例浇口局部放大图及尺寸标注结果可参看最终的 2D 模具总装图。

在 UG 中初步完成标注的 2D 模具总装图如图 1-10-27 所示。

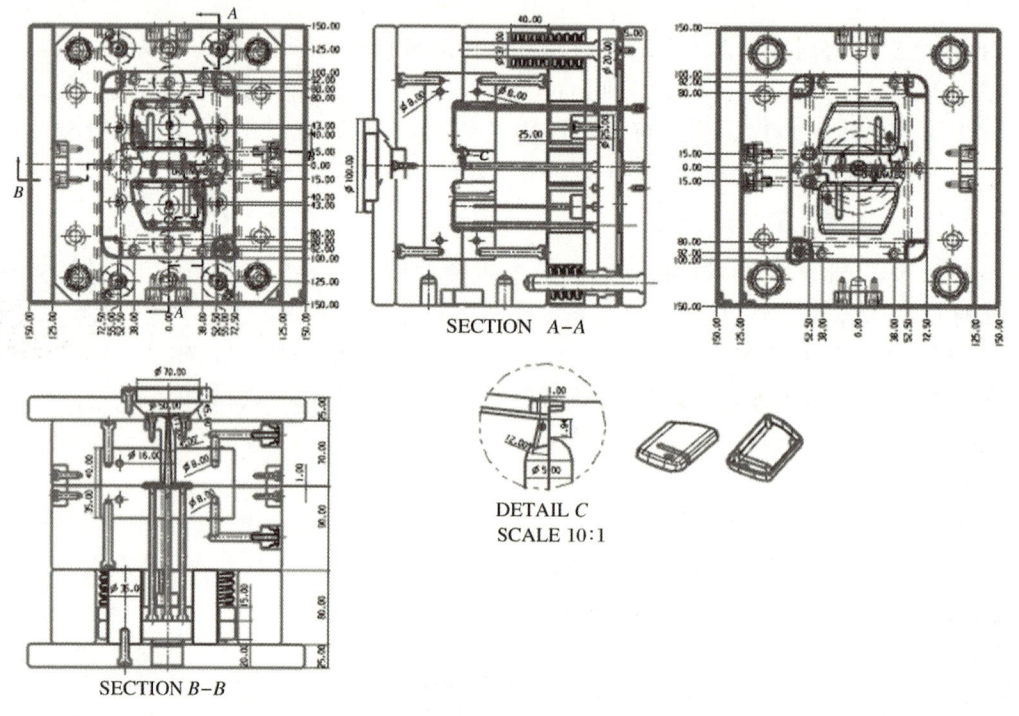

图 1-10-27　在 UG 中初步完成标注的 2D 模具总装图

## 五、明细表、标题栏、技术要求的编写

本节主要介绍明细表的创建、标题栏的填写、技术要求的编写等。

**1. 明细表的创建**

明细表即 BOM 表,俗称料单,其内容包括零件的序号、名称、规格、数量、材料和采购情况等。通常先标注各零件的序号,然后对照序号将各零件的相关内容填入绘图模板的明细表中。零件的序号通常按模架→型腔、型芯→镶件→滑块机构→斜顶杆机构→其他标准件等顺序编排。注意,模架通常只编排一个序号,不必为每块模板都编上序号。

本例零件序号和明细表的填写可参看最终的 2D 模具总装图。

**2. 标题栏的填写**

各公司的要求不同,标题栏的样式也各不相同。本例 2D 模具总装图中的标题栏样式仅供参考。

**3. 技术要求的编写**

在 2D 模具总装图中,通常要从以下几方面编写技术要求:

(1)对模具某些系统的性能要求,如对顶出系统、滑块抽芯结构的装配要求。

(2)对模具装配工艺的要求,如模具装配后分型面的贴合间隙应不大于 0.05 mm,模具上、下面的平行度要求,由装配决定的尺寸和对该尺寸的要求。

(3)模具使用、装拆方法。

(4)防氧化处理,模具编号、刻字、标记,油封,保管等要求。

(5)有关试模及检验方面的要求。

以下是常见的几点技术要求(仅供参考):

(1)按图中序号刻字码。

①冷却水进出口刻编号"IN""OUT",所有冷却水喉牙为 PT1/4。

②所有内模、镶件上刻编号。

(2)产品棱角要清晰,不可有刀痕及磨印,所有流道必须抛光。

(3)模具表面整洁、干净,所有倒角大小一致。

## 六、2D 模具总装图

将在 UG 中创建的 2D 模具总装图导出到 AutoCAD 进行修改、标注和整理(参看微课视频),得到最终的 2D 模具总装图如图 1-10-28 所示。本书展示的最终的 2D 模具总装图和零件图,均是在 AutoCAD 中完成。

2D 模具总装图的修改、标注和整理

# 1.11 模具零件图设计

## 一、模具零件图的出图方法

模具零件图是指导模具零件加工制造的技术文件。在 UG 中模具零件图的出图方法通常包括以下步骤:

(1)将前面设计完成的 3D 模具图另存一份,命名为"SL01-2D 零件图",用于模具零件图的绘制。

(2)在 UG 的"建模"模块中单独显示需要出图的零件。

(3)切换到 UG 的"制图"模块,根据零件的复杂程度,创建必要的视图。每个零件通常需要 2~3 个视图和 1 个轴测图,有些还需要创建局部放大图和局部剖视图等。视图中有些需要创建剖视图,有些则需要直接创建投影视图。

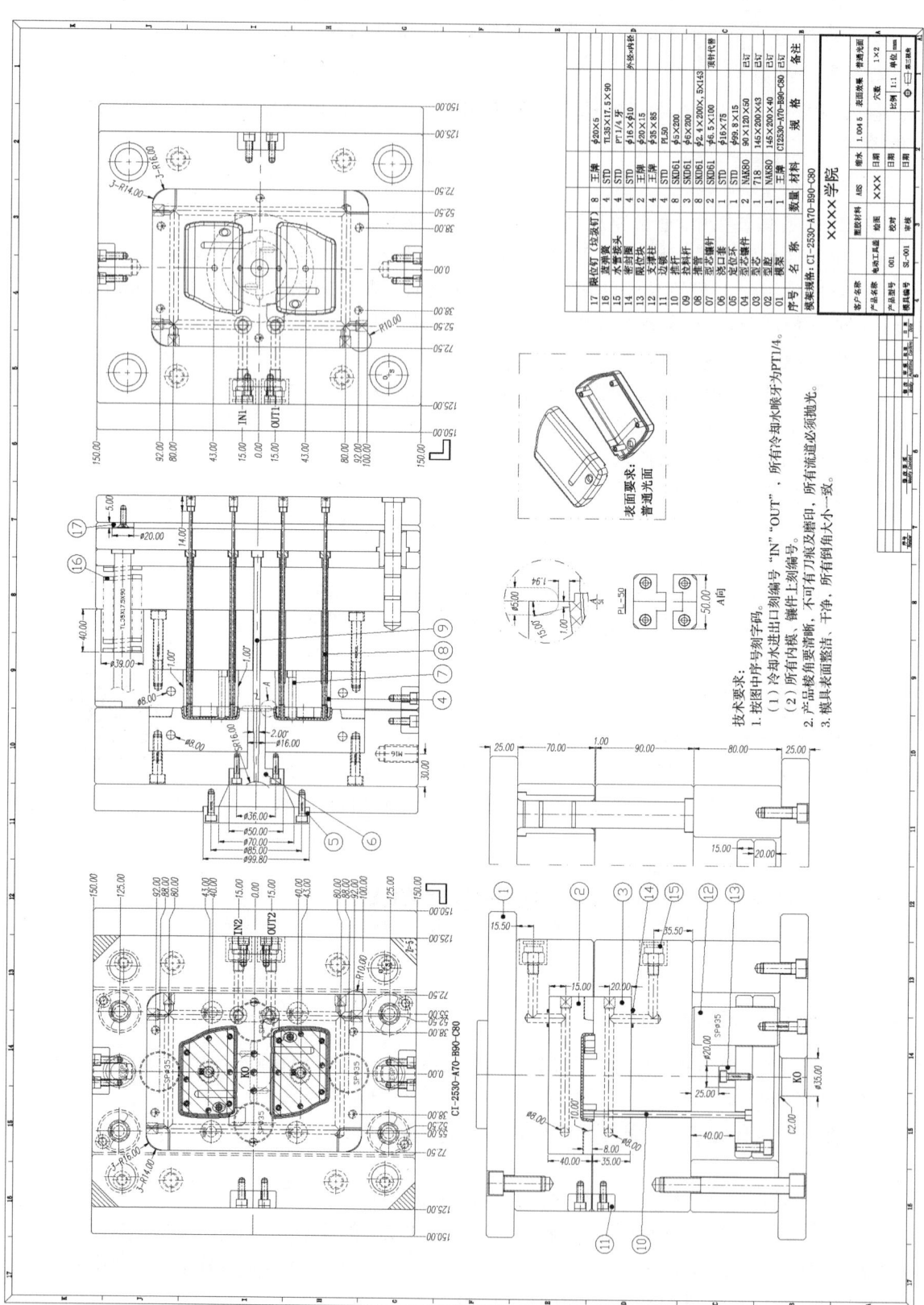

图1-10-28 2D模具总装图

(4)标注尺寸和编写技术要求,包括标注尺寸公差、几何公差、表面粗糙度,以及编写用文字描述的技术要求等。

(5)创建图框和标题栏,并填写标题栏中的相关内容。

(6)必要时将图导出到 AutoCAD 进行修改、标注和整理(本书采用此法)。

(7)打印输出模具零件图。

## 二、成型零件图的出图方法

现以型腔为例,简单介绍模具零件图的出图方法(也可参看微课视频)。

成型零件图的出图方法

(1)在 UG 另存的"SL01-2D 零件图"文件中单独显示型腔,调用"应用模块"→"制图"命令,进入"制图"模块。

(2)调用"基本视图"、"剖视图"和"投影视图"等命令,创建型腔零件图,如图 1-11-1 所示。

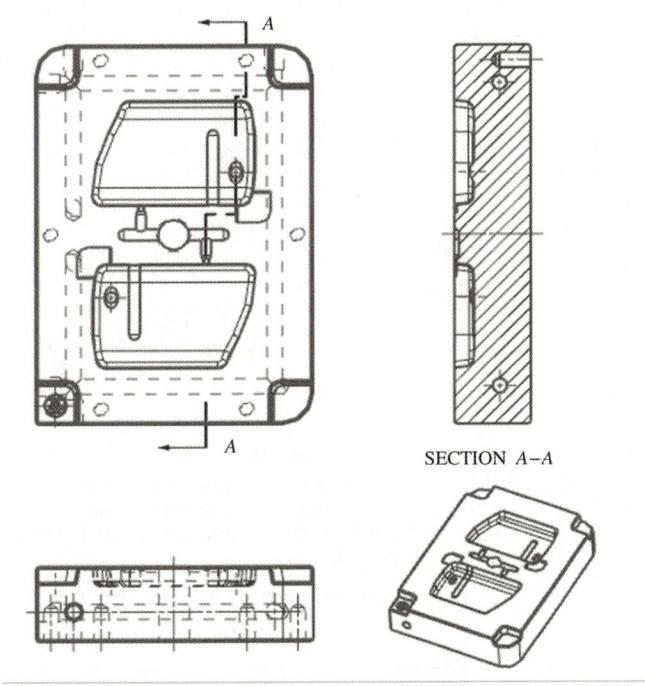

**图 1-11-1　在 UG 中创建的型腔零件图**

(3)将型腔零件图导出为 DWG 格式文件,以便在 AutoCAD 中打开。

(4)用 AutoCAD 打开由 UG 导出的型腔零件图,复制该型腔零件图,然后粘贴到"注塑模具设计 2D 模板.dwg"模板文件中,并另存为"SL01-2D 工程图.dwg"。

(5)处理型腔零件图,删除无用的线,并添加中心线、螺钉(最好采用燕秀螺钉符号)、基准符号等。

(6)选择适合的标注样式,进行尺寸标注。

(7)套用图框,填写标题栏。

完成以上内容后,型腔零件图如图 1-11-2 所示。

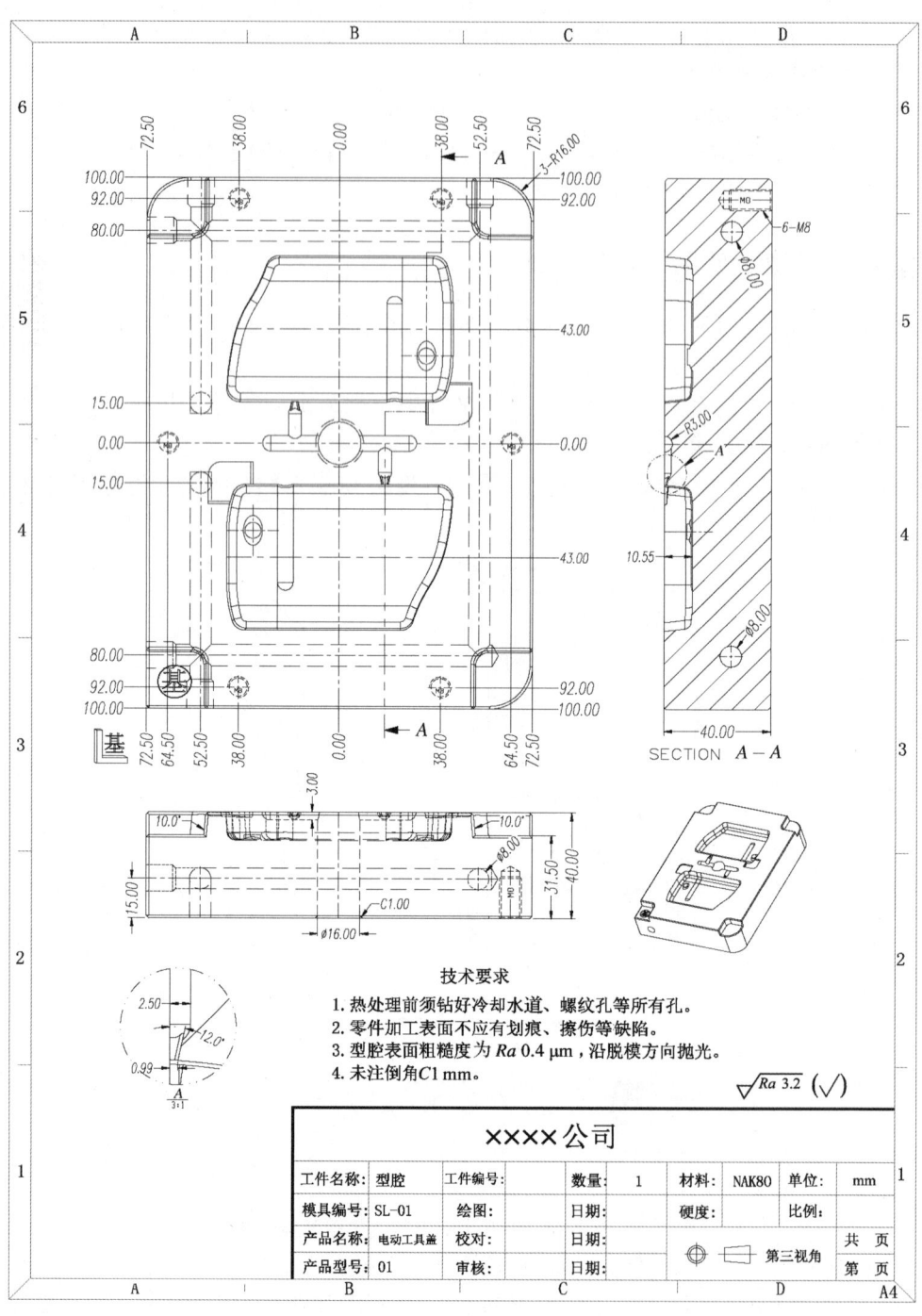

图 1-11-2 型腔零件图

## 三、其他模具零件图的出图方法

参照型腔零件图的出图方法，完成其余模具零件图的创建。

受篇幅所限，以下仅展示型芯、型芯大镶件、型芯推杆线割图和动模板零件图，如图1-11-3～图1-11-6所示。全部模具零件图和线割图可参看配套资源中本例的文件。

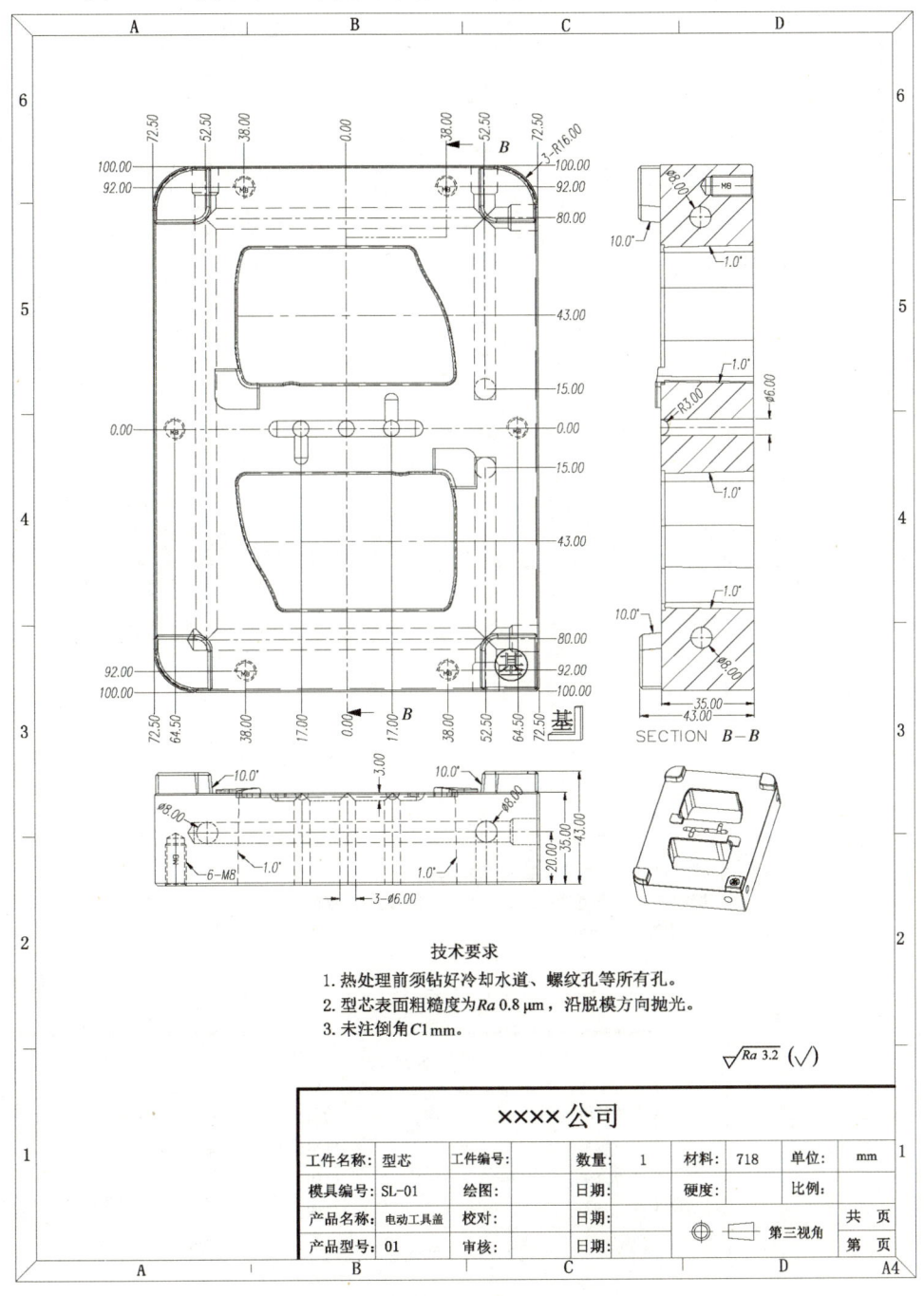

图1-11-3　型芯零件图

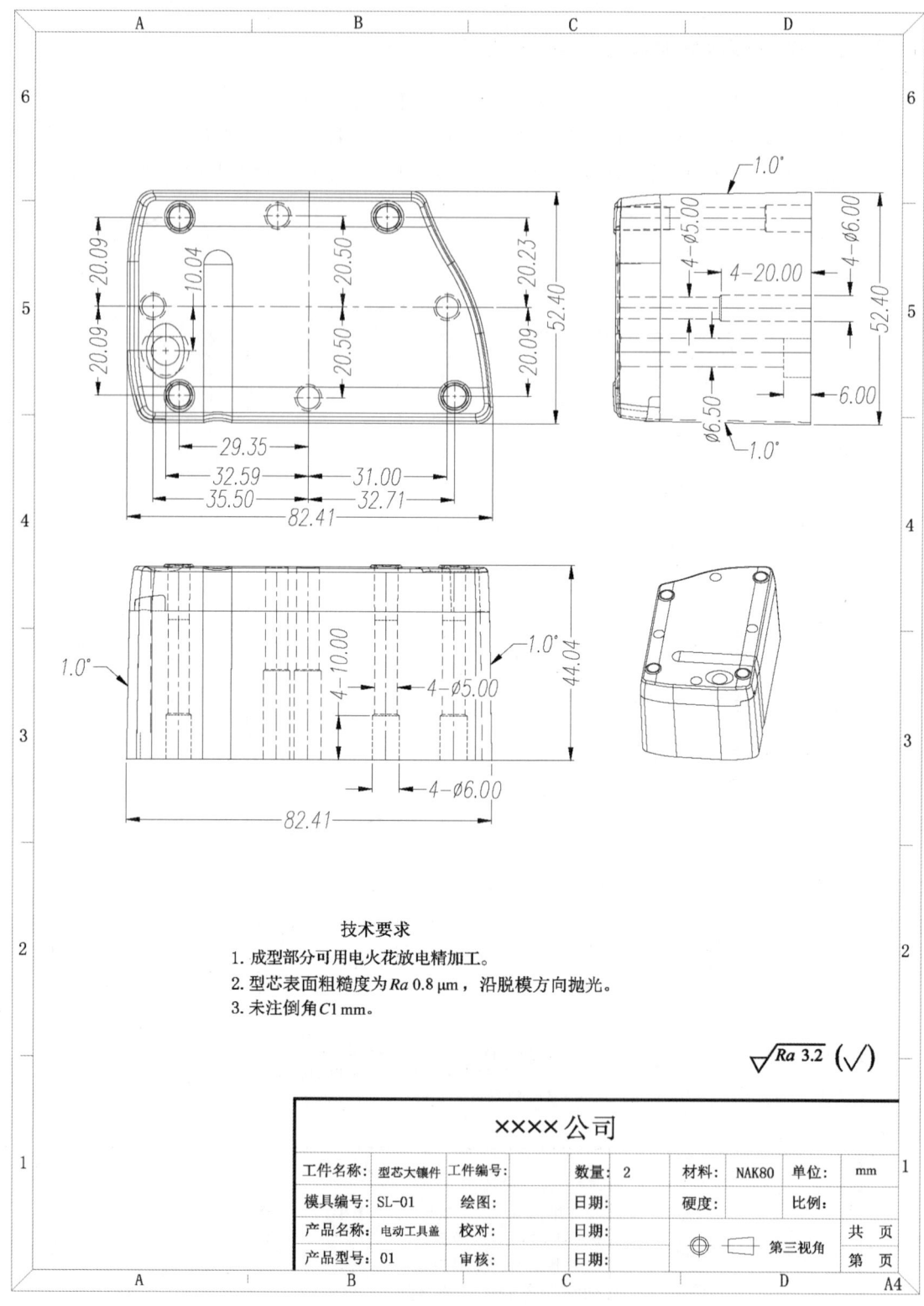

图 1-11-4　型芯大镶件零件图

实例1　一模两腔侧浇口二板模设计

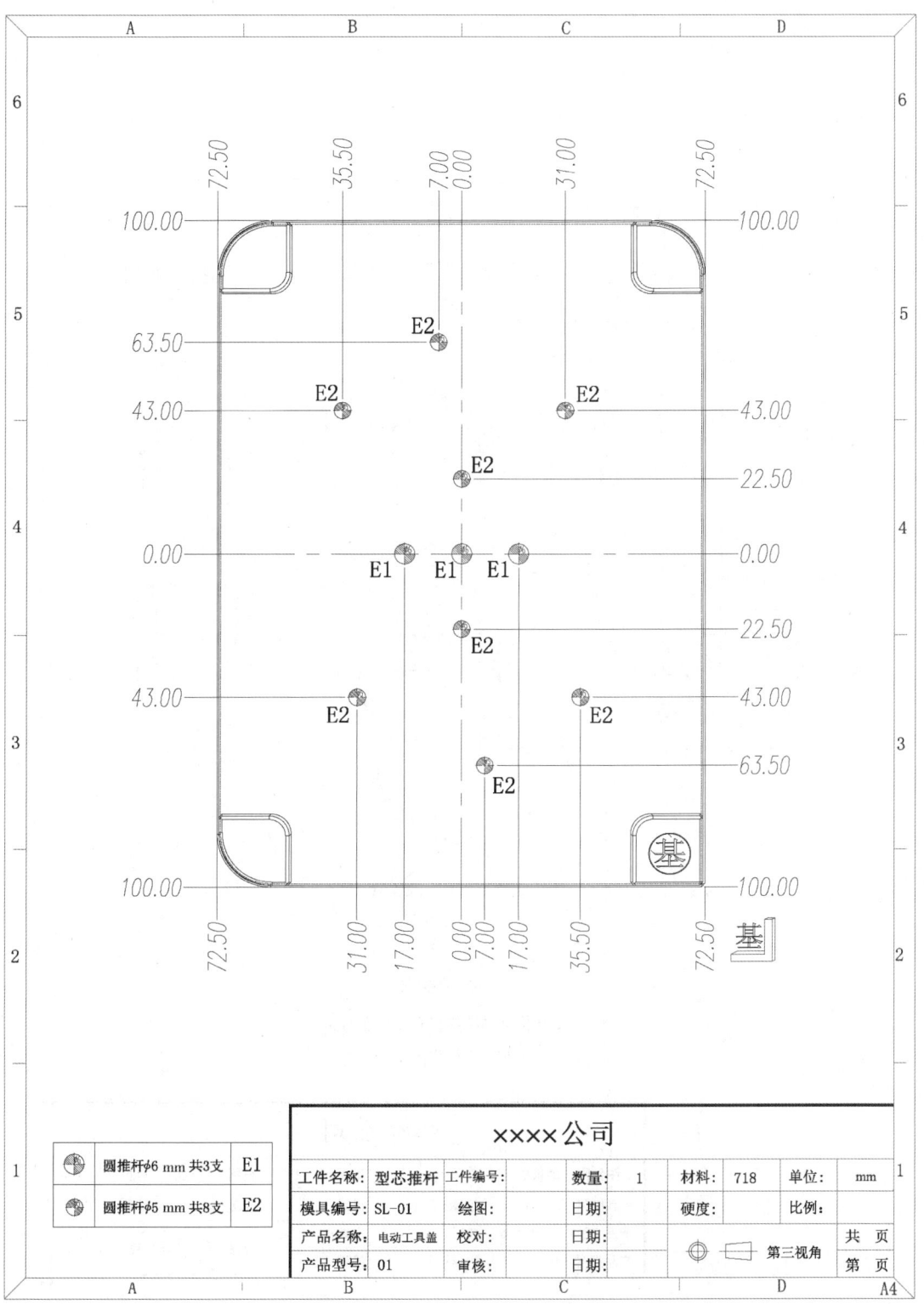

图 1-11-5　型芯推杆线割图

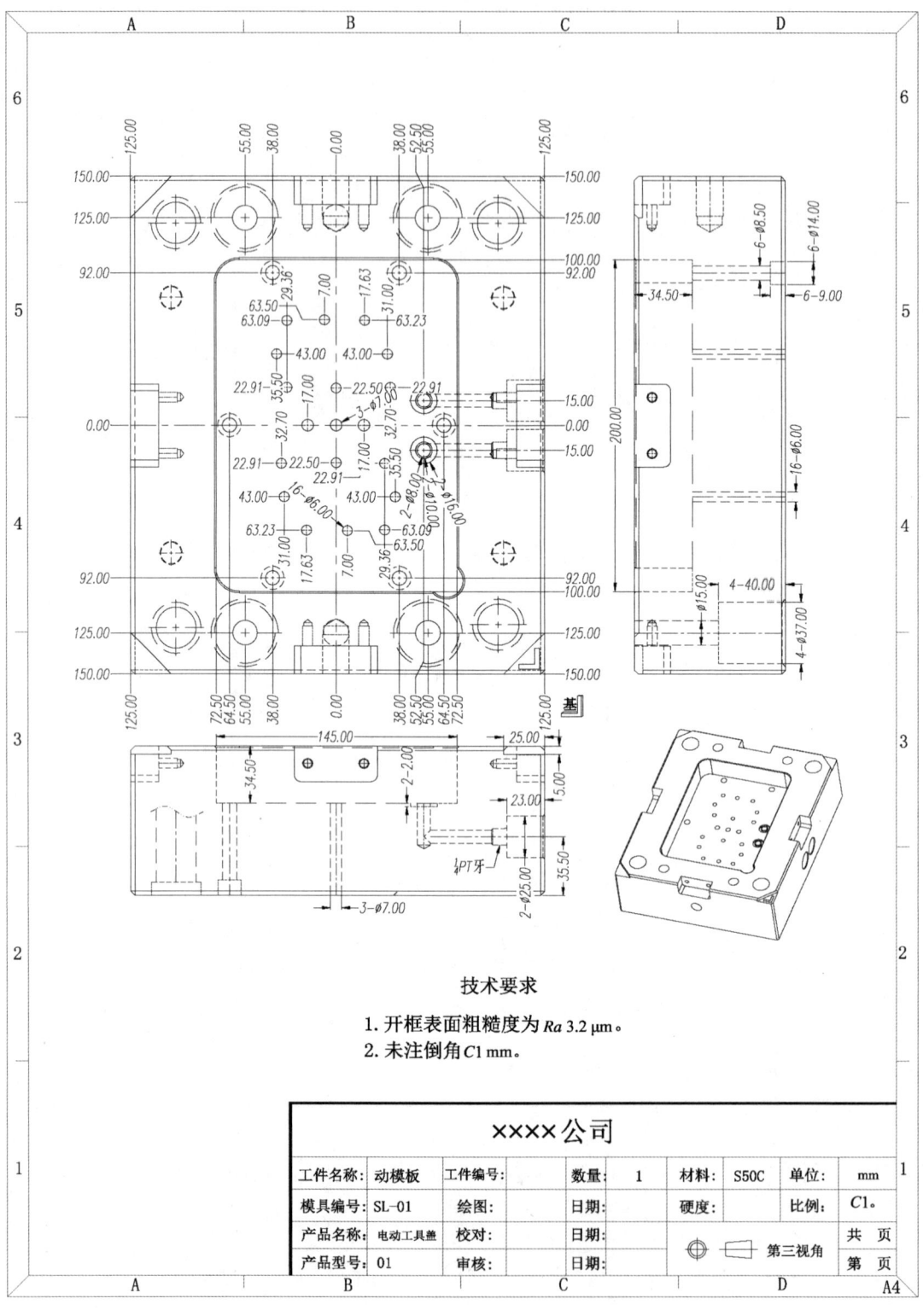

图 1-11-6 动模板零件图

## 实例1 一模两腔侧浇口二板模设计

**技能训练**

完成训练题图所示盒盖的3D模具设计(文件路径:配套资源\XL-Part\XL01.stp),并创建2D模具总装图和型腔、型芯零件图。

产品材料为ABS,收缩率为1.004 5,表面要求喷油。

**训练题图　盒盖3D图**

# 实例2 一模两腔潜伏式浇口抽芯和斜顶杆机构二板模设计

### 知识目标 >>>

1. 了解潜伏式浇口的类型和特点。
2. 掌握常用潜伏式浇口的设计方法。
3. 掌握跨越面通孔的补孔方法。
4. 掌握滑块抽芯机构的类型、动作原理和设计方法。
5. 掌握斜顶杆机构的类型、动作原理和设计方法。
6. 掌握水井式冷却系统的结构和设计方法。
7. 掌握模具总装图的出图方法。
8. 掌握模具零件图的出图方法。

### 能力目标 >>>

1. 能够根据用户要求和产品特点,确定潜伏浇口的形式,并进行潜伏浇口的细节设计。
2. 能够根据产品的结构特点,合理选择抽芯机构的类型。
3. 能够设计合理的滑块抽芯机构和斜顶杆机构。
4. 能够设计合理的水井式冷却系统。
5. 能够绘制符合行业规范的模具总装图。
6. 能够绘制符合行业规范的模具零件图。

### 素质目标 >>>

1. 具备积极主动、以勤为先的学习态度。
2. 比较不同的抽芯机构,培养经济、美观的工程学意识。
3. 通过型腔、型芯的结构设计,了解模具零件的加工方法,培养强国有我的信念。
4. 了解各种斜顶杆无法顶出的情况,培养安全生产意识。
5. 了解各种模具设计软件,培养自主创新意识。

## 2.1 成型系统设计

### 一、产品模具设计分析

在进行模具设计前,模具设计人员必须对产品结构、塑料性能、成型加工工艺进行分析,以使设计出来的模具便于加工,利于生产,寿命更长。

**1. 用户对产品的要求**

用 UG 打开配套资源中的"SL-part\SL02\SL02.stp"文件,如图 2-1-1 所示。

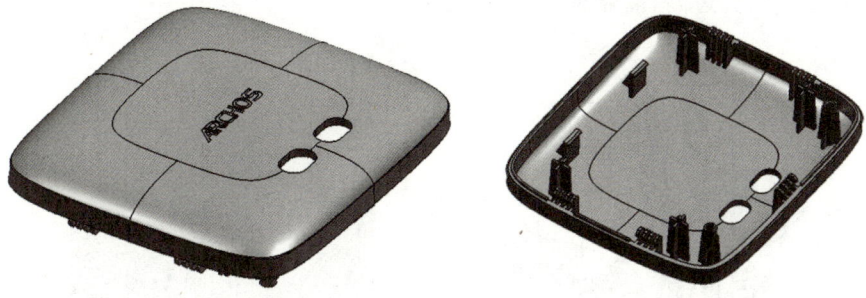

图 2-1-1　产品 3D 图

用户对产品的要求如下:
(1)产品材料:ABS+30%PC。
(2)产品收缩率:1.005。
(3)产品表面要求:高光,不允许有毛边,不允许出现明显的段差、收缩凹陷、银纹等。
(4)未标注公差,按企业标准执行。
(5)产品批量:30 万件。

**2. 产品分型面的分析**

产品的分型面一般在产品的最大截面位置处,本例产品的分型线和分型面如图 2-1-2 所示,分型面为平面。

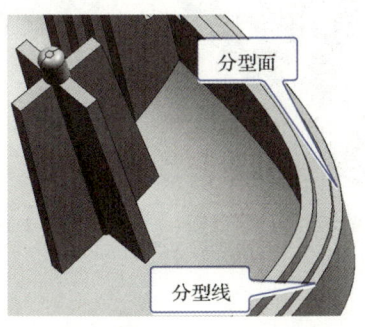

图 2-1-2　产品的分型线与分型面

**3. 产品结构的分析**

此产品结构相对复杂，模具结构需做如下考虑：

(1)产品有倒扣，需做 3 面滑块和 2 支斜顶杆，如图 2-1-3 所示。

(2)产品整圈有止口，为了方便模具的加工及注塑成型时排气，在止口内侧做 1 个型芯大镶件，如图 2-1-4 所示。

(3)产品 2 个通孔处需做型芯镶件，与型腔碰穿。

(4)产品的 4 个十字加强筋位过高，需做十字加强筋镶件，以防止积碳并有利于排气；还需做通孔镶件，如图 2-1-5 所示。

(5)产品 2 个柱位过高，需做推管，如图 2-1-6 所示。

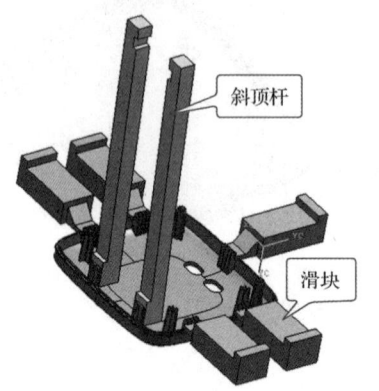

图 2-1-3　3 面滑块与 2 支斜顶杆

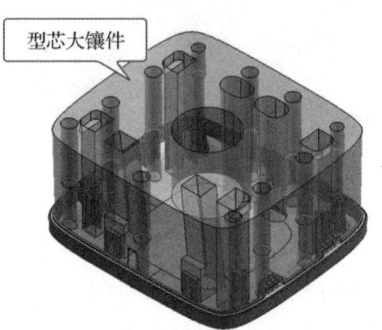

图 2-1-4　型芯大镶件

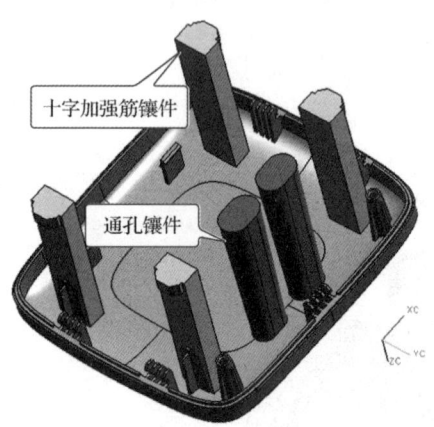

图 2-1-5　十字加强筋镶件与通孔镶件

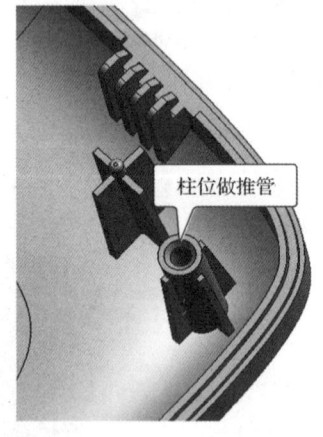

图 2-1-6　柱位做推管

**4. 模具型腔数的确定**

模具型腔数有时由用户指定，如果用户没有指定，则由模具设计人员来确定。本例型腔数用户没有指定，故需由模具设计人员来确定。

产品尺寸如图 2-1-7 所示。根据产品的结构及尺寸大小，如果做一模一腔，则产品排位偏心；如果做一模四腔，则型腔、型芯尺寸相对较大，滑块不易加工，而且注塑成型难度大。综合考虑产品排位的合理性，本产品做一模两腔排位。

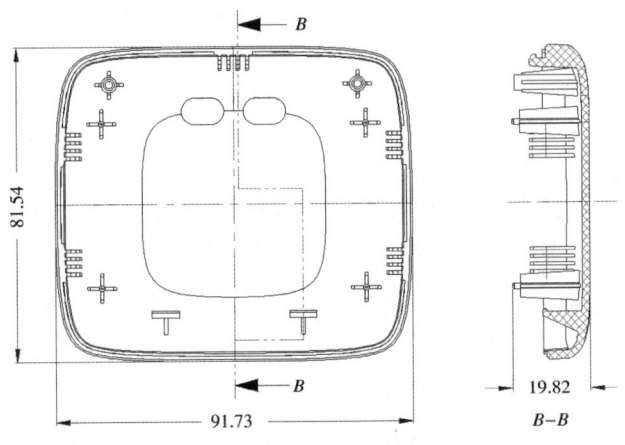

图 2-1-7　产品尺寸

**5. 产品进浇方式及位置的选择**

在进行模具设计前，要充分考虑浇口形式、最佳浇口的位置及浇口的数量。浇口形式要满足用户对产品的设计要求。本例产品外观要求较高，采用潜伏式浇口较好，以便不影响产品的外观与装配要求。根据本产品的结构特点，较为合理的潜伏方式为潜筋位进浇，浇口位置如图 2-1-8 所示。

**6. 产品排位方案的确定**

在确定产品的模具型腔数及进浇方式后，即可确定产品的排位方案。根据产品的结构，需做 3 面滑块，进浇位置在无滑块侧，因此最为合理的排位方案如图 2-1-9 所示。

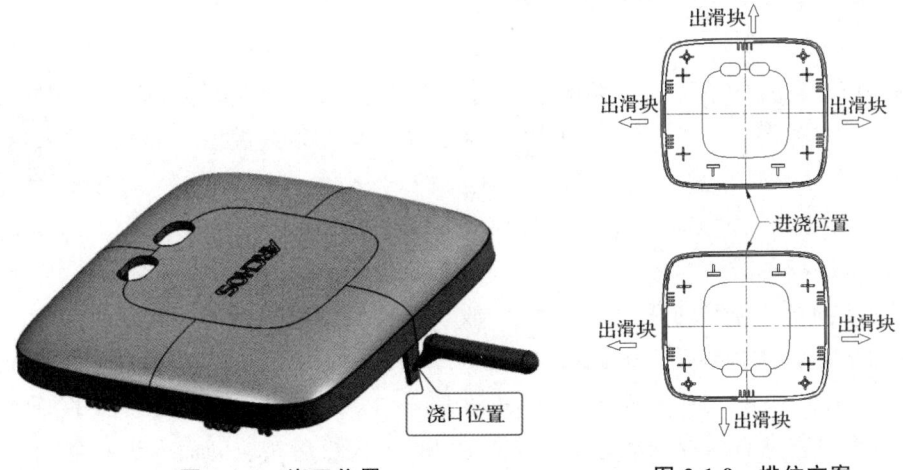

图 2-1-8　浇口位置　　　　图 2-1-9　排位方案

## 二、产品分模前的处理

在 3D 模具设计之前,首先要进行产品的分析处理,如处理产品的拔模、设置产品的收缩率、调整产品的位置等。

### 1. 产品拔模分析

用 UG 打开配套资源中的"SL-part\SL02\SL02.stp"文件,以"另存为"的方式,将文件另存到本例的 3D 文件夹中,并改名为"SL02-3D.prt"。

调用 UG 的"分析"→"形状"→"斜率"命令,对产品进行拔模(斜率)分析,具体操作参看微课视频。分析结果如图 2-1-10 所示。产品以不同颜色显示,粉红色面为型腔部分,蓝色面为型芯部分,绿色面为未经拔模的直身面。产品内部结构绿色面较多,需要对这些面进行拔模处理。

**产品拔模分析**

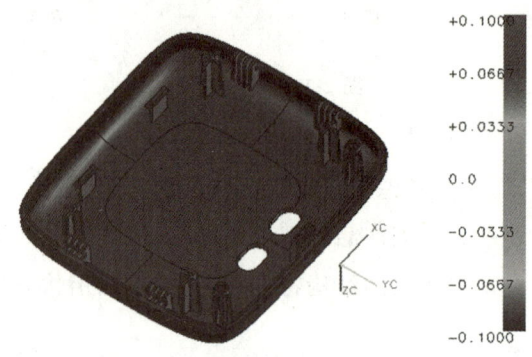

图 2-1-10 产品拔模分析结果

### 2. 产品拔模处理

为了脱模顺畅,凡是直身面的加强筋、螺钉柱位、孔位等都要进行拔模。一般单边减胶拔模 0.1 mm 左右,拔模角度通常为 0.2°~1°。

(1)通孔处的拔模

本例拟将通孔处的结构设计为单边 1°的型芯镶件,故两通孔处拔模 1°即可。拔模结果如图 2-1-11 所示。拔模过程参看微课视频。拔模后通孔的面为蓝色。

**产品拔模处理**

(2)十字加强筋及加强筋中心柱的拔模

①十字加强筋的拔模

拔模前要测量加强筋的高度和厚度,一般以拔模后加强筋的厚度不小于 0.5 mm 为原则。本例的十字加强筋高度为 15 mm,厚度为 0.8 mm。为了防止填充不足,单边减胶拔模 0.06~0.08 mm 即可。通过测试,拔模角度取 0.3°可保证拔模后加强筋的厚度不小于 0.5 mm。拔模过程参看微课视频。如图 2-1-12 所示,拔模后相应的面变为蓝色。

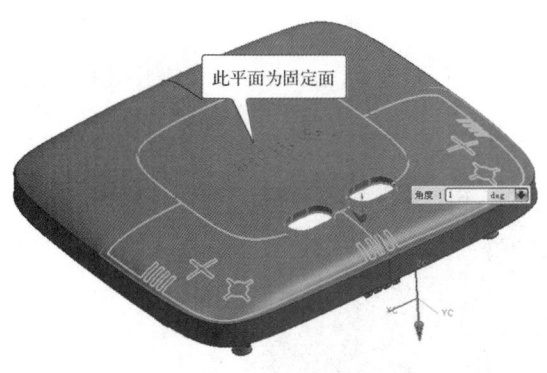 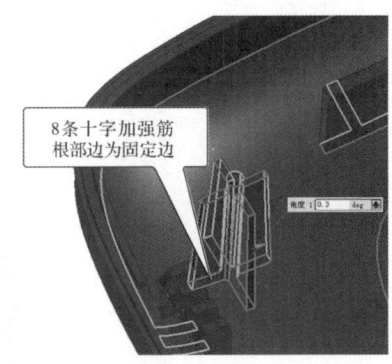

图 2-1-11　两通孔处拔模 1°　　　　　图 2-1-12　十字加强筋的拔模角度为 0.3°

②十字加强筋中心柱的拔模

十字加强筋中心柱的拔模过程参看微课视频。

(3) 火箭脚加强筋及螺钉柱外表面的拔模

①火箭脚加强筋的拔模

火箭脚加强筋与十字加强筋类似,高度和厚度也基本相同,故可采用与十字加强筋类似的拔模方法和拔模角度。

②螺钉柱外表面的拔模

螺钉柱外表面通常是加胶拔模。通过测量可知,螺钉柱高为 16 mm,故加胶拔模角度选为 0.3°即可。火箭脚加强筋及螺钉柱外表面的拔模过程参看微课视频。拔模后的结果如图 2-1-13 所示。需要注意的是,螺钉柱内孔一般不需拔模。

(4) 卡扣加强筋的拔模

通过测量可知,卡扣加强筋的高度为 11.5 mm,厚度为 0.9 mm,故减胶拔模角度选为 0.5°即可。卡扣加强筋的拔模方法与十字加强筋的拔模方法一致,如图 2-1-14 所示,共有 5 处,每处有 4 条加强筋。

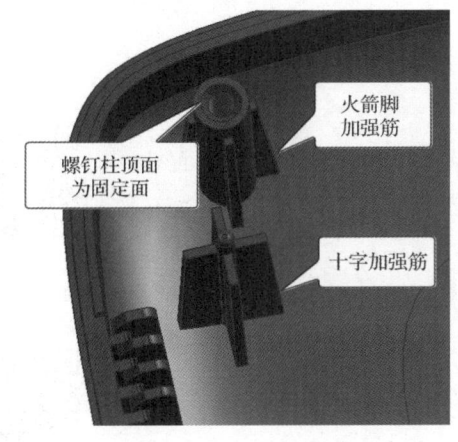 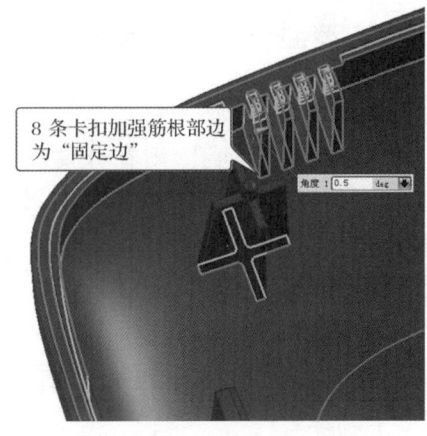

图 2-1-13　火箭脚加强筋及螺钉柱外表面的拔模结果　　图 2-1-14　卡扣加强筋拔模角度为 0.5°

（5）扣位加强筋的拔模

通过测量可知，扣位加强筋的高度为 9.85 mm，厚度为 1.00 mm，故减胶拔模角度选为 0.5°即可，方法同上，如图 2-1-15 所示，共有 2 处。

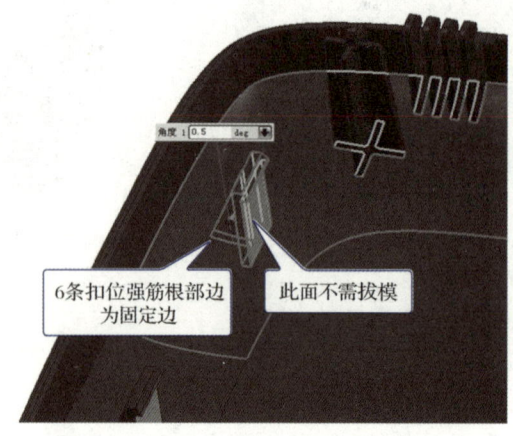

图 2-1-15　扣位加强筋拔模角度为 0.5°

### 3. 产品收缩率的设置

调用 UG 的"缩放体"命令设置产品收缩率。用户提供的产品收缩率为 1.005，具体操作参看微课视频。

产品收缩率的设置和产品位置的调整

### 4. 产品的位置调整

产品的位置调整要满足两个要求：一是产品的中心要设置在绝对坐标系原点位置上；二是产品的主分型面要处于绝对坐标系的 $X-Y$ 平面上。

产品位置调整的具体操作参看微课视频。

## 三、型腔和型芯的拆分

### 1. 跨越面通孔的修补

如果产品上有通孔，则在分模前必须把孔补好。补孔的方法有面补孔、实体补孔、面加实体补孔等。本例产品上的两个通孔均跨越了两个面，属于跨越面通孔，采用的补孔方法为面加实体补孔。

补孔操作参看微课视频。

跨越面通孔的修补

### 2. 分型面的创建

创建分型面的具体操作参看微课视频。主要步骤如图 2-1-16、图 2-1-17所示。

分型面的创建

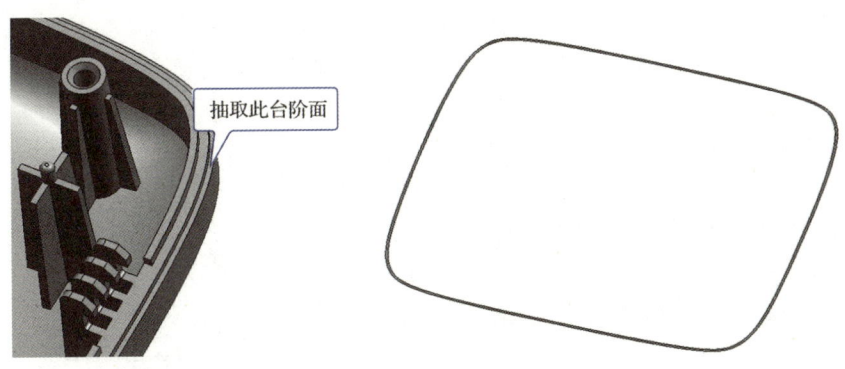

图 2-1-16　抽取分型面

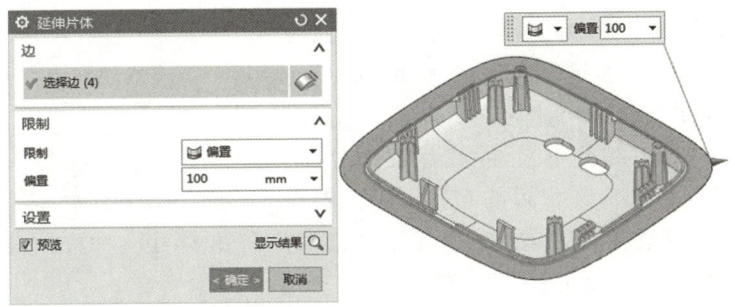

图 2-1-17　分型面的延伸

### 3. 型腔、型芯的拆分

拆分型腔、型芯的具体操作参看微课视频。拆分后的型腔、型芯如图 2-1-18 所示。

将型芯归入第 7 层，将型腔归入第 8 层，将产品归入第 150 层。

型腔、型芯的拆分

（a）型腔　　　　　　　　（b）型芯

图 2-1-18　拆分后的型腔和型芯

## 四、产品排位及型腔、型芯尺寸的确定

产品排位是模具设计的重要步骤，通过产品排位可确定型腔、型芯尺寸，进而确定模架的规格。

### 1. 产品中心距的确定

本例产品最大外形尺寸为 91.73 mm×81.54 mm，总高度为 19.82 mm（图 2-1-7），其最大尺寸大于 80 mm，属于大件产品。

依据实例1图1-1-8所示的产品间距经验值,大件产品相邻产品间距为20～30 mm。本例为一模两腔,产品之间布置流道,相邻产品间距应按较大的经验值取值,这里按30 mm左右取值,据此可以计算产品排位的中心距。

产品中心距＝相邻产品间距＋产品宽度＝30 mm左右＋81.54 mm＝111.54 mm左右。

依据产品中心距取整原则,将产品中心距取为116 mm,如图2-1-19所示。可以测量此时相邻产品间距实际为34.05 mm,此值符合30 mm左右的经验值要求。

**2. 型腔、型芯宽度的确定**

型腔、型芯的尺寸一般由产品的尺寸和排位腔数来确定,可参照实例1中提供的经验值确定。依据经验值,产品边与型腔、型芯边的间距经验值为35～50 mm。本例产品最大外形尺寸为91.73 mm,与大、小产品的界定值80 mm相差不大,故在保证型腔、型芯的强度,同时为螺钉和冷却水道的布置留下足够空间的前提下,为节省贵重的模具钢材料,以降低模具成本,本例产品边与型腔、型芯边的间距可按30 mm左右取值。

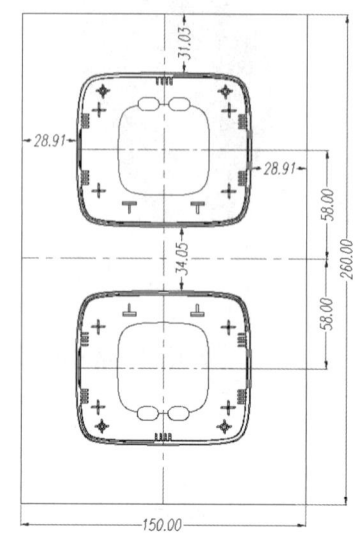

图2-1-19 产品排位图及相关尺寸

对照图2-1-19所示的排位图,可以计算型腔、型芯的宽度。

型腔、型芯的宽度＝产品长度＋2×产品边与型腔、型芯边的间距＝91.73 mm＋2×30 mm左右＝151.73 mm左右。依据型腔、型芯宽度的取整原则,将型腔、型芯宽度取为150 mm,如图2-1-19所示。可以测量,此时产品边与型腔、型芯边的实际间距为28.91 mm,此值符合30 mm左右的经验值要求。

**3. 型腔、型芯长度的确定**

对照图2-1-19所示的排位图,可以计算型腔、型芯的长度。

型腔、型芯的长度＝产品中心距＋产品宽度＋2×产品边与型腔、型芯边的间距＝116 mm＋81.54 mm＋2×30 mm左右＝257.54 mm左右。

根据型腔、型芯长度的取整原则,将型腔、型芯长度取为260 mm,如图2-1-19所示。可以测量,此时产品边与型腔、型芯边的实际间距为31.03 mm,此值符合30 mm左右的经验值要求。

**4. 型腔、型芯高度的确定**

型腔、型芯的高度一般是由产品的结构和高度来确定的,本例有滑块机构和斜顶杆机构,型芯高度应比常规结构的模具适当加大。

由实例1图1-1-9可知,对于小件产品,一般产品最高点与型腔顶面的间距经验值为25～30 mm,产品最低点与型芯底面的间距经验值为30～40 mm;大件产品最高点与型腔顶面的间距经验值为35～50 mm,产品最低点与型芯底面的间距经验值为40～60 mm。

为节省贵重的模具钢材料,本例产品可按小件产品确定相关经验值,即产品最高点与型腔顶面的间距按 25～30 mm 取,实际计算时取 30 mm 左右。可测得产品最高点与分型面的间距为 10.78 mm,产品最低点与分型面的间距为 9.15 mm,如图 2-1-20 所示。据此可以确定型腔高度=(10.78+30)mm 左右=40.78 mm 左右,取为 40 mm。

型芯承受较大的注射压力,且有滑块机构和斜顶杆机构,故产品最低点与型芯底面的间距按 30～40 mm 取值,实际计算时取 35 mm 左右。所以,型芯高度=产品最低点与分型面的间距+35 mm 左右=(9.15+35)mm 左右=44.15 mm 左右,取为 40 mm。

综上所述,型腔、型芯的高度如图 2-1-20 所示,此处的型芯高度仅指分型面与型芯底面的间距。

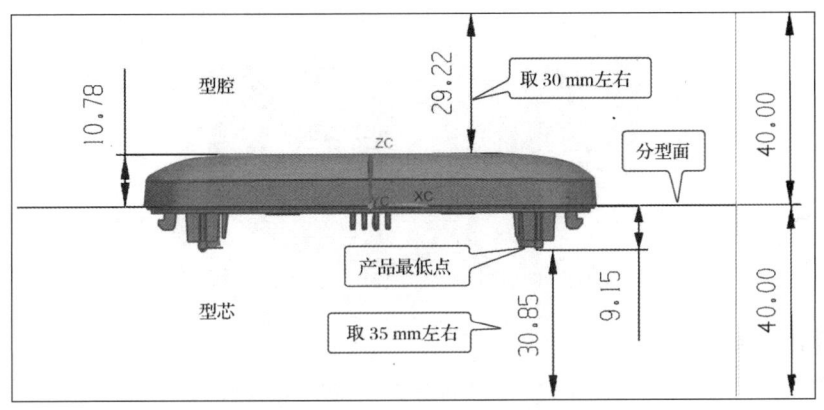

**图 2-1-20　型腔、型芯的高度**

型腔、型芯的长、宽、高尺寸确定后,最终的产品排位图如图 2-1-21 所示,其中各视图的名称依本书的规定。

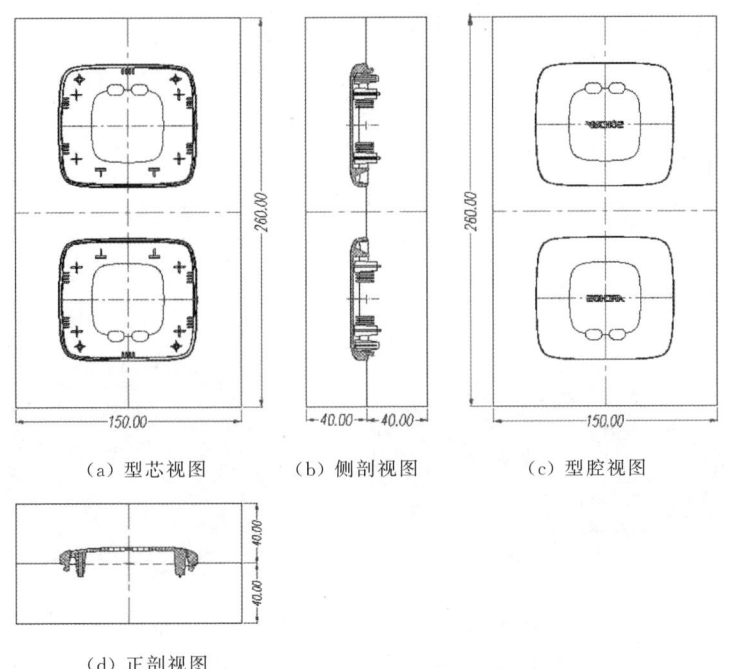

(a) 型芯视图　　(b) 侧剖视图　　(c) 型腔视图

(d) 正剖视图

**图 2-1-21　产品排位图**

### 5. 将型腔、型芯做到设计尺寸

型腔、型芯的尺寸已确定为长度 260 mm，宽度 150 mm，型腔高度 40 mm，型芯高度 40 mm。用 UG 把这些尺寸做到设计尺寸。此处先做一腔，一腔宽度为 150 mm，长度为 130 mm，型腔高度为 40 mm，型芯高度为 40 mm。

型腔和型芯（一腔）的设计尺寸如图 2-1-22 所示。将型腔、型芯做到设计尺寸的具体操作参看微课视频。

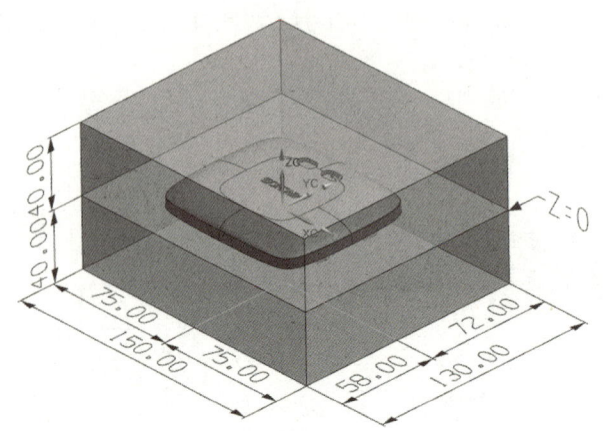

**将型腔和型芯做到设计尺寸**

图 2-1-22　型腔和型芯（一腔）的设计尺寸

## 五、型腔与型芯结构设计

由前面的模具结构设计分析可知，本例的产品在止口内侧做 1 个型芯大镶件；在 2 个通孔处做型芯镶件，与型腔碰穿；4 个十字加强筋处做型芯镶件，防止电火花加工时积碳，且利于排气。

为避免重复操作，此处先设计一腔，待一腔的结构设计完成后，再旋转 180°复制得到另一腔。

### 1. 型芯大镶件的设计

型芯大镶件的设计操作参看微课视频。分割后的型芯和型芯大镶件如图 2-1-23 所示。

将型芯大镶件移动至第 6 层。

**型芯大镶件的设计**

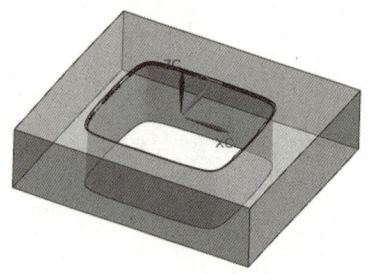
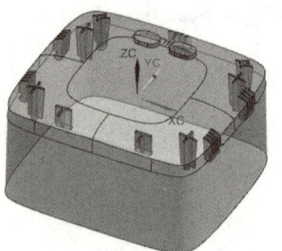

(a) 分割后的型芯　　　　(b) 型芯大镶件

图 2-1-23　分割后的型芯和型芯大镶件

## 2. 型芯通孔镶件的设计

型芯通孔镶件的设计操作参看微课视频。分割后的型芯大镶件及型芯通孔镶件如图 2-1-24 所示。

将型芯通孔镶件移动至第 5 层。

型芯通孔镶件的设计

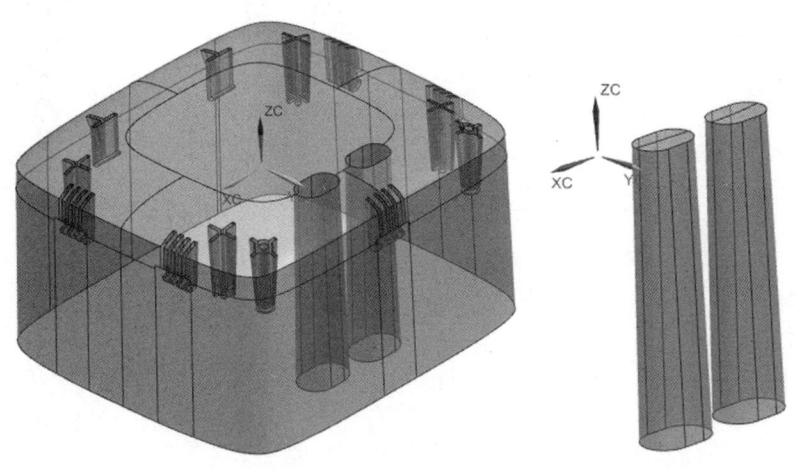

（a）分割后的型芯大镶件　　　　（b）型芯通孔镶件

图 2-1-24　分割后的型芯大镶件及型芯通孔镶件

## 3. 型芯十字加强筋镶件的设计

本例的型芯十字加强筋镶件采用直身挂台式，其长、宽尺寸按单边超出十字加强筋 1～2 mm 后取整确定，最终确定的在动模视图和正剖视图中的尺寸分别如图 2-1-25 和图2-1-26所示。

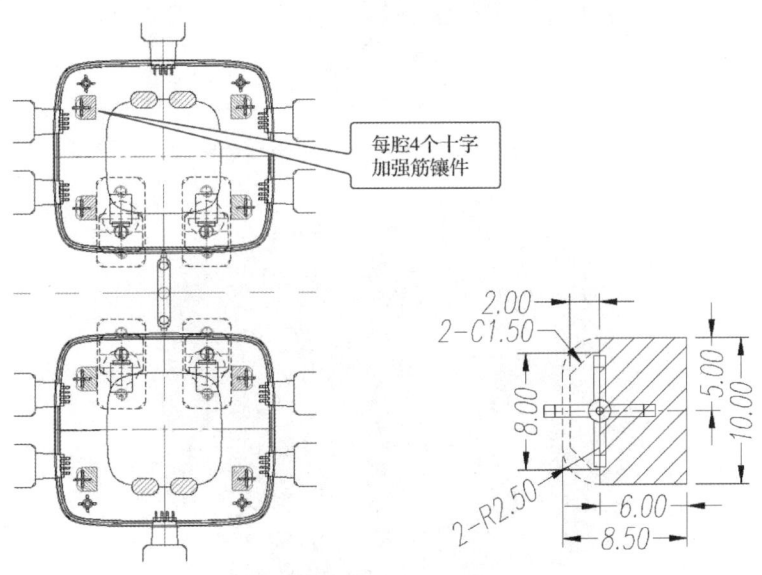

图 2-1-25　型芯十字加强筋镶件在动模视图中的尺寸

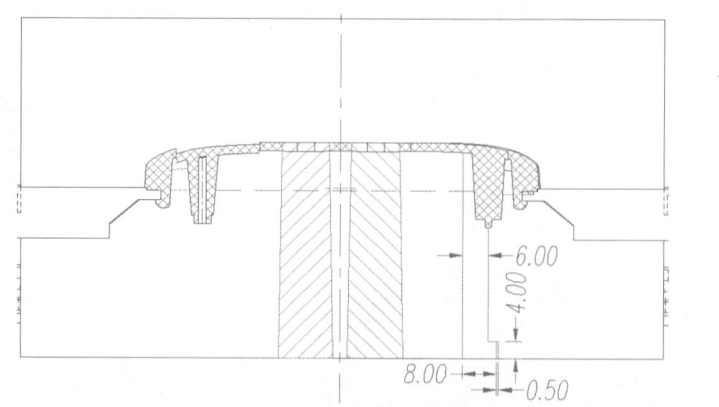

图 2-1-26　型芯十字加强筋镶件在正剖视图中的尺寸

型芯十字加强筋镶件的设计操作参看微课视频。分割后的型芯十字加强筋镶件如图 2-1-27 所示。设计完成的 4 个型芯十字加强筋镶件如图 2-1-28 所示。

将型芯十字加强筋镶件移动至第 4 层。

型芯十字加强筋镶件的设计

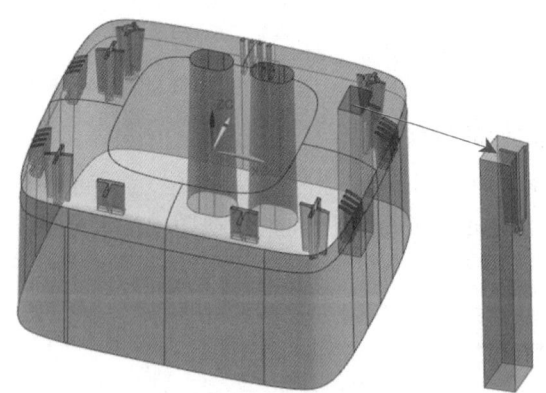

图 2-1-27　分割后的型芯十字加强筋镶件

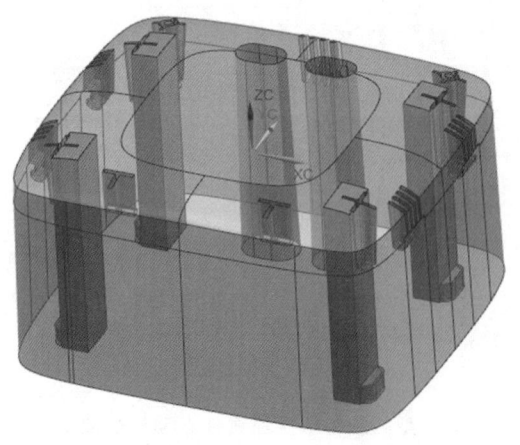

图 2-1-28　设计完成的 4 个型芯十字加强筋镶件

## 4. 一模两腔排位操作

排位设计已确定产品中心距为 116 mm(图 2-1-19),其一半为 58 mm。一模两腔的排位操作参看微课视频。一模两腔的型腔和型芯如图 2-1-29 所示。注意核对产品方位是否与产品排位图(图 2-1-19)对应。

一模两腔排位操作

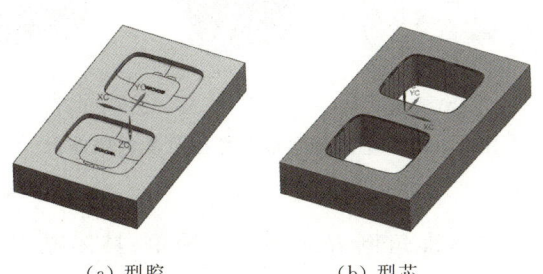

(a)型腔　　　　　　　(b)型芯

图 2-1-29　一模两腔的型腔和型芯

## 5. 精定位装置的设计

(1)精定位装置的设计参数

精定位装置的大小一般根据型腔、型芯尺寸大小来确定。

本例型芯尺寸为 260 mm×150 mm。根据实例 1 图 1-1-9 所示的经验值,按照型腔、型芯整体比例,本例的精定位装置尺寸取 24 mm×24 mm× 10 mm,斜度为 10°。

精定位装置的设计

(2)利用"HB_MOULD M6.8"外挂创建精定位装置

精定位装置设计的具体操作参看微课视频。精定位装置创建数据及创建结果如图 2-1-30 所示。

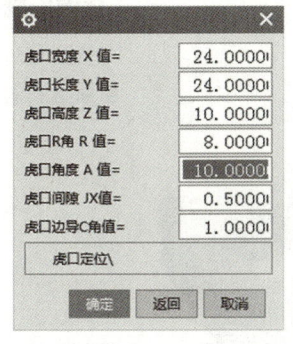

(a)创建数据　　　　　　　(b)创建结果

图 2-1-30　精定位装置创建数据及创建结果

(3)在型腔和型芯上创建基准符号

基准符号位置数据及创建结果如图 2-1-31 所示。

  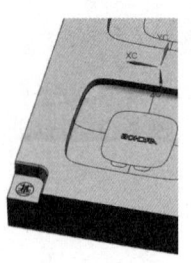

（a）位置数据　　　　　　（b）创建结果

图 2-1-31　基准符号位置数据及其创建结果

**6. 型腔和型芯倒圆角**

对型腔和型芯的 3 个非基准角倒 $R18$ mm 的圆角,具体操作参看微课视频,结果如图 2-1-32 所示。

图 2-1-32　型腔和型芯倒圆角结果

**7. 型腔和型芯倒斜角**

对型腔和型芯上所有棱边倒斜角,倒角为 $C1$ mm。型芯指定棱边倒角为 $C0.5$ mm,具体操作参看微课视频,结果如图 2-1-33 所示。

型腔和型芯
倒圆角和斜角

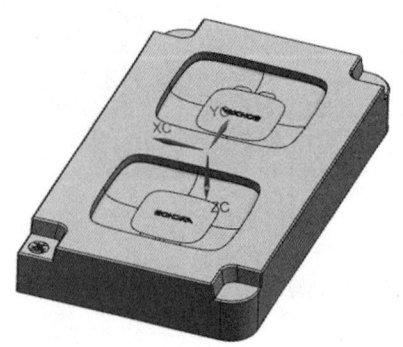 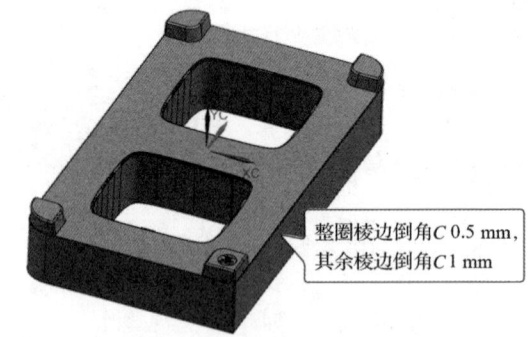

整圈棱边倒角 $C0.5$ mm,
其余棱边倒角 $C1$ mm

图 2-1-33　型腔和型芯棱边倒斜角结果

## 2.2 模架系统设计

型腔、型芯尺寸确定后,可以确定模架的规格,进而可订购模架和型腔、型芯材料。

### 一、有滑块抽芯机构的模架规格的确定

**1. 模架长度和宽度的确定**

通过前面的模具设计分析,确定了产品的排位形式及浇口的进浇方式,可选用二板模。本例的产品结构相对复杂,每腔有 3 面滑块和 2 支斜顶杆等结构。根据实例 1 图 1-2-1 提供的设计经验值,有滑块抽芯机构的模架,其型腔、型芯边与模架边的间距须按 70~90 mm 确定,其他尺寸的确定与常规模架相同。

本例型腔、型芯尺寸为 150 mm×260 mm,则模架宽度为 150 mm+2×(70~90)mm=290~330 mm,根据模架标准规格,取模架宽度为 300 mm;模架长度为 260 mm+2×(70~90)mm=400~440 mm,可取模架长度为 400 mm。因此选用龙记标准模架 CI-3040。

**2. 定模板和动模板厚度的确定**

定模板和动模板的长度和宽度与模架的长度和宽度分别相等,现在来确定定模板和动模板的厚度。

本例的型腔、型芯尺寸属于中型大小,型腔厚度为 40 mm。因为定模板和动模板之间通常要保留 1 mm 的间隙,所以定模板开框深度为 39.5 mm。对于 3040 的模架,型腔顶部与定模板顶部的间距应取 30 mm 左右,因此可确定定模板的厚度=39.5 mm+30 mm=69.5 mm,取为 70 mm。

型芯厚度为 40 mm,所以动模板开框深度为 39.5 mm。由于本例有很多滑块,为了保证动模板的强度,型芯底部与动模板底部的间距应比常规的模具适当加大。本例取 60 mm 左右(图 1-2-1 提供的经验值为 50~70 mm),因此可确定动模板的厚度=39.5 mm+60 mm=99.5 mm,取为 100 mm。

**3. 垫块高度的确定**

在模架规格和定模板、动模板的厚度确定后,垫块的高度取相应规格模架对应的垫块高度默认值。但本例产品较高,且有斜顶杆机构,需要的顶出行程较大,所以垫块高度在默认值 90 mm 的基础上加 10 mm,即垫块高度=(90+10)mm=100 mm。

综上所述,本例的模架规格为 CI-3040-A70-B100-C100。

### 二、标准模架的调用与处理

**1. 标准模架的调用**

利用"HB_MOULD M6.8"外挂调用龙记标准模架,规格为 CI-3040-A70-B100-C100,注意参数的设置,如图 2-2-1 所示。具体操作参看微课视频。

标准模架的调用

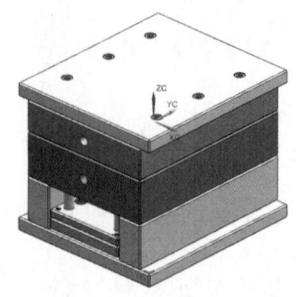

(a)参数设置　　　　　　　　　　　　(b)外形

图 2-2-1　龙记 CI-3040-A70-B100-C100 标准模架的参数设置和外形

**2. 定模板开框**

为了模具安装及加工方便,通常在模架开框的 4 个角做出避空角。本例选用基准角清角式,即将模具基准方向的 1 个角做成避空角(清角),其他 3 个角做成腔角(圆角)。

本例定模板和动模板的开框深度均为 39.5 mm,根据实例 1 中图 1-2-4 提供的设计参数,腔角可选取 $R16$ mm,避空角可选取 $R10$ mm(均适当偏大取值)。

定模板和动模板开框

定模板开框结果如图 2-2-2 所示。具体操作参看微课视频。

**3. 动模板开框**

动模板开框结果如图 2-2-3 所示。具体操作参看微课视频。

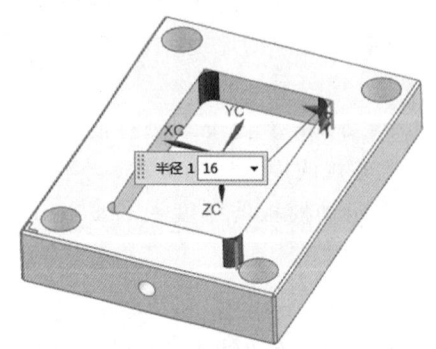

图 2-2-2　定模板开框结果　　　　　图 2-2-3　动模板开框结果

**4. 撬模角的创建**

根据撬模角距离导柱孔 10 mm 左右的创建原则,本例可在动模板上创建宽度为 30 mm、深度为 5 mm 的撬模角。撬模角的创建步骤参看微课视频。撬模角创建结果如图 2-2-4 所示。

撬模角的创建

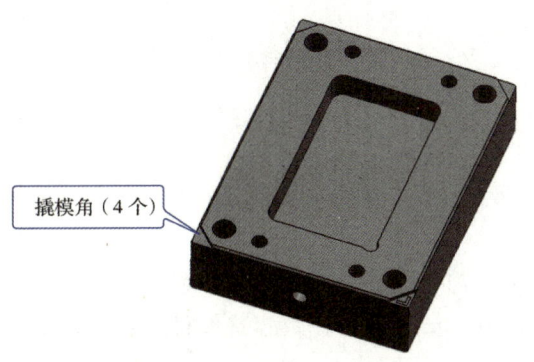

图 2-2-4　撬模角创建结果

## 三、标准模架及型腔、型芯材料的订购

### 1. 标准模架的订购

订购标准模架需绘制模架订购图,将其发给模架加工厂,以便按图加工。一般开框、加边锁、创建撬模角等均由模架加工厂完成。本例模架订购图如图 2-2-5 所示。

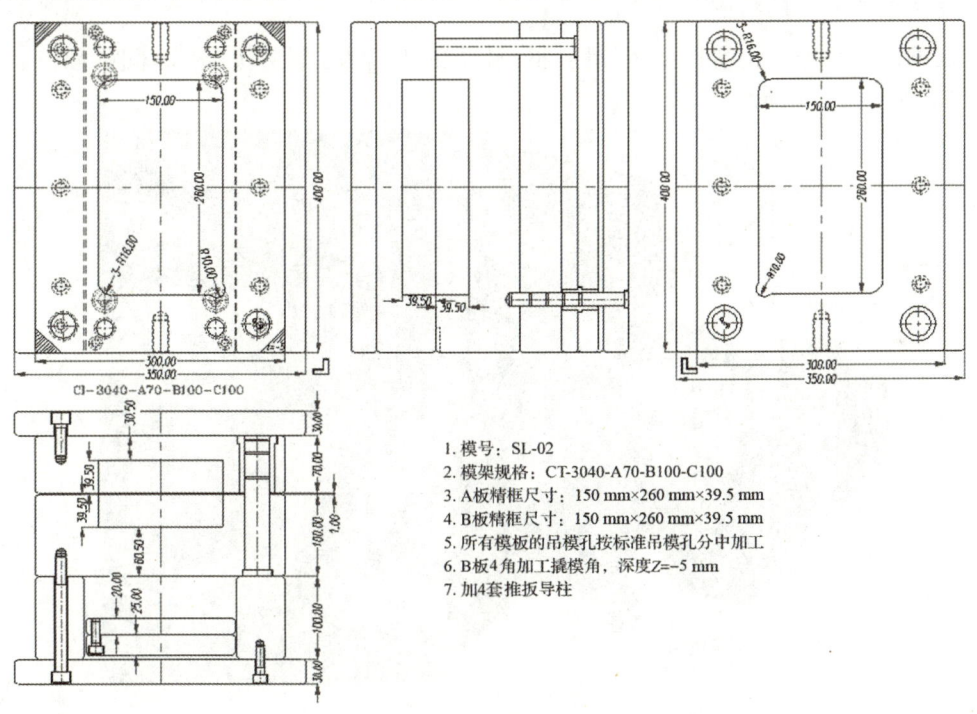

图 2-2-5　模架订购图

### 2. 型腔、型芯材料的订购

本例产品表面要求为高光,故型腔材料选用进口 NAK80,型芯材料选用 718,这两种材料均无须热处理,所以应订购精料。

型腔订料尺寸为 150 mm×260 mm×40 mm,型芯订料尺寸为 150 mm×260 mm×50 mm。

> **注意**
> 
> 因本例的型芯需做型芯镶件,故型芯订料的高度应取到虎口顶面,虎口高为 10 mm。

型芯镶件选料一般不与型芯材料相同,避免粘着烧死。本例型芯镶件材料选用 NAK80,订料尺寸单边余量 5 mm 左右。型芯镶件订料尺寸为 100 mm×170 mm×55 mm。

## 2.3 滑块抽芯机构设计

### 一、滑块抽芯机构的组成及主要参数

**1. 滑块抽芯机构的组成**

滑块抽芯机构通常由滑块型芯、滑块座、斜导柱、楔紧块、耐磨块、滑块压板、限位装置等部件组成,如图 2-3-1 所示。

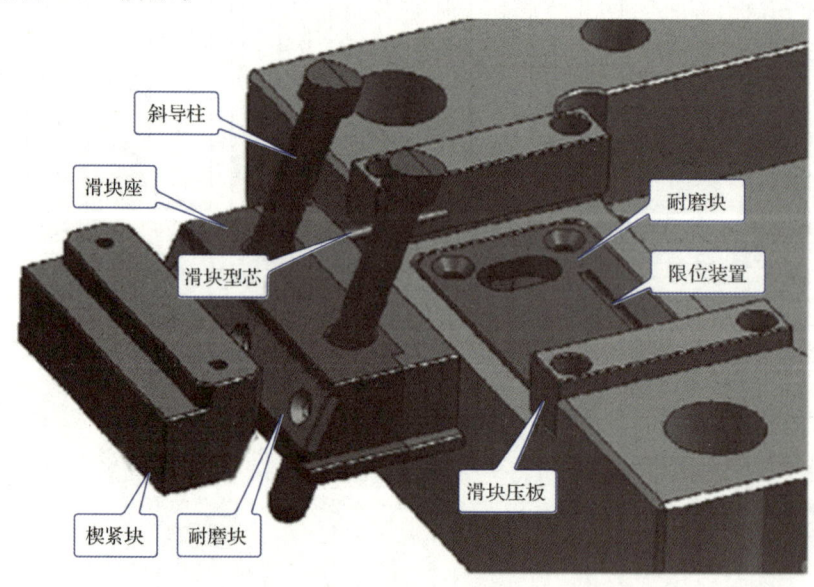

图 2-3-1 滑块抽芯机构的组成

各组成部件的名称及作用:

(1)滑块型芯(滑块头、行位镶件或镶针):负责产品的成型部分,成型产品的倒扣或侧凹、侧孔等结构。

(2)滑块座(行位座):安装滑块型芯,保证滑块在开模时能顺利地滑动。

(3)斜导柱:驱动滑块滑动,完成抽芯复位动作。

(4)楔紧块(铲机/基或锁紧块):合模时锁住滑块,防止注射压力将滑块推开。

(5) 耐磨块(耐磨板)：分为底部和背部耐磨块，主要作用是防止滑块座等主要零件过早磨损，并方便配模。

(6) 滑块压板(压条)：限制滑块沿其他方向滑动，使其只沿指定方向滑动。

(7) 限位装置(限位匣)：用于定位，保证滑块在开模后能停留在预定位置，并保证合模时斜导柱能准确地插入斜导柱孔。

**2. 滑块抽芯机构的主要参数**

滑块抽芯机构的主要参数如图 2-3-2 所示。$S_1$ 为产品倒扣距离，滑块行程(抽芯距) $S_3 = S_1 + (2\sim3)$ mm(安全距离)，$S_3$ 通常取整数。$S_2$ 为限位距离，$S_2 = S_3$(可加 0.25 mm 左右的余量)。为防止合模时产生干涉及开模时减小摩擦，楔紧块角度 $A$ 应比斜导柱角度 $B$ 大 $2°\sim3°$，即 $A = B + (2°\sim3°)$，$A$、$B$ 均要取整数。滑块的尺寸、位置数据最好都取整数。

滑块常见装配形式如图 2-3-3 所示。

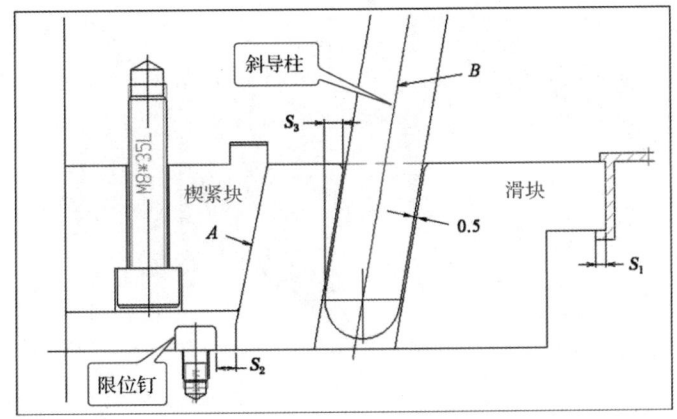

图 2-3-2 滑块抽芯机构的主要参数

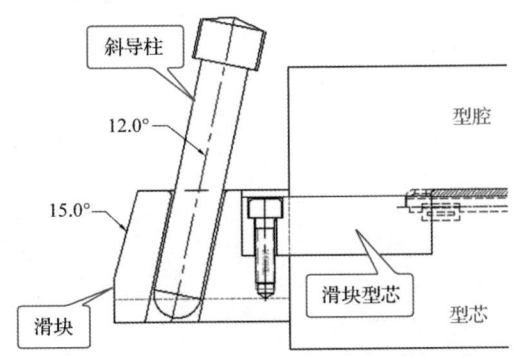

图 2-3-3 滑块常见装配形式

滑块有多种形式，如定模滑块、动模滑块、内滑块等，本书将在后面的实例中讲解各种形式滑块的设计方法与注意事项。

本例设计两种类型的滑块机构：操作侧和非操作侧的滑块机构采用斜导柱抽芯机构；天侧和地侧的滑块机构采用弯销抽芯机构。

滑块机构动画详见本书配套的数字化资源。

## 二、滑块型芯(滑块头)的设计

滑块型芯是塑件倒扣的成型零件,也是滑块机构的重要组成部件。滑块型芯根据塑件倒扣的结构形状及其自身的强度要求,确定其形状和尺寸。

**1. 滑块型芯的形状和尺寸**

滑块型芯的形状和尺寸通常根据产品倒扣部位的结构形状和经验来设计确定。本例的滑块型芯拟设计成如图 2-3-4 所示的形状,尺寸要满足图示要求,还要保证在开出 M5 规格的螺钉沉孔后仍有足够的强度。

非操作侧滑块型芯的设计

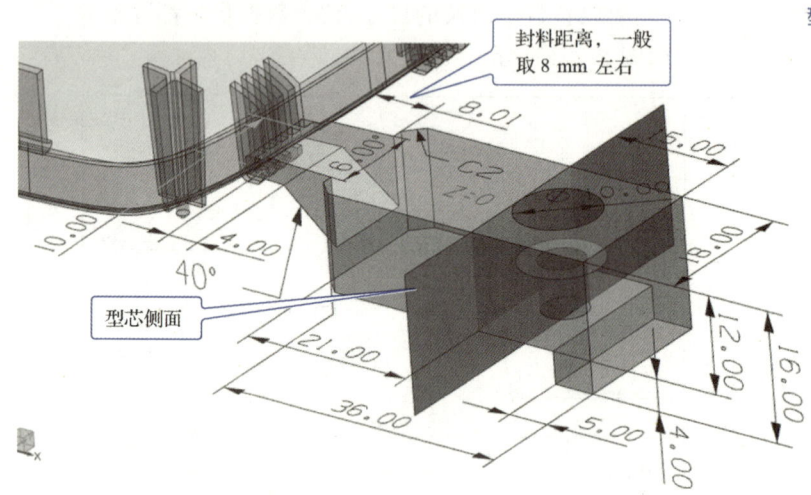

图 2-3-4　操作侧和非操作侧滑块型芯的形状和尺寸

本例操作侧和非操作侧均有滑块型芯,其在正剖视图中的尺寸如图 2-3-5 所示。本例在天侧和地侧也都有滑块型芯,其在侧剖视图中的尺寸如图 2-3-6 所示。

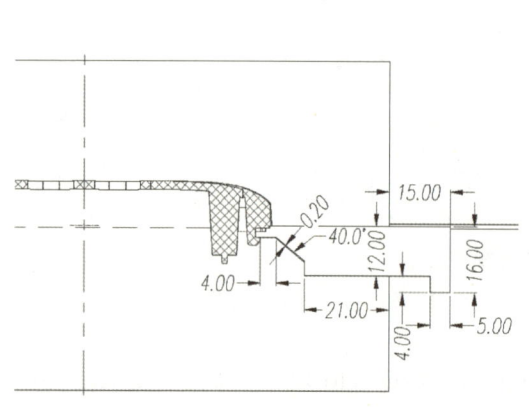

图 2-3-5　操作侧和非操作侧正剖视图中的滑块型芯尺寸

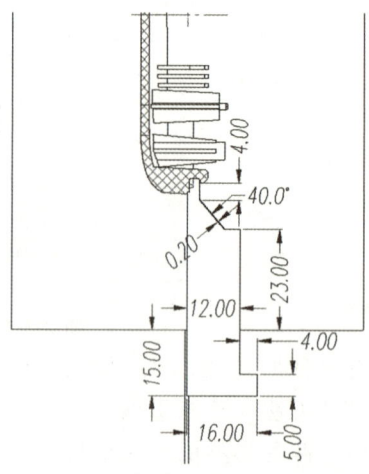

图 2-3-6　天侧和地侧侧剖视图中的滑块型芯尺寸

滑块型芯在动模视图中的尺寸如图 2-3-7 所示，8 mm 左右是指封料距离。

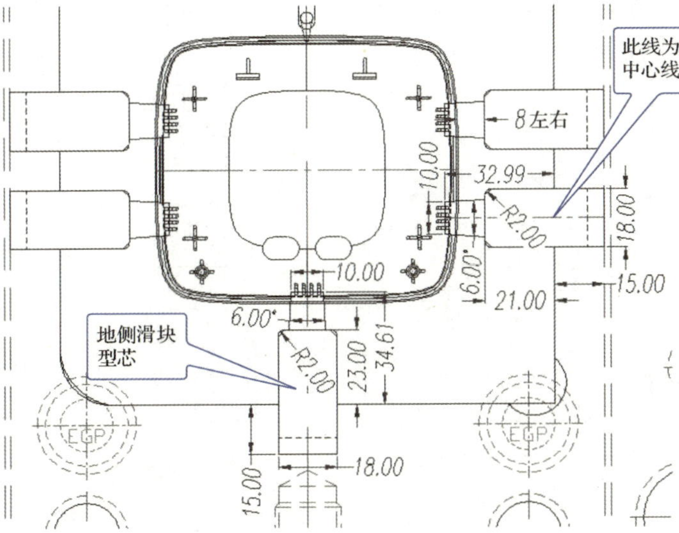

图 2-3-7 滑块型芯在动模视图中的尺寸

### 2. 滑块型芯的创建

根据前面确定的滑块型芯的形状和尺寸，可在 UG 中创建滑块型芯，具体操作参看微课视频。创建完成的 3 个滑块型芯尺寸略有不同，如图 2-3-8 所示。

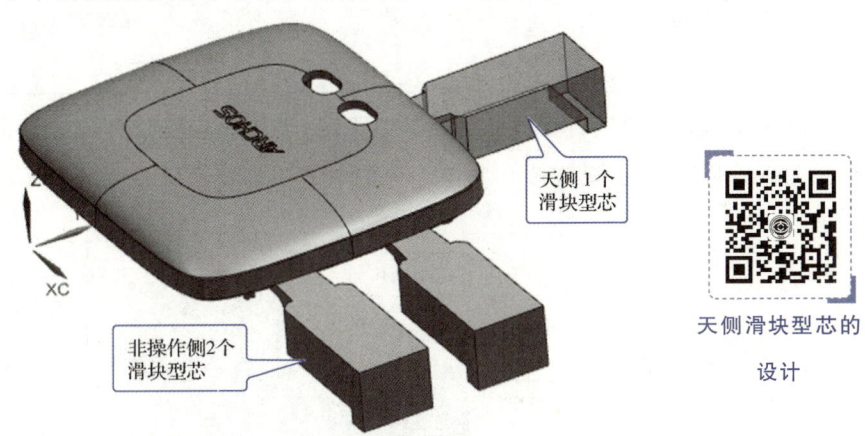

图 2-3-8 3 个滑块型芯的创建结果

天侧滑块型芯的设计

## 三、滑块座的设计

滑块座的设计是在滑块型芯设计完成的基础上进行的。

### 1. 滑块座的形状

滑块座与滑块型芯的连接方式(表 2-3-1)不同，滑块座的形状也不相同。

表 2-3-1　　　　　　　　　　滑块座与滑块型芯的连接方式

| 序号 | 简图 | 使用场合 | 序号 | 简图 | 使用场合 |
|---|---|---|---|---|---|
| 1 |  | 整体式,常应用于较小的滑块,这种做法目前基本被淘汰,其最大缺点是更换不方便,需重做的工作太多 | 4 |  | 常见的小滑块型芯拼镶方式,利用T形槽限位,用紧固螺钉锁紧。加工和更换均方便 |
| 2 |  | 滑块型芯镶入滑块座,用紧固螺钉锁紧,常见于滑块较大的场合,滑块座与滑块型芯分开加工,可以采用不同的材料,方便改模 | 5 |  | 常见于多个小滑块型芯的场合,采用压板的方式,压板下端装有用于定位的平台 |
| 3 |  | 常见的镶针(圆柱体小镶件)固定形式,后端用无头螺钉锁紧,加工方便 | 6 |  | 在滑块座上线割出槽位,常用于需调节位置的镶针 |

通常,抽芯距(滑块行程)在 10 mm 以下时,滑块座均可设计成表 2-3-1 中序号 2 所示形状。本例抽芯距不大,操作侧和非操作侧的滑块座即可设计成如图 2-3-9 所示形状。

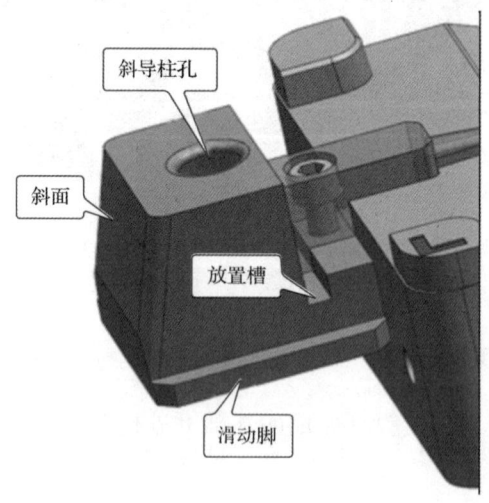

图 2-3-9　滑块座的形状

**2. 滑块座的设计参数**

滑块座的相关尺寸依据经验值确定。可对照图 2-3-10 和表 2-3-2 确定滑块座的设计参数。

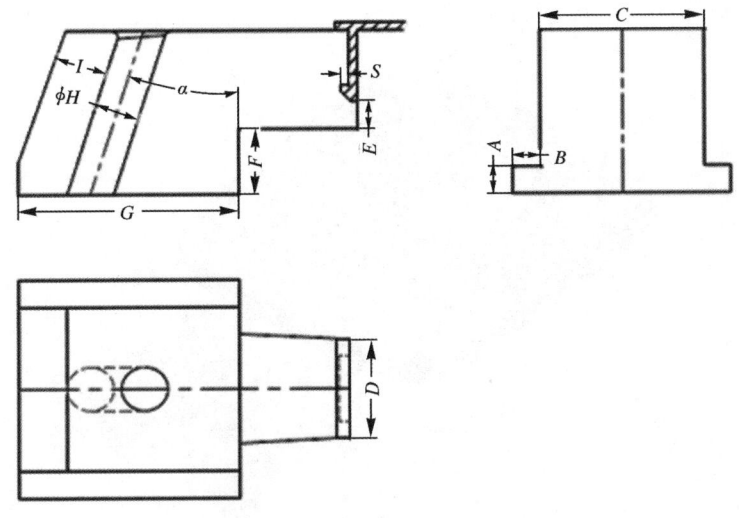

图 2-3-10　滑块座的相关尺寸

表 2-3-2　　　　　　　　　　　滑块座的设计参数经验值　　　　　　　　　　　　　　　mm

| A | B | C | D | E | F | G | H | I |
|---|---|---|---|---|---|---|---|---|
| 5 | (4～5)3 | >D | ≤50 | 8(5～12)3.5 | (12)10 | 20～50 | 8～12 | 5～7 |
| 5 | (5)4 | >D | 50～100 | 11(8～15)6 | (15)12 | 50～65 | 10～16 | 5～9 |
| 7 | (7)5 | >D | 100～150 | 13(9～18)7 | (18)13 | 58～73 | 10～20 | 8～14 |
| 8 | (8)6 | >D | 150～200 | 16(11～20)9 | (20)15 | 75～95 | 16～25 | 12～16 |
| ≥10 |  | >D | ≥200 | 22(15～25)12 |  | ≥100 | ≥25 | ≥16 |

注：1. 表中其他数据以 D 为基准进行查取，D 为滑块型芯端部的宽度。
　　2. α 为斜导柱倾斜角度，α＝5°～25°。
　　3. H 为斜导柱的直径，当 α＝20°～25°时，可在表列数值基础上增加 4～5 mm。
　　4. 表中"()"内为选取范围，"("前的值为理想取值，")"后的值为允许的最小取值。
　　5. 当倒扣深度 S 大于 45 mm 时，建议采用油缸抽芯。

**3. 滑块座的尺寸参数**

(1) 滑块座高度

滑块座顶面一般与滑块型芯顶面平齐或略高 1～2 mm，总高度以不超过型芯底面为原则。一般滑块座底面与型芯底面应有 5 mm 左右间距，滑块座高度要取整数。

本例滑块座高度确定为 32 mm，其顶面与滑块型芯的顶面平齐，这样滑块座底面与型芯底面间距为 8 mm，符合要求。

(2) 滑块座宽度

滑块座宽度一般要比滑块型芯宽度大 2 mm 左右，取整。为了保证滑块座在开出斜导柱孔后仍有足够的强度,最终确定的滑块座宽度一般不小于 30 mm。

本例非操作侧的 2 个滑块型芯距离较近,滑块机构可以考虑设计为 2 个滑块型芯共用 1 个滑块座的形式,所以 2 个滑块型芯的外侧间距为该处滑块型芯的宽度。测量可知,该宽度为 48.15 mm,如图 2-3-11 所示。48.15 mm + 2 mm 左右 = 50.15 mm 左右,取整为 50 mm,故该处滑块座宽度确定为 50 mm。

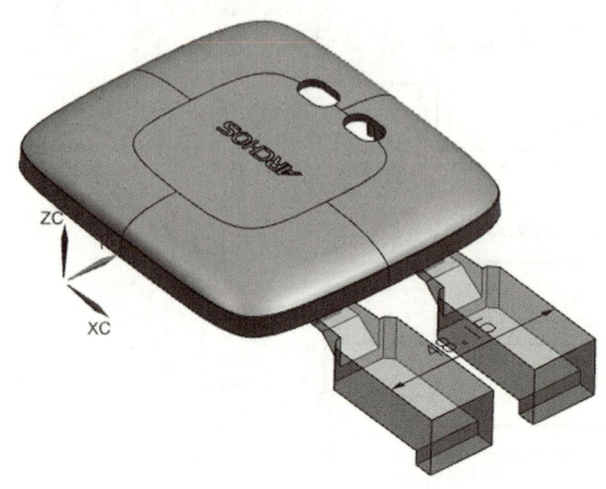

**图 2-3-11　滑块型芯宽度确定方法**

(3)滑块座长度

滑块座长度要与楔紧块厚度互相协调,既要保证滑块座的强度,也要保证楔紧块的强度。本例确定滑块座长度为 48 mm。

滑块座的长、宽尺寸要保证做斜导柱孔后,周边厚度(图 2-3-10 中的尺寸 $I$)不小于 5 mm,以使滑块座仍有足够的强度。

(4)滑块座尾部斜度

滑块座尾部斜度 = 斜导柱角度 $B$ + (2°～3°),斜导柱角度 $B$ 常用的范围是 12°≤$B$≤25°(图 2-3-2),常用角度有 10°、12°、15°、16°、18°、20°等。本例确定斜导柱角度 $B$ 为 15°,则滑块座尾部斜度 = 15° + (2°～3°) = 17°～18°,取 17°。

(5)滑块座压脚尺寸

本例滑块型芯端部的宽度 $D$ 为 10 mm,参考表 2-3-2,以确定滑块座压脚尺寸(表 2-3-2 中尺寸 $A$、$B$),取高度 $A$ 为 6 mm,宽度 $B$ 为 5 mm。

最终确定的滑块座各参数(包括角度),均应取为整数。

本例操作侧和非操作侧滑块座的形状和尺寸如图 2-3-12 所示。

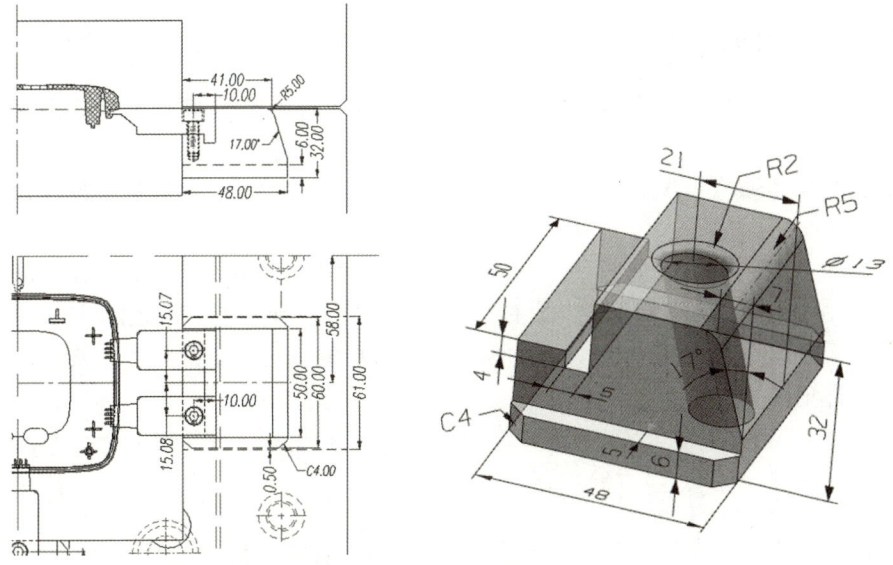

图 2-3-12　操作侧和非操作侧滑块座的形状和尺寸

## 四、斜导柱的设计

本例操作侧和非操作侧的滑块机构采用斜导柱抽芯机构。

### 1. 滑块行程(抽芯距)的确定

设计斜导柱时,首先要确定滑块行程。

本例的倒扣深度为 1.2 mm,滑块行程应比倒扣深度大 2~3 mm(允许±0.5 mm),故滑块行程=1.2 mm+(2~3)mm=3.2~4.2 mm,确定为 4.5 mm。

### 2. 斜导柱规格的确定

斜导柱常用的规格有 $\phi 8$ mm、$\phi 10$ mm、$\phi 12$ mm、$\phi 16$ mm、$\phi 20$ mm 等。本例操作侧和非操作侧的滑块座宽度为 50 mm,查表 2-3-3,可选用规格为 $\phi 12$ mm 的斜导柱。

滑块座宽度、斜导柱直径和数量、滑块座压脚宽度和高度的经验值见表 2-3-3。

表 2-3-3　　斜导柱和滑块座压脚设计参数经验值

| 滑块座宽度/<br>mm | 斜导柱直径/<br>mm | 斜导柱数量/<br>支 | 滑块座压脚宽度/<br>mm | 滑块座压脚高度/<br>mm |
| --- | --- | --- | --- | --- |
| 20~30 | 6~10 | 1 | 3~5 | 5~8 |
| 30~50 | 10~12 | 1 | 5~7 | 6~10 |
| 50~100 | 12~16 | 1 | 7~8 | 8~12 |
| 100~150 | 12~16 | 2 | 8~12 | 10~15 |
| >150 | 16~25 | 2 | 10~15 | 16~20 |

### 3. 斜导柱角度的确定

斜导柱角度 $B$ 常用的范围是 $12°\leqslant B\leqslant 25°$(图 2-3-2),常用角度有 10°、12°、15°、16°、18°、20°等。斜导柱角度与滑块座尾部斜度相关,前面已确定本例的斜导柱角度 $B$ 为 15°。

### 五、楔紧块的设计

楔紧块的作用是使滑块在合模终了时优先复位,同时压紧滑块以抵抗注射压力。因此在设计楔紧块时要充分考虑其机械强度。

楔紧块的尺寸通常由经验值确定。为防止合模时发生碰撞,其宽度通常要比滑块座宽度小 2~4 mm。

楔紧块的常见装配方法如图 2-3-13 所示。当注射压力较小、楔紧块位置空间较小时可采用图 2-3-13（a）所示的结构形式;当注射压力较大(产品在型芯、型腔上的投影面积越大,注射压力越大)时,则采用图 2-3-13（d）所示的结构形式,其反锁形式使楔紧块能承受滑块带来的巨大注射压力。

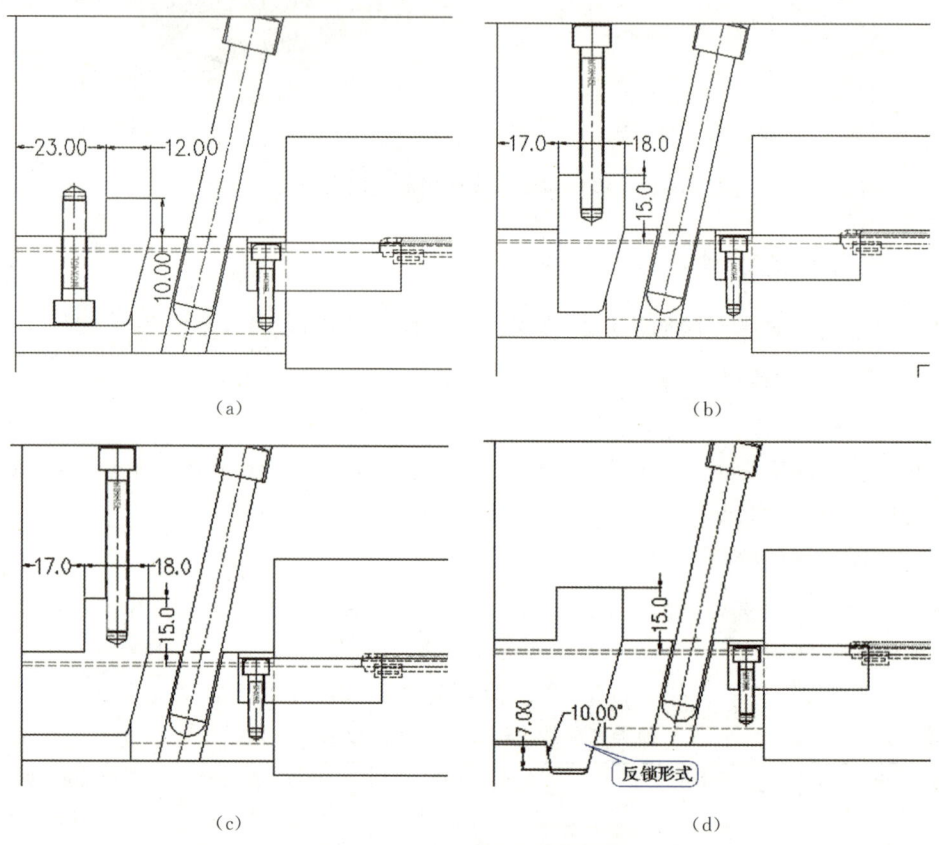

图 2-3-13 楔紧块的常见装配方法

楔紧块伸入模板的长度一般为 12~15 mm,其伸入模板部分的边缘与模架边的间距不能太小,最小为 20 mm 左右,否则巨大的注射压力会导致楔紧块处的模板钢料变形。

楔紧块的设计方法有很多种,可根据实际情况选择不同的形式。本例操作侧和非操作侧的楔紧块选择图 2-3-13（c）所示的结构形式,并可参照如图 2-3-14 所示的形状及尺寸进行设计。因为楔紧块宽度通常比滑块座宽度小 2~4 mm,而滑块座宽度已确定为 50 mm,所以确定楔紧块宽度取为 48 mm。

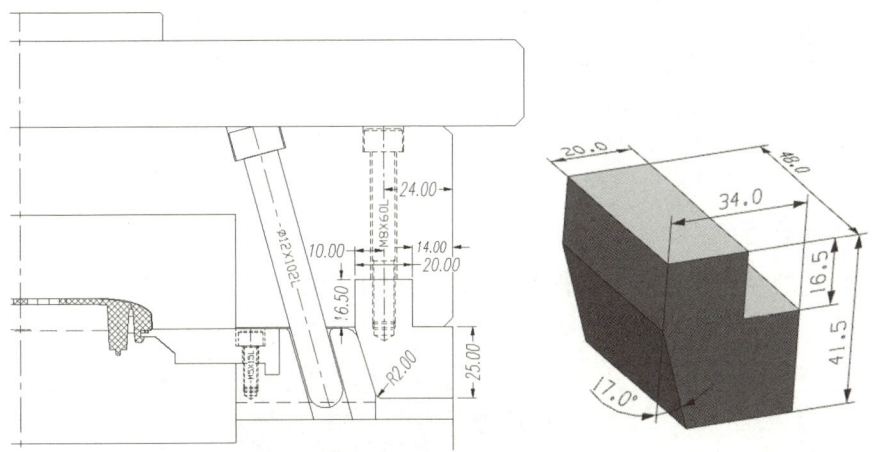

图 2-3-14　楔紧块的形状和尺寸

## 六、滑块座、斜导柱、楔紧块的处理

滑块座、斜导柱、楔紧块的形状和尺寸确定后,可利用"HB_MOULD"外挂直接调用,必要时对某些结构做适当处理。

### 1. 滑块抽芯机构的调用

调用滑块抽芯机构的具体操作参看微课视频。滑块抽芯机构相关参数及调用结果如图 2-3-15 所示。

斜导柱抽芯机构的设计

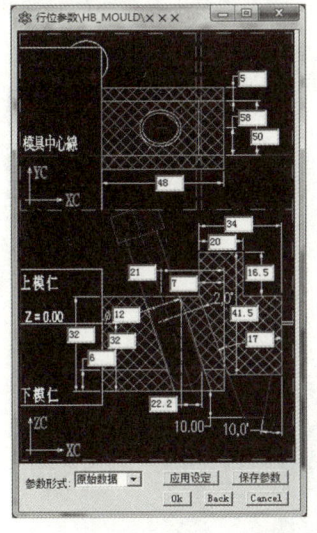

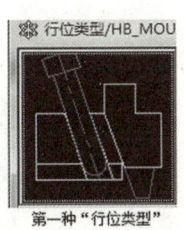

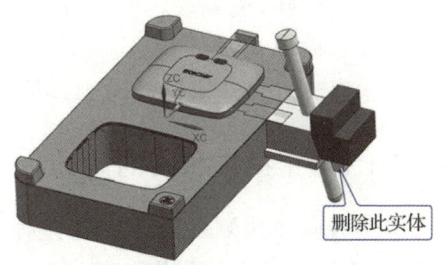

（a）相关参数　　　　　　　　（b）调用结果

图 2-3-15　滑块抽芯机构相关参数及调用结果

> **注意**
>
> 图 2-3-15 中抽芯距输入"22.2",是有意调用较长的斜导柱,然后根据实际抽芯距 4.5 mm 将其裁剪。

**2. 滑块座的处理**

处理滑块座的具体操作参看微课视频。处理结果如图 2-3-16 所示。

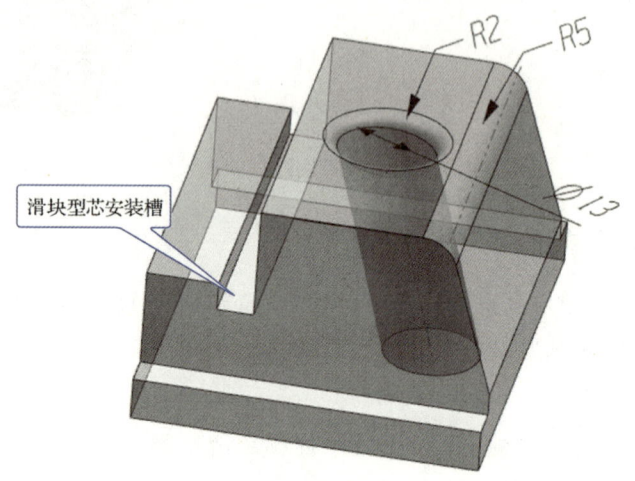

图 2-3-16 滑块座的处理结果

**3. 斜导柱长度的处理**

斜导柱的有效工作长度应调整到能实现抽芯距的长度,本例的抽芯距定为 4.5 mm。具体操作参看微课视频。

操作完成后切记将工作坐标系放回绝对坐标系位置。

**4. 楔紧块的处理**

为合模顺畅,楔紧块斜面下边缘倒圆角 $R2$ mm,如图 2-3-17 所示。具体操作参看微课视频。

滑块座、斜导柱、楔紧块动画详见本书配套的数字化资源。

斜导柱抽芯机构
相关零件的处理

## 七、弯销抽芯机构的设计

本例天侧和地侧的滑块机构设计为弯销抽芯机构(俗称狗腿式行位机构),其弯销既可以驱动滑块,实现抽芯动作,又可以使滑块在合模时归位,同时压紧滑块以抵抗注射压力,相当于弯销替代了斜导柱抽芯机构中的斜导柱和楔紧块。

图 2-3-17 楔紧块斜面下边缘倒圆角

**1. 弯销抽芯机构的设计参数**

如图 2-3-18 所示,弯销抽芯机构的设计参数可按如下方法确定:

(1)$\beta=\alpha<25°$($\alpha$ 为弯销的角度,其大小可参照斜导柱角度确定)。

(2)$H_1$ 为弯销伸入模板的配合长度,取 20 mm 左右,$W$ 为弯销厚度,一般取 20 mm 以上。

(3)$S=T+(2\sim3)$mm($S$ 为抽芯距,$T$ 为倒扣距离)。

(4)$S_1=S$,或 $S_1=S+0.25$ mm,$S_1$ 为限位距离。

(5)$B$ 为拨动面,$C$ 为止动面,所以弯销抽芯机构无须楔紧块。

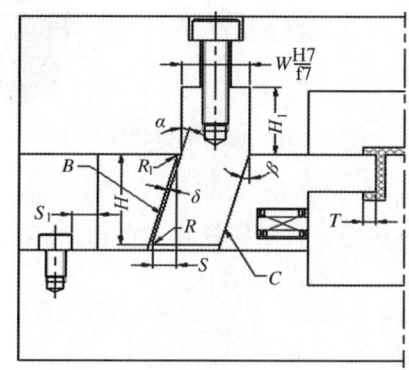

**图 2-3-18 弯销抽芯机构的设计参数**

弯销抽芯机构动画详见本书配套的数字化资源。

**2. 滑块座的形状和尺寸**

弯销抽芯机构的滑块座通常设计成如图 2-3-19 所示的形状,其尺寸可参考斜导柱抽芯机构的滑块座尺寸确定方法来确定,其后端通常与模板侧面平齐。

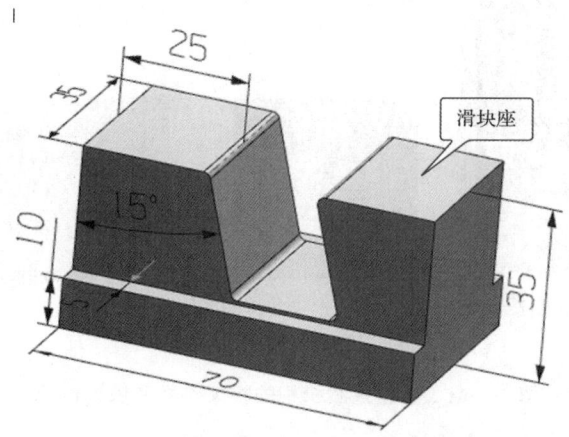

**图 2-3-19 弯销抽芯机构滑块座的形状和尺寸**

**3. 弯销的形状和尺寸**

弯销通常设计成如图 2-3-20 所示的形状,其尺寸可参考斜导柱抽芯机构的楔紧块尺寸确定方法来确定。

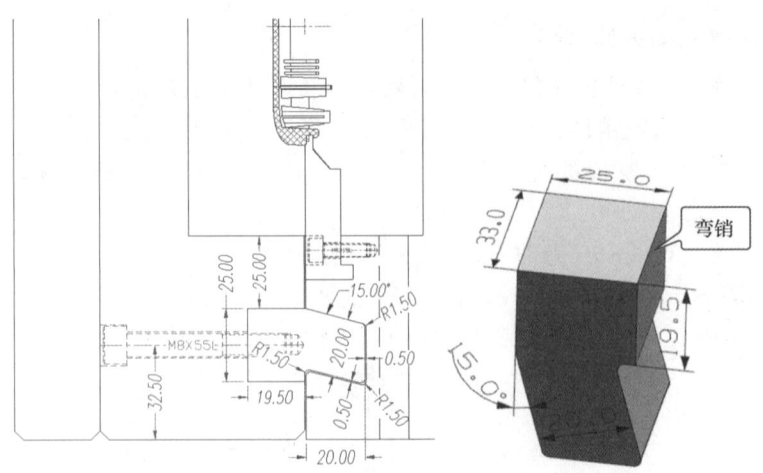

图 2-3-20 弯销的形状和尺寸

**4. 弯销抽芯机构的调用**

调用弯销抽芯机构的具体操作参看微课视频。弯销抽芯机构的相关参数和设计结果如图 2-3-21 所示。

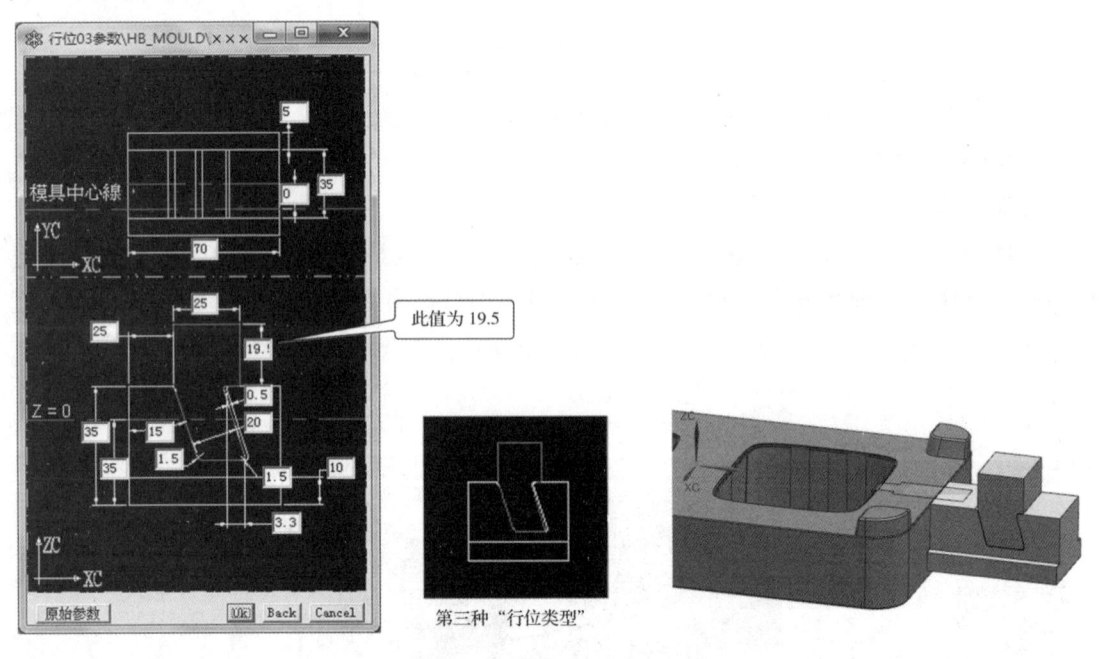

(a) 相关参数　　　　　　　　　　　(b) 设计结果

图 2-3-21　弯销抽芯机构的相关参数和设计结果

**5. 弯销的处理**

天侧和地侧的抽芯机构抽芯距拟设计为 4 mm。调用弯销抽芯机构时,在输入抽芯距为 3.3 mm(图 2-3-21)的情况下,获得实际抽芯距为 3.872 7 mm,如图 2-3-22 所示。限位距离(4 mm)比实际抽芯距略大 0.2～0.3 mm 是允许的,故弯销的长度无须再做处理。

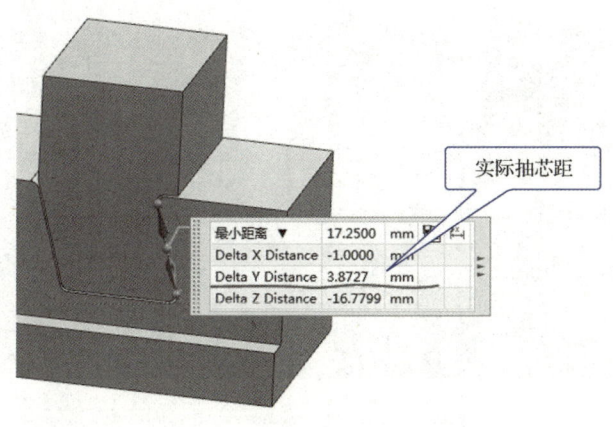

图 2-3-22　弯销抽芯机构的实际抽芯距

### 6. 滑块座的处理

滑块座处理的具体操作参看微课视频。处理结果如图 2-3-23 所示。

弯销抽芯机构的设计

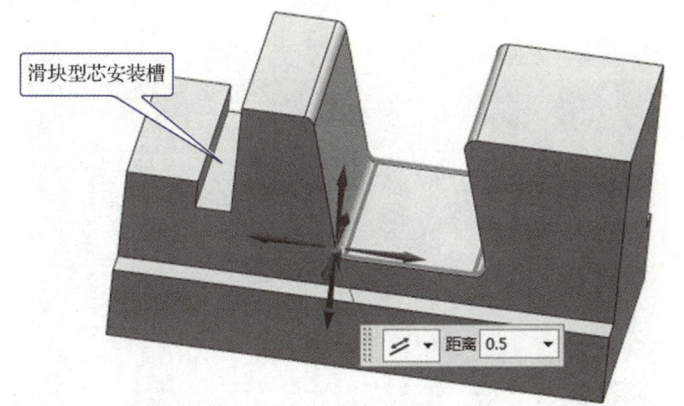

图 2-3-23　滑块座的处理结果

## 八、滑块压板的设计

滑块压板(俗称压条)的作用是压紧滑块并使之在 T 形槽中平稳运动,同时还有定位作用,使滑块合模时准确定位。

滑块压板常用的宽度有 16 mm、18 mm、20 mm、25 mm、30 mm 等。本例滑块较小,故可选用宽度为 18 mm 的滑块压板。螺钉规格选用 M6 即可。滑块压板长度和高度通常与模板平齐。

### 1. 斜导柱抽芯机构滑块压板的设计

斜导柱抽芯机构滑块压板设计的具体操作参看微课视频。其设计参数如图 2-3-24 所示。

滑块压板的设计

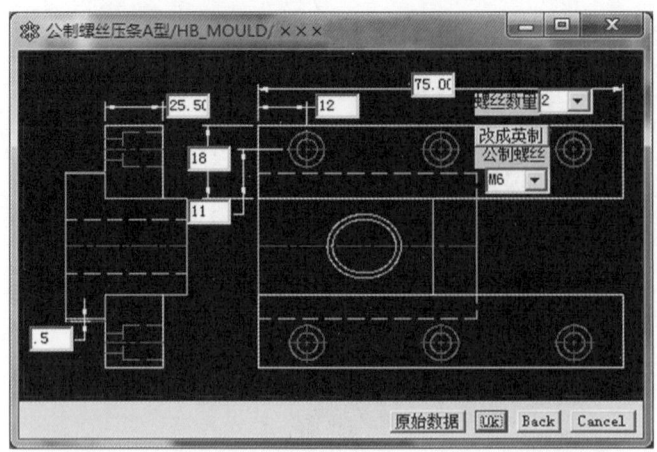

图 2-3-24　斜导柱抽芯机构滑块压板的设计参数

**2. 弯销抽芯机构滑块压板的设计**

单独显示弯销抽芯机构的滑块座,然后参照斜导柱抽芯机构滑块压板的设计步骤,设计弯销抽芯机构滑块压板,其设计参数如图 2-3-25 所示。

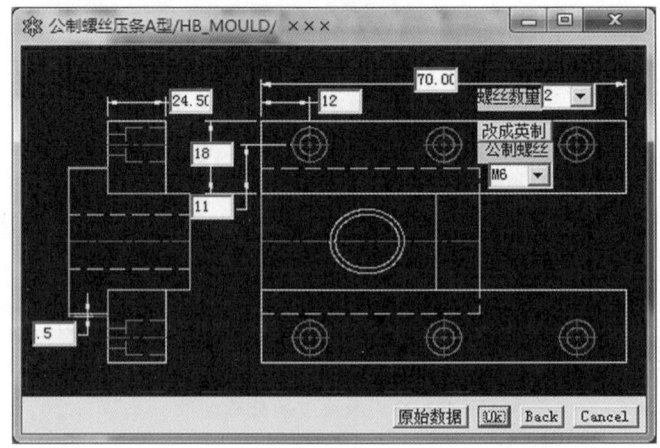

图 2-3-25　弯销抽芯机构滑块压板的设计参数

抽芯机构滑块压板的设计结果如图 2-3-26 所示。

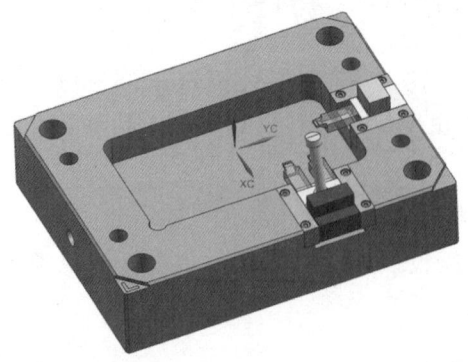

图 2-3-26　抽芯机构滑块压板的设计结果

## 九、抽芯机构限位装置设计

抽芯机构限位装置包括滑块弹簧和限位螺钉。滑块弹簧的作用是辅助滑块做抽芯运动,同时阻止滑块在开模后退回。限位螺钉的作用是限制滑块的运动行程。模具开模后,滑块在弹簧与斜导柱的作用力下沿 T 形槽运动,滑块的运动距离即滑块行程。完成抽芯行程后,滑块必须停留在一个确定位置,所以必须要设计限位装置,否则在合模时楔紧块、斜导柱会与滑块干涉,甚至发生撞模事故。

如图 2-3-27 所示,在滑块限位距离大于滑块行程的情况下,合模时将会产生干涉,所以限位距离必须等于滑块行程。本例斜导柱抽芯机构的滑块行程为 4.5 mm,限位距离也为 4.5 mm。

通常弯销抽芯机构的限位距离可稍大,一般为滑块行程+(0.2~0.3) mm,以使开模更顺畅。本例弯销抽芯机构的滑块行程为 3.872 7 mm,限位距离为 4 mm。

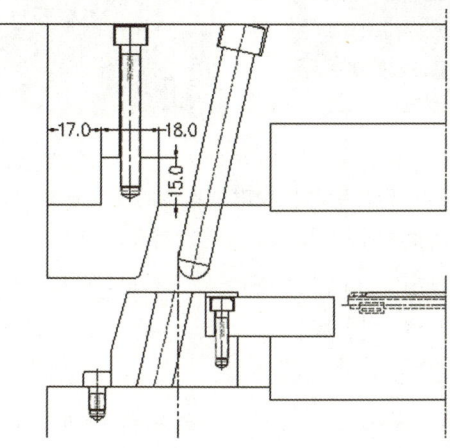

**图 2-3-27 滑块的限位距离大于滑块行程**

抽芯机构限位装置动画详见本书配套的数字化资源。

**1. 斜导柱抽芯机构限位装置设计**

本例斜导柱抽芯机构已确定滑块行程为 4.5 mm,需加限位螺钉和滑块弹簧加以限位。可利用"HB_MOULD"外挂调用限位螺钉和滑块弹簧。

(1)限位螺钉的设计

本例可选用 M6 规格的螺钉为限位螺钉。限位螺钉的设计操作参看微课视频。限位螺钉的设计参数和设计结果如图 2-3-28 所示,图中的"行位行程"即滑块行程。

斜导柱抽芯机构限位装置的设计

(2)滑块弹簧的设计

确定滑块弹簧长度时,应保证弹簧空间足够,防止弹簧失效。

设定滑块行程为 $S$,弹簧总长(自由长度)为 $L$,弹簧压缩为 40%(压缩比为 0.4),滑块完全退出(抽芯动作完成)后,弹簧仍预压 10%。由压缩比=(总行程+预压量)/弹簧自由长度,可得:$0.4=(S+10\%L)/L$;计算可知:$L=(10/3)S$。

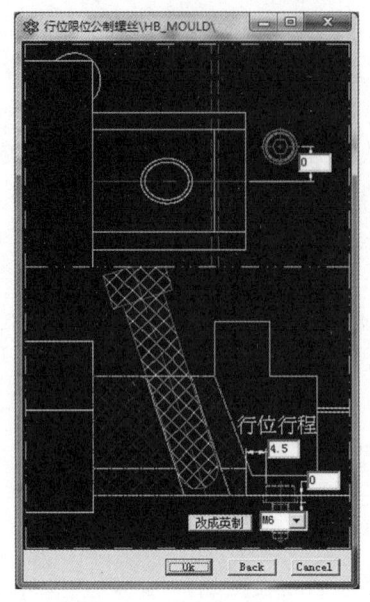 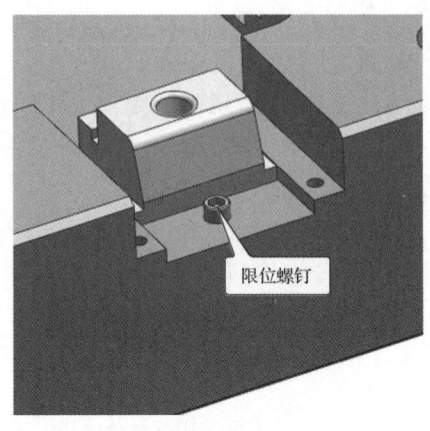

(a) 设计参数　　　　　　　　　(b) 设计结果

**图 2-3-28　斜导柱抽芯机构限位螺钉的设计参数和设计结果**

弹簧空间长度(安放弹簧的孔深)为 $0.6L$。当计算所得 $L$ 过小时,为了防止弹簧失效,往往要增加弹簧长度。本例滑块行程为 $S=4.5$ mm,所以滑块弹簧长度 $L=(10/3)\times 4.5$ mm$=15$ mm。$L$ 过小,应增加弹簧长度。取 $L=25$ mm,此时弹簧孔深$=0.6L=0.6\times 25$ mm$=15$ mm。

选用滑块弹簧规格为 W10-N6.5-D1.75(W 表示弹簧外径,N 表示弹簧内径,D 表示弹簧丝直径)。滑块弹簧设计操作参看微课视频。图 2-3-29 所示为滑块弹簧的设计参数和设计结果。

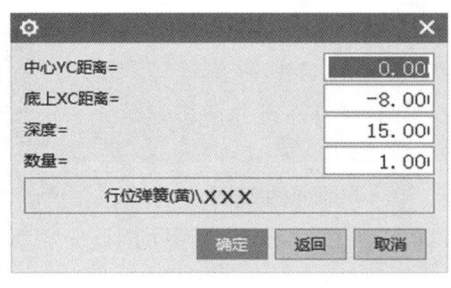 

(a) 设计参数　　　　　　　　　(b) 设计结果

**图 2-3-29　滑块弹簧的设计参数和设计结果**

## 2. 弯销抽芯机构限位装置的设计

(1) 限位螺钉的设计

本例弯销抽芯机构的滑块座后端与动模板平齐,已无空间安放限位螺钉,且滑块中心位置有吊环螺钉孔,无法用1个螺钉限位。因此需先对滑块座的结构进行调整,然后选用2个规格为M5的螺钉作为限位螺钉。

限位螺钉设计的操作参看微课视频。限位螺钉设计参数及设计结果如图 2-3-30 所示。

弯销抽芯机构限位装置的设计

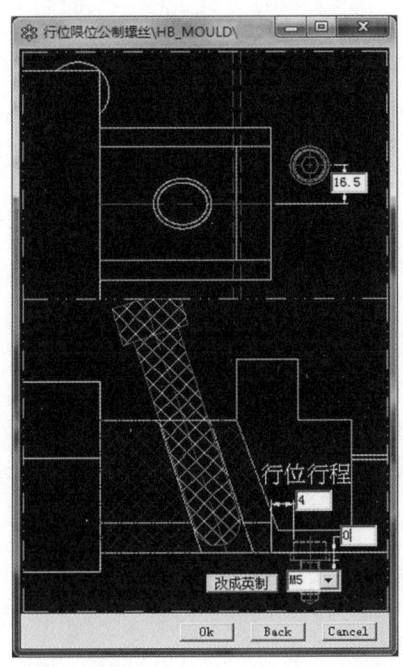
(a) 设计参数

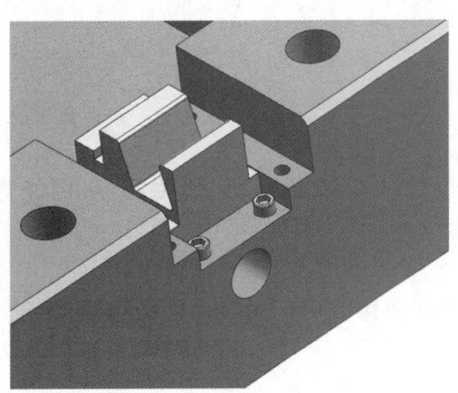
(b) 设计结果

图 2-3-30 限位螺钉的设计参数及设计结果

(2) 滑块座的处理

滑块座处理的具体操作参看微课视频。滑块座的处理结果如图 2-3-31 所示。

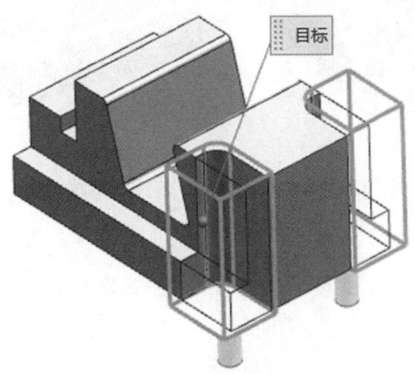

图 2-3-31 滑块座的处理结果

(3)滑块弹簧的设计

本例弯销抽芯机构已确定滑块行程 $S=4$ mm,所以滑块弹簧长度 $L=(10/3)\times 4$ mm $=13.3$ mm。13.3 mm过小,应加大弹簧长度。取 $L=20$ mm,此时弹簧孔深 $=0.6L=0.6\times 20$ mm $=12$ mm。

选用滑块弹簧规格为 W8-N5.4-D1.3(W 表示弹簧外径,N 表示弹簧内径,D 表示弹簧丝直径)。滑块弹簧设计操作参看微课视频。滑块弹簧的设计参数和设计结果如图 2-3-32 所示。

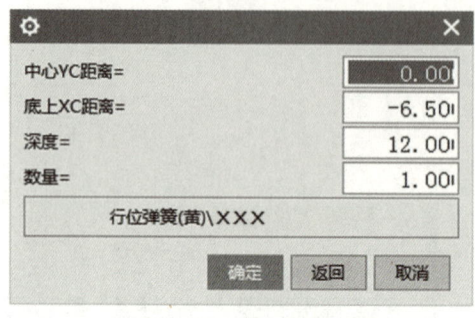

(a) 设计参数　　　　　　　　　　　　(b) 设计结果

图 2-3-32　滑块弹簧的设计参数和设计结果

## 十、滑块机构零件及相关模板的处理

**1. 滑块座压脚倒斜角**

调用"倒斜角"命令,对 2 个滑块座压脚的竖直棱边倒斜角,倒角为 C4 mm,如图 2-3-33 所示。

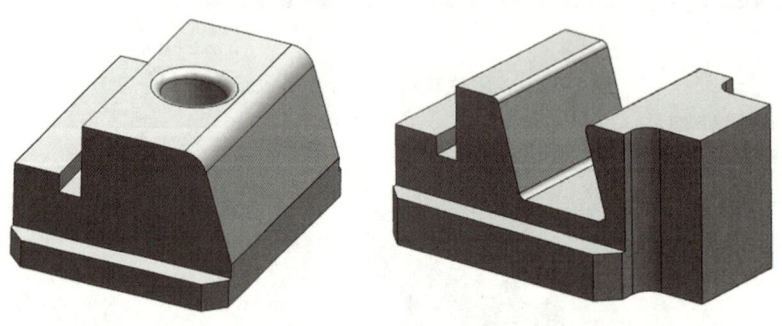

图 2-3-33　滑块座压脚倒斜角

**2. 定模板的处理**

定模板需开出斜导柱安装孔和楔紧块、弯销的安装槽。具体操作参看微课视频。定模板处理结果如图 2-3-34 所示。

滑块座压脚倒斜角及定模板的处理

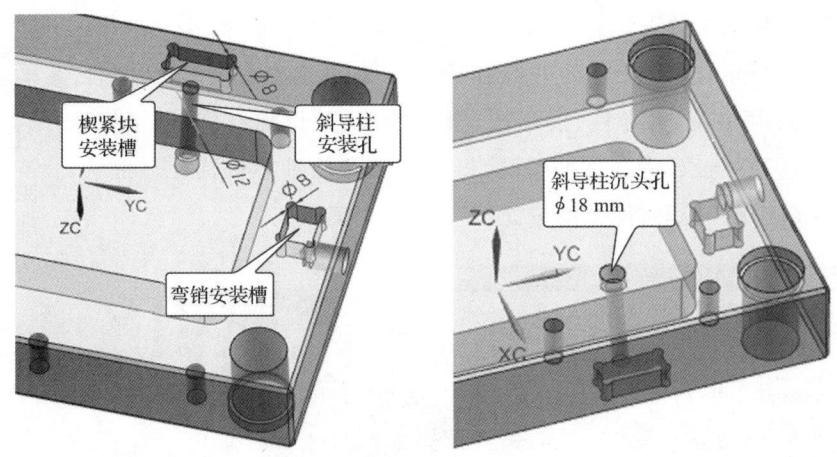

图 2-3-34　定模板处理结果

### 3. 紧固螺钉的添加

滑块型芯用 M5 紧固螺钉锁紧在滑块座上；楔紧块用 2 个 M8 紧固螺钉锁紧在定模板上；弯销用 1 个 M8 紧固螺钉锁紧在定模板上。可利用"HB_MOULD M6.8"→"螺丝系列"→"定位螺丝"/"正向螺丝"/"快速螺丝"等方法添加。各处的紧固螺钉规格和主要位置尺寸如图 2-3-35、图 2-3-36 所示。

紧固螺钉的添加

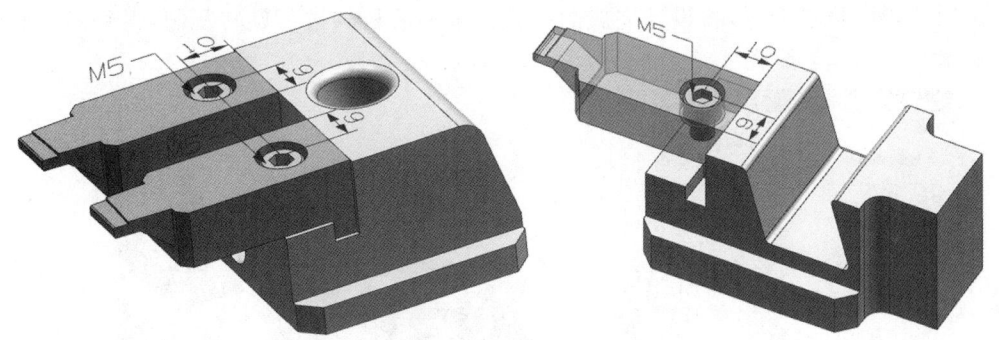

图 2-3-35　滑块型芯紧固螺钉规格和主要位置尺寸

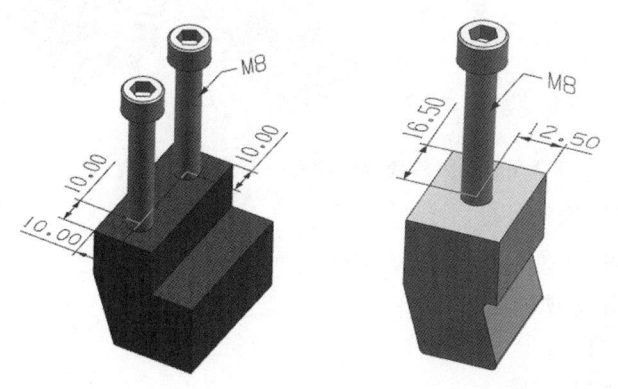

图 2-3-36　楔紧块与弯销紧固螺钉规格和主要位置尺寸

**4. 操作侧抽芯机构的设计**

如图 2-3-37 所示,将设计好的非操作侧的 1 套抽芯机构的全部组件(包括滑块型芯、滑块座、斜导柱、楔紧块、滑块压板、限位螺钉、紧固螺钉、滑块弹簧等),以 YC－ZC 为镜像面,镜像得到操作侧的抽芯机构。在框选抽芯机构全部组件前,需要将"类型过滤器"设置为"实体"。

完成一模两腔
抽芯机构设计

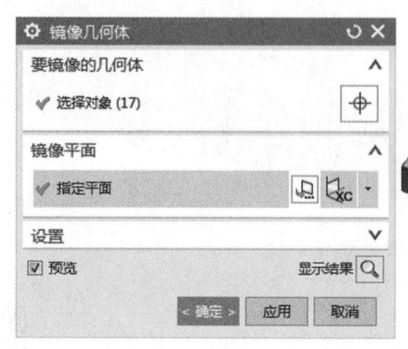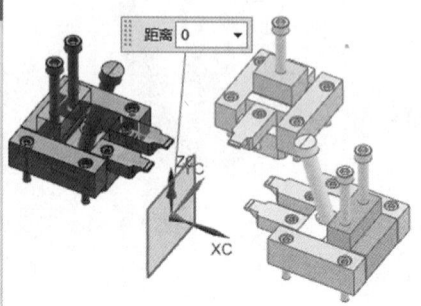

图 2-3-37　镜像得到操作侧的抽芯机构

**5. 另一腔抽芯机构的设计**

调用"移动对象"命令,将设计完成的一腔 3 套抽芯机构进行旋转复制,得到另一腔的抽芯机构,如图 2-3-38 所示。

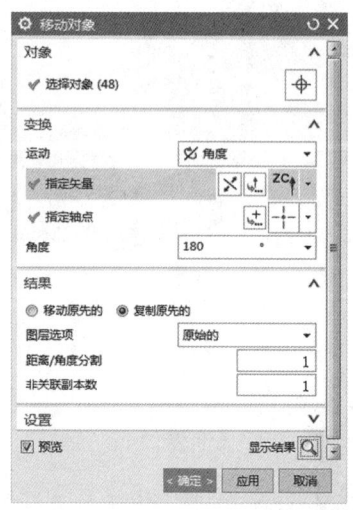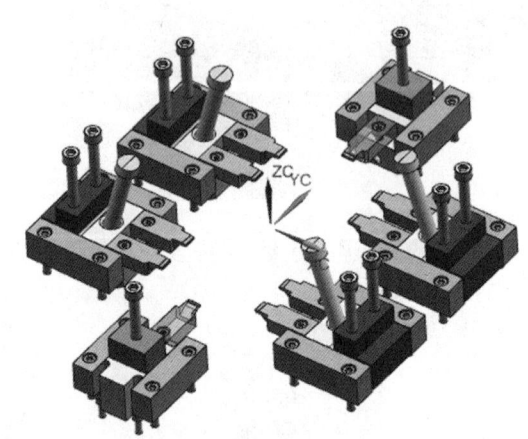

图 2-3-38　旋转复制得到另一腔的抽芯机构

**6. 滑块型芯处型芯结构的处理**

滑块型芯处型芯结构处理的主要步骤如下:

(1)型芯大镶件与滑块型芯相减。

(2)型芯与滑块型芯相减。

(3)处理相减后的型芯。

型芯结构的处理

滑块型芯处型芯结构处理的具体操作参看微课视频。

**7. 将滑块机构移动至指定图层**

(1)将操作侧和非操作侧滑块机构(斜导柱抽芯机构)的所有零部件移动至第50层。

(2)将天侧和地侧滑块机构(弯销抽芯机构)的所有零部件移动至第51层。

**8. 定模板的处理**

一模两腔的抽芯机构设计完成后,在定模板上需开出其余的斜导柱安装孔、楔紧块和弯销的安装槽等结构。具体操作参看微课视频。

定模板和动模板的处理

**9. 动模板的处理**

一模两腔的抽芯机构设计完成后,在动模板上需开出其余滑块机构的安装槽。具体操作参看微课视频。

**10. 滑块型芯编号**

本例滑块型芯较多,为便于模具零件的制造和装配,需对滑块型芯刻字码编号。一般从基准角出发,按逆时针方向编排 S1～S10 字码,将字码刻在各滑块型芯上。字码大小及位置根据具体情况自行调整,结果如图 2-3-39 所示。滑块型芯编号的具体操作参看微课视频。

滑块型芯编号

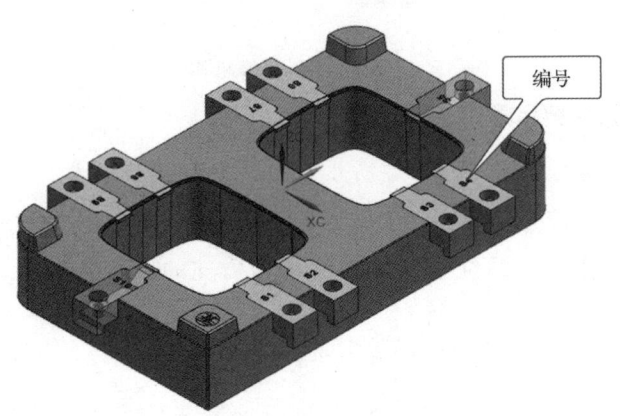

图 2-3-39　滑块型芯刻字码编号

## 2.4　斜顶杆机构设计

### 一、斜顶杆机构的组成

斜顶杆机构也称为斜顶机构。这种机构通常用于解决产品内部倒扣(卡扣)的脱模问题。

**1. 斜顶杆机构的组成**

斜顶杆机构通常由斜顶头、斜顶杆、斜顶座、斜顶导向块等组成，如图 2-4-1 所示。

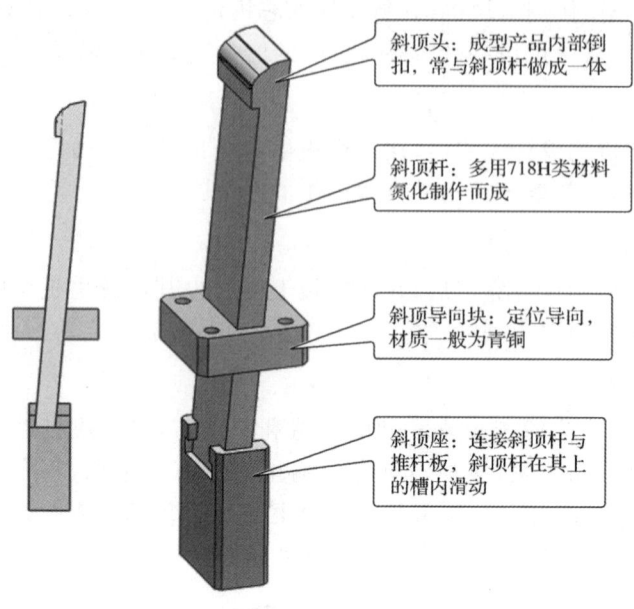

图 2-4-1　斜顶杆机构

**2. 斜顶杆机构的脱模示意**

斜顶杆机构的脱模示意如图 2-4-2 所示。斜顶杆在推出过程中，沿移动方向受到由推件板传递的力 $F$。$F$ 可被分解成一个水平力 $F_1$ 和一个竖直力 $F_2$，相应地，斜顶杆在运动过程中分别产生一个水平方向的位移 $S_1$ 和一个竖直方向的位移 $S_2$。

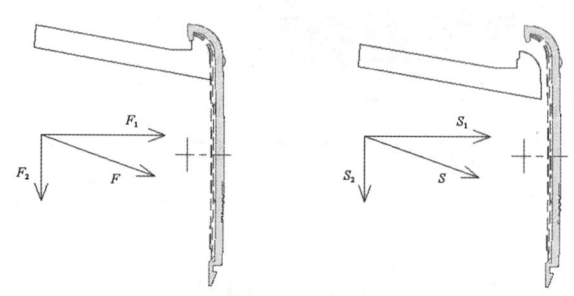

图 2-4-2　斜顶杆机构的脱模示意

**3. 斜顶杆的装配方式**

常见的两种斜顶杆装配方式如图 2-4-3 和图 2-4-4 所示。它们分别是 T 形槽滑动座形式和推件板销钉定位导滑形式。

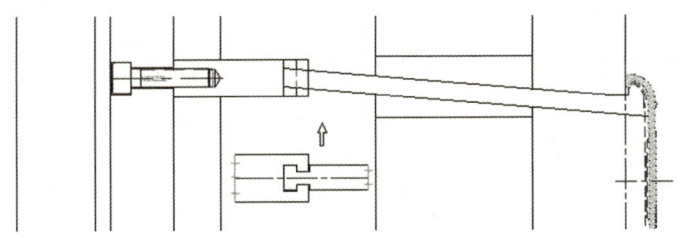

图 2-4-3　T形槽滑动座形式

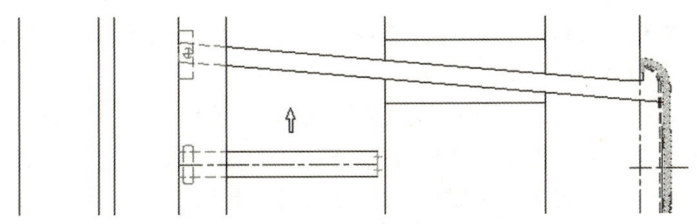

图 2-4-4　推件板销钉定位导滑形式

斜顶杆机构动画详见本书配套的数字化资源。

## 二、斜顶杆机构的设计参数

**1. 斜顶杆机构脱模距离与推出行程**

如图 2-4-5 所示,斜顶杆机构的脱模距离 $S_2$ 等于产品扣位深度 $S_0$ 加 $0.5\sim2$ mm 的安全距离,即 $S_2=S_0+(0.5\sim2)$mm。推出行程 $S_1$ 等于脱模距离 $S_2$ 乘斜顶杆角 $\alpha$ 的余切,即 $S_1=S_2\cdot\cot\alpha$。推出行程 $S_1$ 要取整数,斜顶杆角 $\alpha$ 也要取整数。

因斜度太大不易推出,且斜顶杆在运动过程中会因受力过大而折断,故斜顶杆角 $\alpha$ 应尽量取小些,最好不要超过 15°。

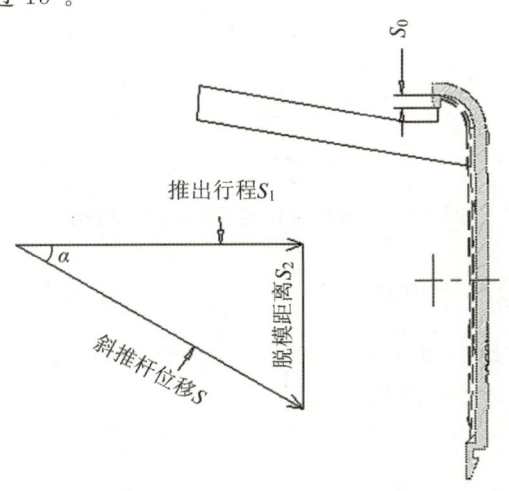

图 2-4-5　斜顶杆机构的脱模距离

**2. 斜顶杆机构的主要设计参数**

图 2-4-6 所示为两种结构类型的斜顶杆机构。图中各符号的含义和参数设计的说明如下：

(1) 扣位深度 $S_0$：由产品确定。

(2) 斜顶角 $\alpha$：取值为 $3°\sim12°$，取整数。一般情况下，取值不要过大；特殊情况下，可取为 $20°$。

(3) 直身面 $B$：封料面，也是加工取数面。如果仅做封料用，取值为 $3\sim5$ mm；如果做加工取数用，则取值为 $8\sim10$ mm，取整数。

(4) 脱模距离 $S_2$：与产品扣位深度 $S_0$ 有直接关系，$S_2 = S_0 + (0.5\sim2)$ mm。

(5) 斜顶杆厚度 $C$：与斜顶的强度有关，取值尽量大一点，最好 $C \geqslant 6$ mm，取整数。

(6) 斜顶杆宽度 $D$：应大于扣位宽度，取值尽量大一点，最好 $D \geqslant 6$ mm，取整数。

(7) 封料距离 $E$：取值为 $2\sim3$ mm。特殊情况下，取值应大于 $1.2$ mm。

(8) 斜顶座侧面与斜顶杆后面间距 $F$：$F \geqslant S_2 + (2\sim3)$ mm。

(9) 斜顶头后部与产品凸料位间距 $G$：$G > S_2$，以防铲胶。

(10) 斜顶座工字槽厚度 $H$：$H \geqslant 6$ mm。

(11) 斜顶杆上端面应低于型芯面 $0.05\sim0.1$ mm，以保证顶出时不损坏塑件。

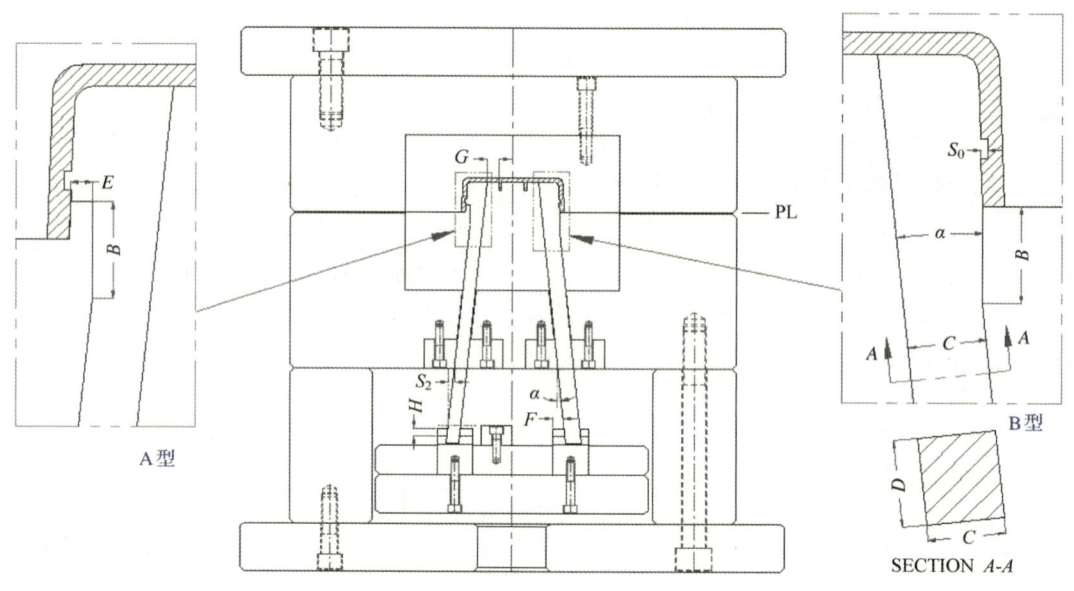

图 2-4-6　两种结构类型的斜顶杆机构

### 三、斜顶杆机构的几种拆法

如图 2-4-7 所示，斜顶杆机构可有 6 种拆法，每种拆法都有其优缺点。实际设计时可根据产品扣位结构和模具结构进行选用。

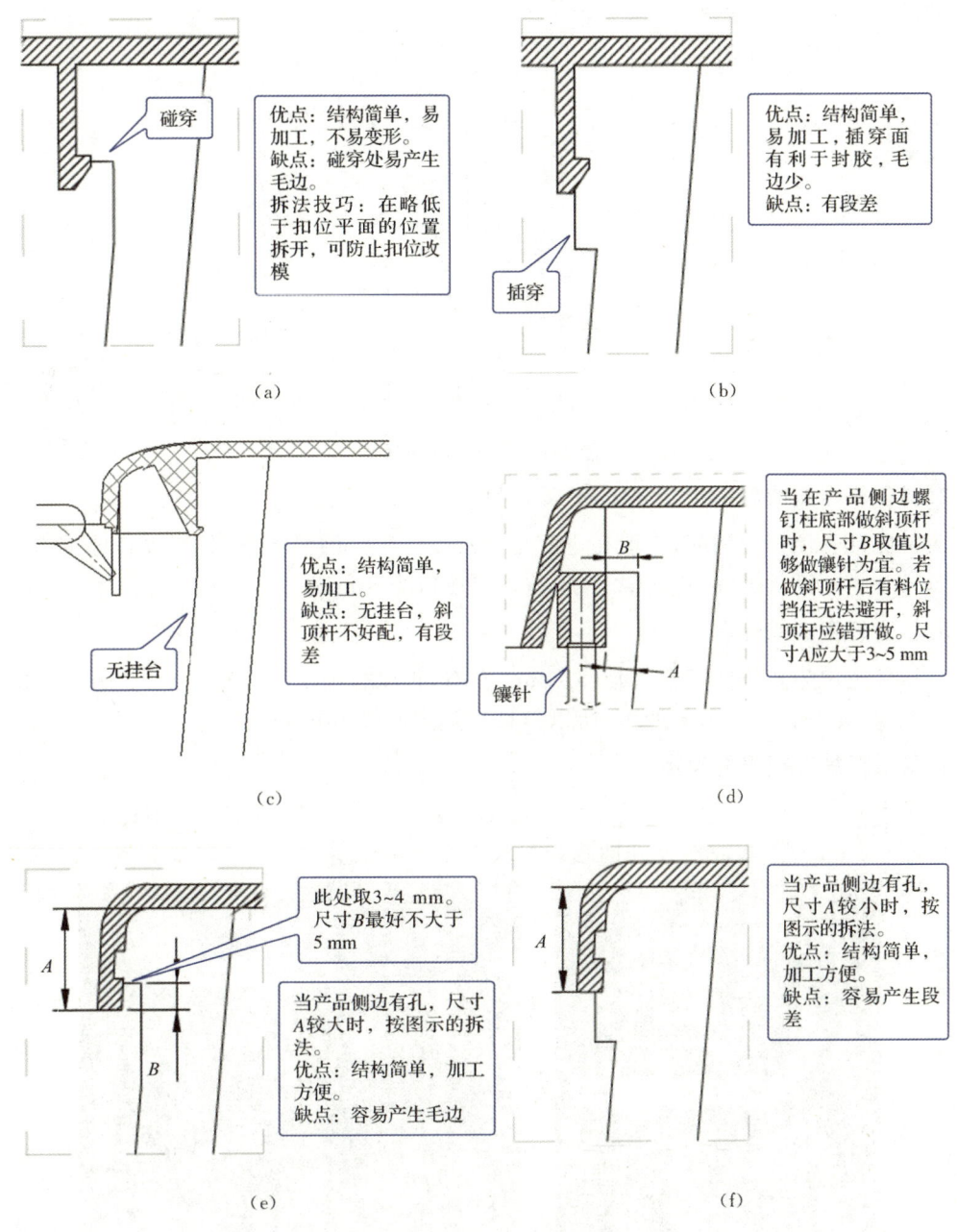

图 2-4-7 斜顶杆机构的 6 种拆法

## 四、斜顶杆的设计

本例斜顶头与斜顶杆设计成一个整体,斜顶杆的设计包含了斜顶头的设计。

### 1. 斜顶杆形式的确定

本例的斜顶杆设计成图 2-4-7(a)～图 2-4-7(c)所示的 3 种形式均可。综合考虑各种因素,决定采用图 2-4-7(b)所示的形式,这种形式不易产生毛边,虽有段差,但产生于产品内部结构的段差是允许的,如图 2-4-8 所示。

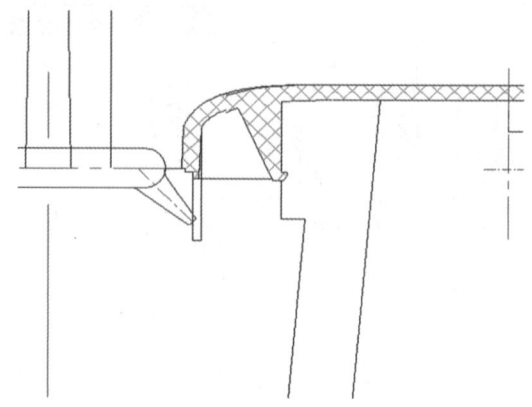

图 2-4-8　斜顶杆的形式

**2. 斜顶杆厚度的确定**

为了保证斜顶杆的强度,一般在空间足够且没有干涉的情况下,将斜顶杆厚度取为 6～10 mm,本例空间足够且没有其他干涉,故将厚度取为 8 mm。

**3. 斜顶杆宽度的确定**

斜顶杆宽度为扣位宽度单边延伸 1 mm 左右,再取整确定。测量可知,本例产品扣位宽度为 7.04 mm,如图 2-4-9(a)所示,所以斜顶杆宽度取整为 9 mm。

**4. 斜顶杆抽芯行程的确定**

测量可知,本例产品的扣位深度为 0.80 mm,如图 2-4-9(b)所示。斜顶杆的抽芯行程＝扣位深度＋2 mm 左右,故斜顶杆抽芯行程取为 2.8 mm 左右。

 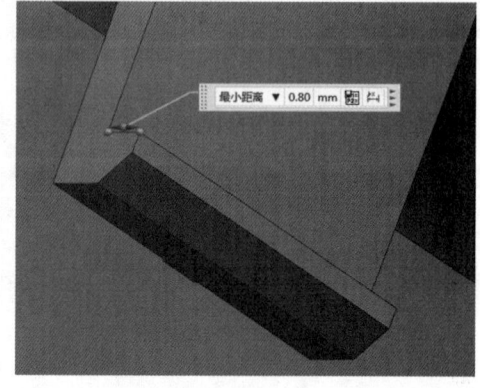

(a) 扣位宽度　　　　　　　　　　(b) 扣位深度

图 2-4-9　产品扣位宽度与扣位深度

**5. 顶出行程的确定**

要确定斜顶杆的角度,首先要确定产品顶出行程。产品顶出行程＝产品总高度＋(10～15)mm,再取整确定。测量可知,本例产品的总高度为 19.92 mm,所以产品顶出行程＝19.92 mm＋(10～15)mm＝29.92～34.92 mm,取整确定产品顶出行程为 30 mm。

### 6. 斜顶杆角度的确定

斜顶杆角度可取为 3°~15°，常用的角度有 3°、4°、5°、6°、8°、10°、12°等，最好不超过 15°。斜顶杆角度的确定方法如图 2-4-10 所示，本例的斜顶杆抽芯行程为 2.8 mm 左右，顶出行程为 30 mm，故斜顶杆角度可选用 5°（取整），此时实际的抽芯行程为 2.62 mm，符合要求。

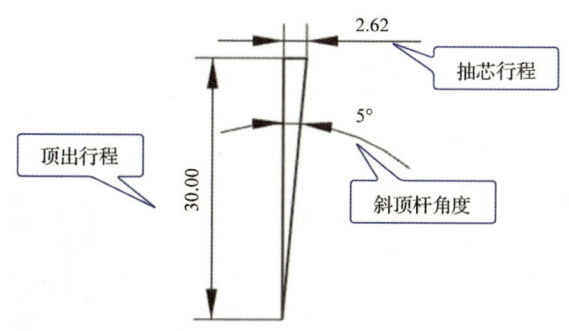

图 2-4-10　斜顶杆角度的确定方法

根据以上确定的数据，斜顶杆在侧剖视图中的尺寸如图 2-4-11 所示。

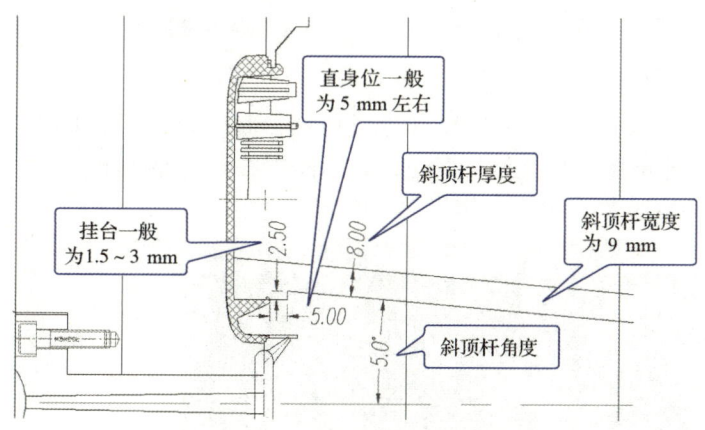

图 2-4-11　斜顶杆在侧剖视图中的尺寸

### 7. 斜顶头包容体的创建

确定了斜顶杆（含斜顶头）的形状和尺寸，可创建斜顶头包容体，其操作步骤参看微课视频。

斜顶头包容体的创建

## 五、斜顶座的设计

### 1. 斜顶座的形式

斜顶座常用的形式有单边挂台式和双边挂台式。双边挂台式主要适用于斜顶杆宽度大于或等于 10 mm 的情况，当斜顶杆宽度小于 10 mm 时，选用单边挂台式。本例斜顶杆宽度为 9 mm，故选用单边挂台式。

### 2. 斜顶座尺寸的确定

斜顶座的尺寸一般由斜顶杆的大小来确定。本例斜顶杆厚度为 8 mm，宽度为 9 mm，所以斜顶座尺寸可设计为 16 mm×18 mm×38 mm，挂台高度取为 6 mm，挂台凹槽深度取为 2.5 mm。

本例斜顶座与斜顶杆装配关系及尺寸如图 2-4-12 所示。斜顶座选用规格为 M6 的紧固螺钉锁紧在顶针底板（推板）上。

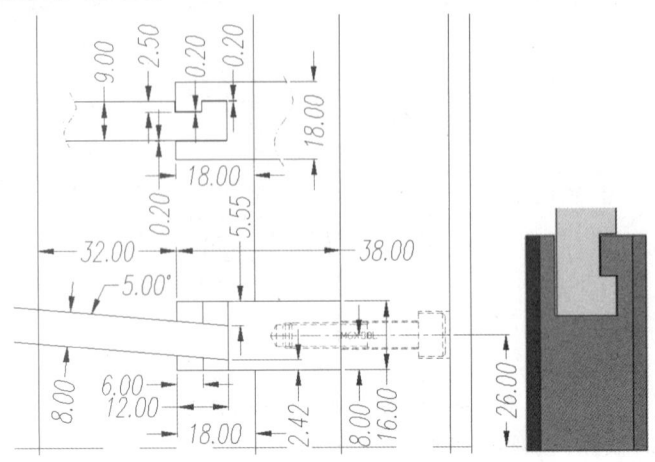

图 2-4-12　斜顶座与斜顶杆装配关系及尺寸

**3. 斜顶座与斜顶杆的调用**

初步创建了斜顶头，并确定了斜顶座与斜顶杆形状和尺寸后，可利用"HB_MOULD"外挂调用斜顶座与斜顶杆。具体操作参看微课视频。斜顶座与斜顶杆的相关参数和调用结果如图 2-4-13 所示。

斜顶座与斜顶杆的调用

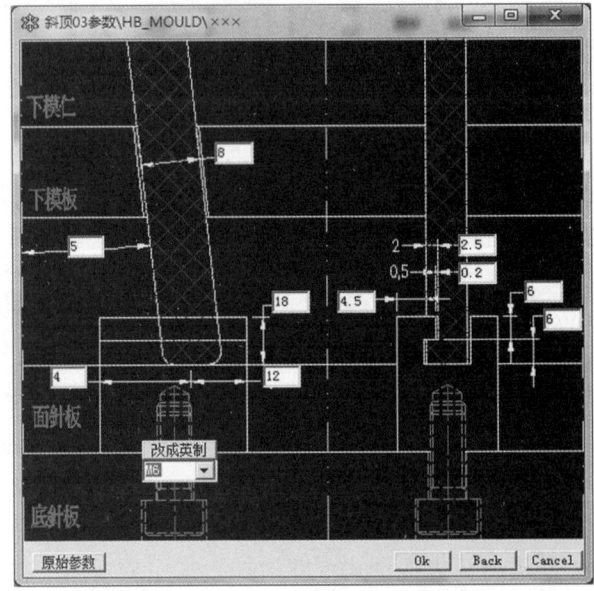

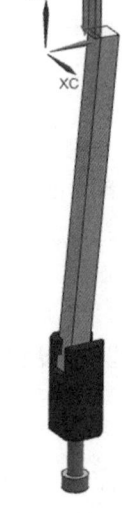

（a）相关数据　　　　　　　　　　（b）调用结果

图 2-4-13　斜顶座与斜顶杆的相关参数和调用结果

**4. 斜顶头与斜顶杆的完善设计**

本例将斜顶头和斜顶杆设计为一个整体，前面只完成了初步设计，现需将其完善。具体操作参看微课视频。斜顶杆和斜顶头完善后的设计结果如图 2-4-14 所示。

**5. 斜顶座的处理**

斜顶座处理的具体操作参看微课视频。斜顶座的处理结果如图 2-4-15 所示。

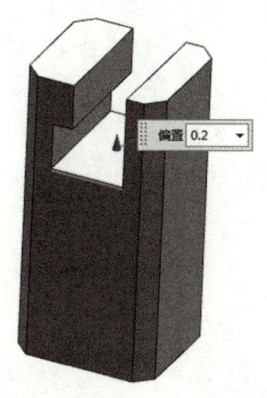

斜顶杆与斜顶座的处理

图 2-4-14　斜顶杆和斜顶头完善后的设计结果　　图 2-4-15　斜顶座的处理结果

## 六、斜顶导向块的设计

斜顶导向块的作用是加强斜顶杆的强度和刚度，并对斜顶杆进行支撑和导向。

**1. 斜顶导向块相关尺寸的确定**

斜顶导向块的厚度（高度）一般为 10～15 mm，长度和宽度一般由斜顶杆的大小来确定。

根据斜顶杆的大小，本例导向块的尺寸拟设计为 38 mm×20 mm×15 mm，导向块选用规格为 M5 的 2 个紧固螺钉锁紧在 B 板上。

斜顶导向块的设计

斜顶导向块设计的具体操作参看微课视频。斜顶导向块在侧剖视图中的尺寸如图 2-4-16 所示。图中 φ15 mm 为斜顶杆避空孔的尺寸。

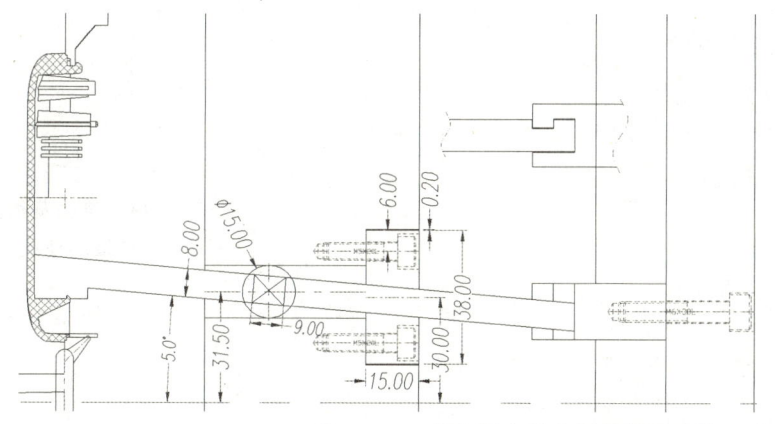
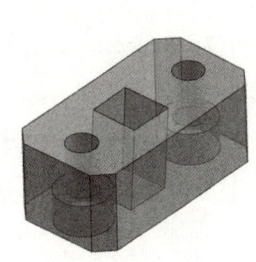

图 2-4-16　斜顶导向块在侧剖视图中的尺寸

**3. 斜顶导向块的创建**

斜顶导向块创建的具体操作参看微课视频。斜顶导向块的相关参数和位置坐标如图2-4-17 所示。

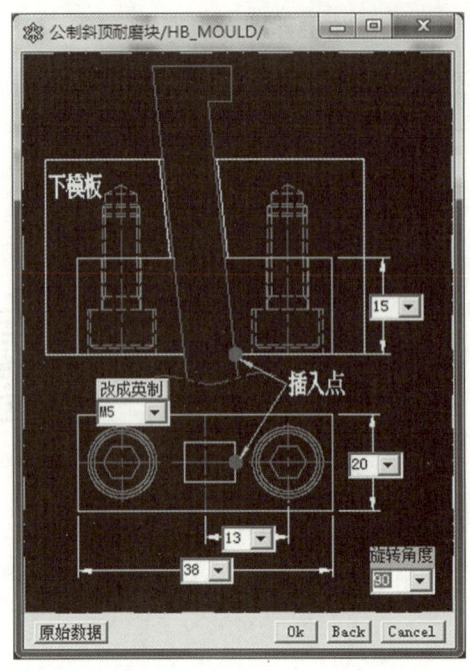
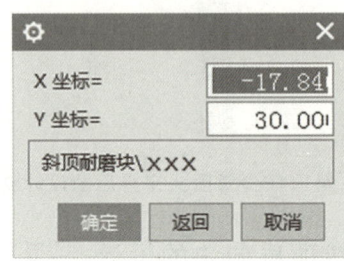

(a)相关参数　　　　　　　　　(b)位置坐标

图 2-4-17　斜顶导向块的相关参数和位置坐标

> **注意**
>
> 斜顶导向块的 2 个紧固螺钉默认放置在第 119 层,需将第 119 层打开,紧固螺钉才可见。

## 七、斜顶杆机构及相关模板的处理

### 1. 其他位置斜顶杆机构的设计

显示 1 套斜顶杆机构的全部组件,全部组件包括斜顶杆、斜顶座(含 1 个紧固螺钉)、斜顶导向块(含 2 个紧固螺钉)。用镜像和旋转复制的方法,得到其他位置和另一腔的斜顶杆机构,如图 2-4-18、图 2-4-19 所示。具体操作参看微课视频。

**斜顶杆机构及相关模板的处理**

### 2. 型芯大镶件的处理

将 2 个型芯大镶件分别与各自的 2 支斜顶杆相减,减出斜顶杆的安装孔。具体操作参看微课视频。

### 3. 动模板的处理

斜顶杆穿过动模板,需在动模板上创建斜顶杆的避空孔,此处采用圆孔作为避空孔。具体操作参看微课视频。

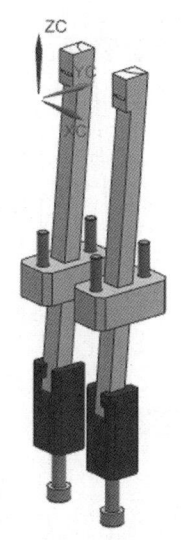
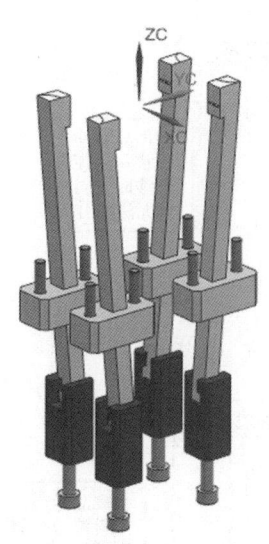

图 2-4-18　镜像斜顶杆机构　　　图 2-4-19　旋转复制斜顶杆机构

**4. 推杆固定板（顶针面板）的处理**

单独显示推杆固定板（顶针面板），处理其上的斜顶座安装孔。具体操作参看微课视频。

**5. 推板（顶针底板）的处理**

单独显示推板（顶针底板），完成其上斜顶座紧固螺钉的沉孔设计。具体操作参看微课视频。

**6. 斜顶杆编号**

斜顶杆需刻字码编号，以便加工和装配。从基准角出发，按逆时针方向编排 L1～L4 字码，将字码刻在各斜顶杆上，字码大小及位置根据具体情况自行调整，结果如图2-4-20所示。

将 4 套斜顶杆机构的所有零部件移动至第 60 层。具体操作参看微课视频。

## 八、斜顶杆无法顶出的情况

有时由于产品设计考虑不周，在最终设计的模具结构上无法做出斜顶杆。此时可以与用户协商改动产品结构或采用其他的出模方式。图 2-4-21 所示是斜顶杆无法顶出的 7 种情况，设计斜顶杆机构时要注意避免。

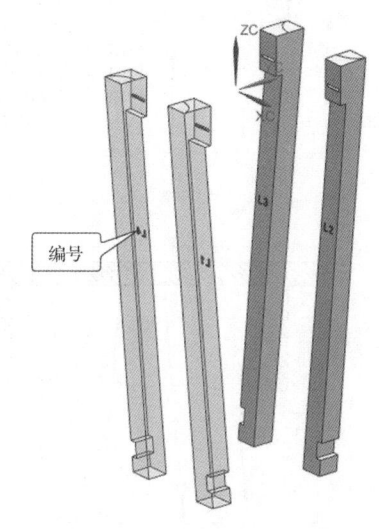

图 2-4-20　斜顶杆刻字码编号

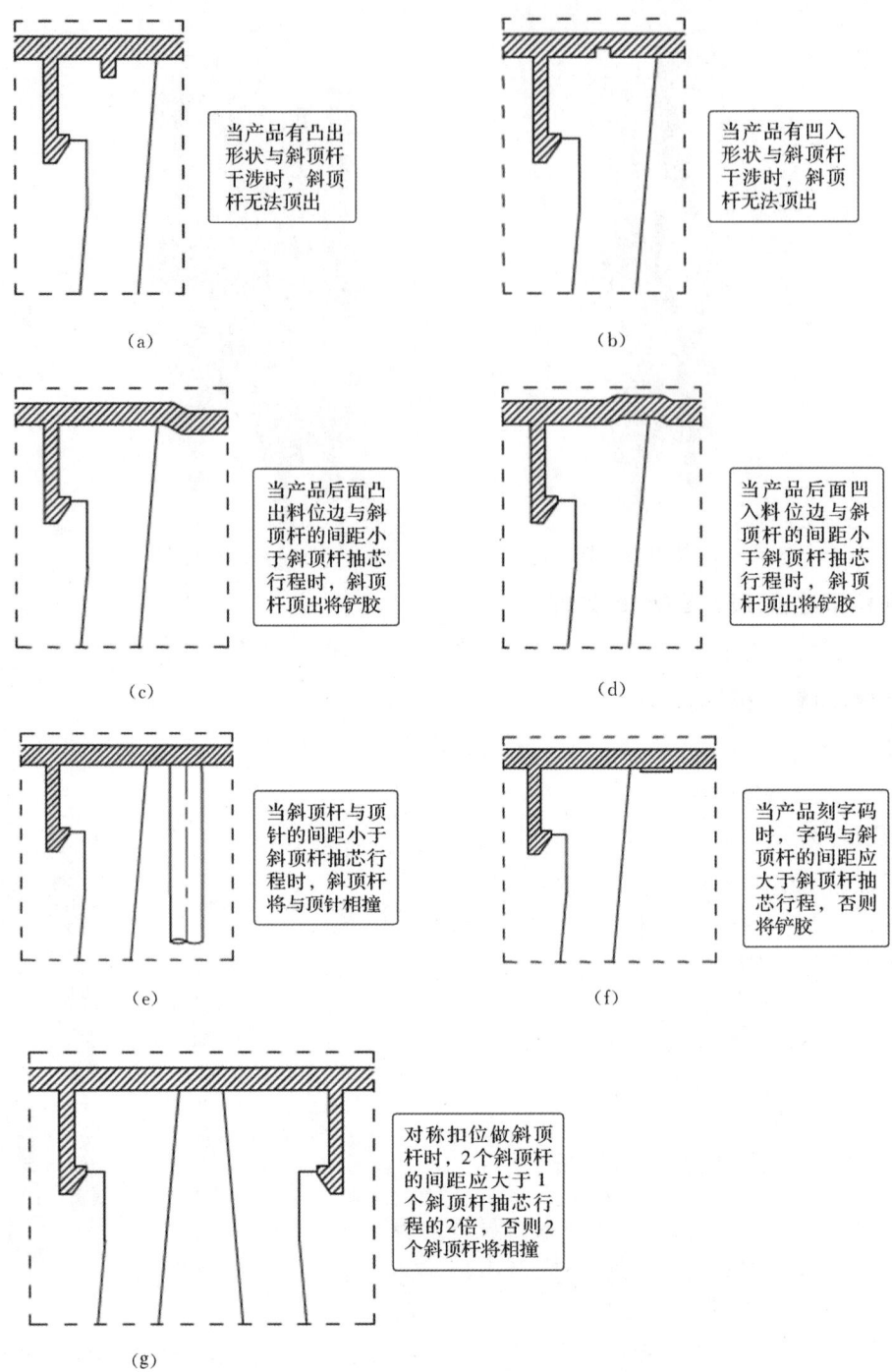

图 2-4-21 斜顶杆无法顶出的 7 种情况

## 2.5 潜伏式浇口浇注系统设计

浇注系统设计包括主流道、分流道、浇口、冷料井的设计。

本例采用潜伏式浇口浇注系统,要特别注意潜伏式浇口浇注系统的设计方法和参数确定。

### 一、潜伏式浇口的结构组成、特点及设计参数

当产品外观面不允许有浇注痕迹时,常采用潜伏式浇口。

**1. 潜伏式浇口浇注系统的结构组成**

潜伏式浇口浇注系统包括主流道、分流道、浇口、冷料井等,如图2-5-1所示。

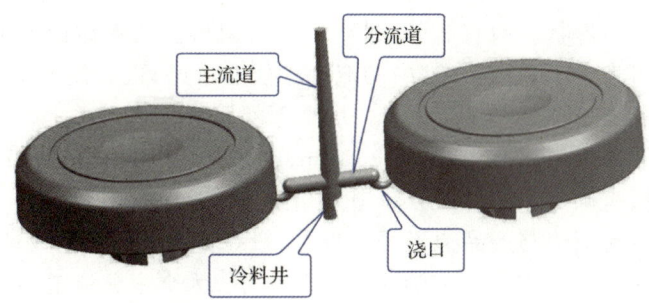

图 2-5-1　潜伏式浇口浇注系统的结构组成

**2. 潜伏式浇口的特点**

潜伏式浇口有如下特点:

(1)优点:浇口位置较灵活,既可以设置在定模(前模),也可以设置在动模(后模);浇口可自动脱落;能保证产品的外观质量。

(2)缺点:加工困难,浇口尺寸精度不易保证;适合弹性好的塑料,质脆的塑料不宜选用。

**3. 潜伏式浇口的设计参数**

潜伏式浇口的设计参数可根据经验值确定,如图2-5-2所示。设计潜伏式浇口时应注意流道边与产品边不可太近,一般在2 mm以上。潜进角度 $A$ 取40°～50°,一般取45°左右,以方便推出。浇口锥度 $B$ 取20°左右为宜。$S_1$ 为浇口推出的形变参数,其长度不可太大或太小,取流道直径 $D_1$ 的1.5～2倍为宜。浇口直径 $D_2$ 视产品的大小而定,对于小件产品,取1.0～1.2 mm;对于大件产品,取1.5～2.0 mm。

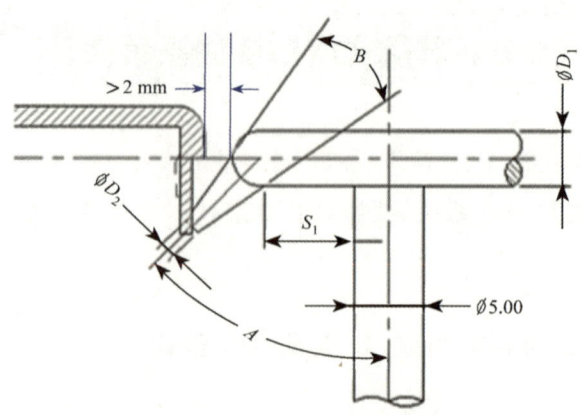

图 2-5-2　潜伏式浇口的设计参数

## 二、分流道的设计

常用的分流道截面形状一般有 3 种：圆形、U 形、梯形。圆形截面流道因其比表面积最小，热量不易散失，阻力也小，塑料在其中的流动性能非常好，也方便加工，故应用得最多，本例即选用圆形截面流道。

圆形截面流道的常用规格有 $\phi 3$ mm、$\phi 4$ mm、$\phi 5$ mm、$\phi 6$ mm、$\phi 8$ mm 等，具体规格由产品的大小结合经验值来确定。本例的分流道规格选用 $\phi 5$ mm。

根据潜伏式浇口流道边与产品边不可太近、一般在 2 mm 以上的设计要求，本例分流道的长度取整设计为 30 mm，如图 2-5-3 所示，图 2-5-3(b) 为半个分流道的 3D 显示。

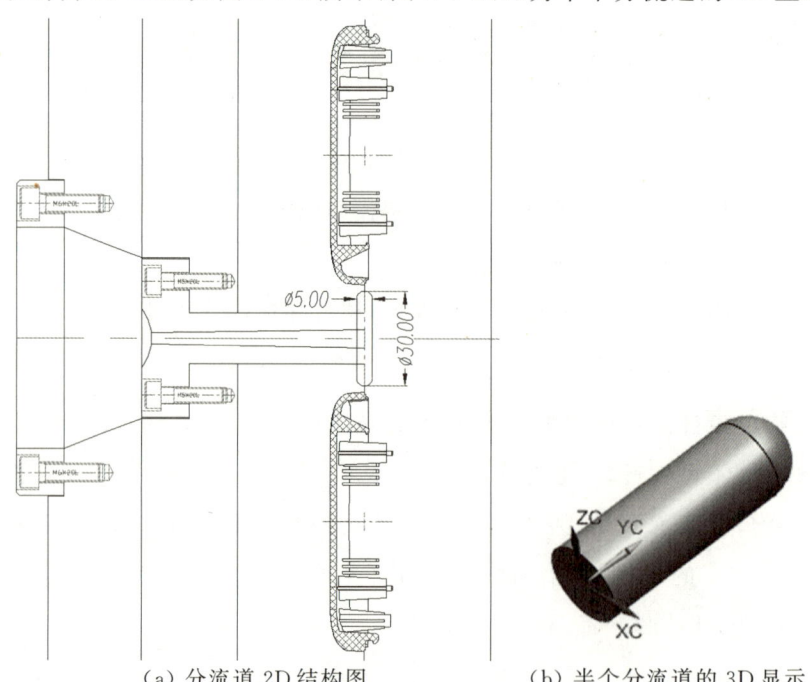

(a) 分流道 2D 结构图　　(b) 半个分流道的 3D 显示

图 2-5-3　分流道形状与尺寸

## 三、潜伏式浇口的设计

在前面的模具设计分析中,本例已确定采用潜伏式浇口,潜伏方式为潜进料片进浇。

潜进料片的设计

**1. 潜进料片的设计**

(1)潜进料片形状和尺寸的确定

本例的潜进料片长度取 8 mm,厚度取 1 mm,宽度取 4 mm,两侧拔模 3°,如图 2-5-4 所示。

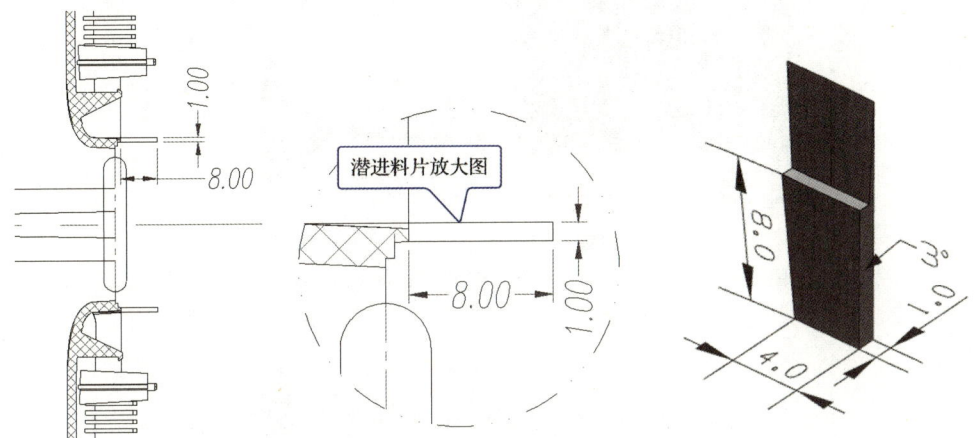

图 2-5-4 潜进料片的形状与尺寸

(2)潜进料片的创建

创建潜进料片的具体操作参看微课视频。

**2. 潜伏式浇口的设计**

(1)潜伏式浇口形状和尺寸的确定

本例潜伏式浇口的形状及尺寸如图 2-5-5 所示。

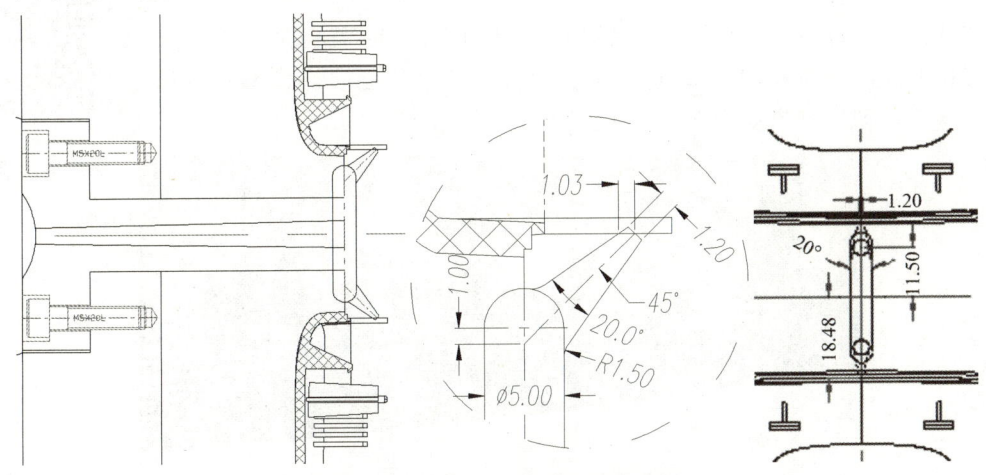

图 2-5-5 潜伏式浇口的形状及尺寸

（2）潜伏式浇口和分流道的设计

确定潜伏式浇口和分流道的形状和尺寸的具体操作参看微课视频，可利用外挂将潜伏式浇口和分流道一起调用，然后做适当处理。潜伏式浇口和分流道的设计参数与调用结果如图 2-5-6 所示。设计完成的潜伏式浇口和潜进料片如图 2-5-7 所示。

潜伏式浇口的设计

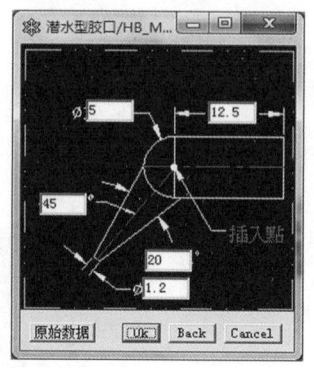
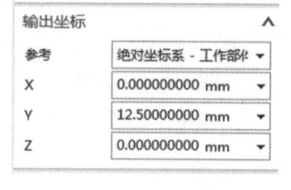
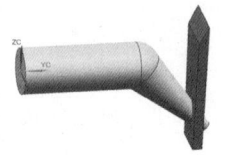

（a）设计参数　　　　（b）调用结果

图 2-5-6　潜伏式浇口和分流道的设计参数与调用结果

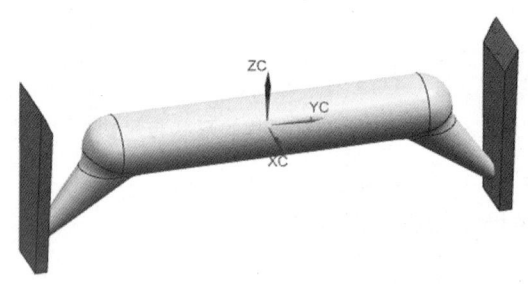

图 2-5-7　设计完成的潜伏式浇口与潜进料片

**3. 剪料位的创建**

产品顶出后，潜进料片是与产品连在一起的，必要时需将其剪除。为方便刀具剪除潜进料片，此处设计一个剪料位。剪料位创建操作参看微课视频。剪料位创建结果如图 2-5-8 所示。

剪料位的创建

图 2-5-8　剪料位创建结果

#### 4. 型芯、型芯大镶件及潜进料片的处理

型芯、型芯大镶件及潜进料片处理的具体操作参看微课视频。

潜伏式浇口动画详见本书配套的数字化资源。

### 四、冷料井的设计

在主流道的末端通常要设计冷料井及拉料杆。拉料杆按结构形状可分为 Z 字形拉料杆、锥形拉料杆和圆头拉料杆等。本例选用锥形拉料杆。实际设计时,可利用外挂调用 $\phi 5$ mm 的推杆作为拉料杆,然后在拉料杆头部按经验值创建冷料井,其尺寸如图 2-5-9 所示。冷料井的设计操作参看微课视频。

冷料井的设计

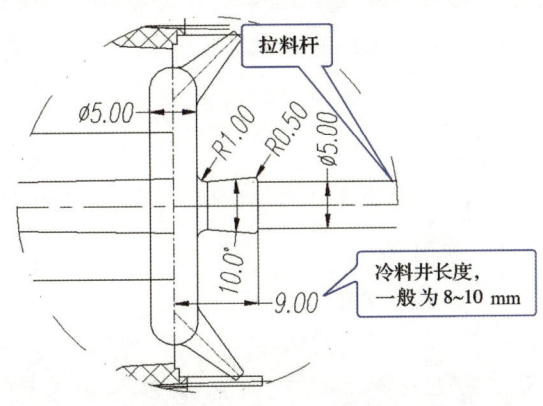

图 2-5-9　冷料井及拉料杆的尺寸

### 五、主流道浇口套与定位环的设计

主流道的设计包括浇口套(唧嘴)和定位环(法兰)的设计。

#### 1. 主流道浇口套的设计

主流道的设计实际上就是调用合适类型和规格的浇口套。

本例为直浇口中型模具,可选用类型为 SBA,规格为 $\phi 16$ mm 的浇口套。设计时可直接从"HB_MOULD"外挂调用合适的浇口套类型。注意浇口套应锁在定模板(A 板)上。如调用过程出错,则需手动处理。浇口套参数如图 2-5-10 所示。调用浇口套的具体操作参看微课视频。

浇口套与定位环的设计

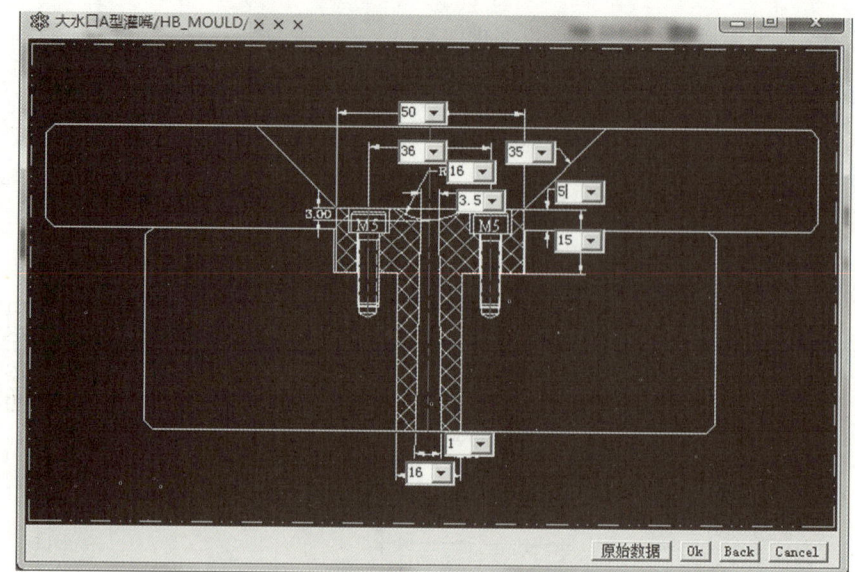

图 2-5-10　浇口套参数

**2. 定位环的设计**

本例选择定位环类型为 LRA,规格为 100,其余参数按默认值即可,如图 2-5-11 所示。定位环设计的具体操作参看微课视频。

将浇注系统的所有组成部分移动至第 20 层。

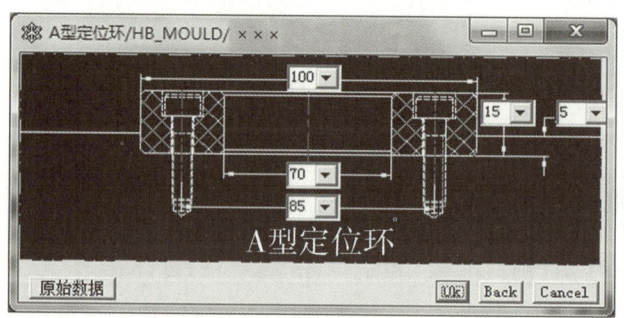

图 2-5-11　定位环参数

## 六、牛角浇口简介

牛角浇口也是一种潜伏式浇口,其主要设计参数如图 2-5-12 所示。

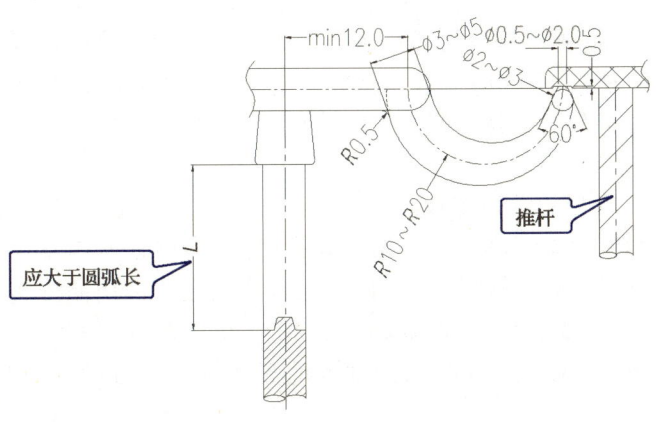

图 2-5-12 牛角浇口的主要设计参数

## 2.6 顶出系统设计

常用的顶出系统有推杆(顶针)顶出、推管(司筒)顶出、推块顶出、推板顶出、斜顶杆(斜顶)顶出等。

本例有斜顶杆机构,且有 2 个柱位,柱位高度均超过 5 mm,所以在柱位处做推管顶出,其余料位处做推杆顶出。

### 一、"火山口"和推管的设计

**1. "火山口"的设计**

为防止产品出现收缩凹陷,通常在螺钉柱位根部做出"火山口"。

由于本例螺钉柱位根部有火箭脚加强筋,且处在一个曲面上,其"火山口"的设计除了调用"HB_MOULD M6.8"外挂,还要调用较多的 UG 命令。"火山口"的设计操作参看微课视频。图 2-6-1 所示为本例"火山口"的主要参数和设计结果,供参考。

"火山口"的设计

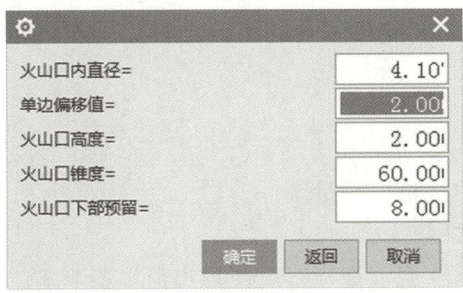

(a) 主要参数　　　　　　(b) 设计结果

图 2-6-1　"火山口"主要参数和设计结果

**2. 推管的设计**

设计推管时,首先要确定推管型芯和推管的大小。本例柱位的内孔直径为 1.91 mm,外径为 4.02 mm,故选用推管型芯直径为 1.9 mm,推管外径为 4.0 mm 的标准推管。柱位的斜角一般在推管上磨出,以保证推管壁的强度。

推管的设计

推管型芯固定于模具的动模座板上。推管型芯直径大小不同,其固定方式也不同。当推管型芯较小时,采用无头螺钉固定;当推管型芯直径大于 8 mm 或多个推管型芯相距较近时,采用压板方式固定。本例的推管型芯直径较小,故采用无头螺钉固定,其规格为 M10×10。

利用"HB_MOULD M6.8"外挂添加推管的具体操作参看微课视频。结果如图 2-6-2 所示。

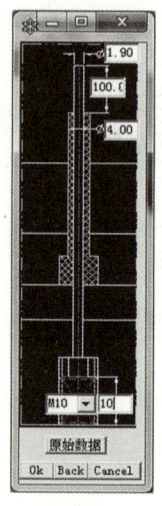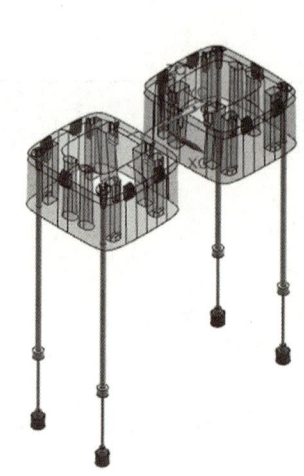

图 2-6-2 添加推管结果

> **注意**
> 如果推管添加后不可见,则打开第 75 层,系统已自动将推管放置在第 75 层。

## 二、推杆的设计

**1. 推杆规格的选用**

推杆的规格由产品的大小确定,推杆的规格应尽量统一。
根据产品大小,本例选用 φ5 mm 的推杆较为合适。
在主流道与分流道交叉处也应布置推杆(流道推杆),以便顶出流道凝料。

**2. 推杆的排布**

推杆排布的原则如下:

(1) 推杆的排布要均匀，以使顶出力平衡。

(2) 推杆应排布于有效部位，如加强筋、柱位、台阶、金属嵌件、局部厚壁等结构复杂部位。

(3) 相邻两推杆的排布间距一般为 20 mm 左右。

(4) 推杆孔边与冷却水道边的间距应最小为 4 mm，与型芯镶件边的间距应最小为 1.5 mm，如图 2-6-3 所示。

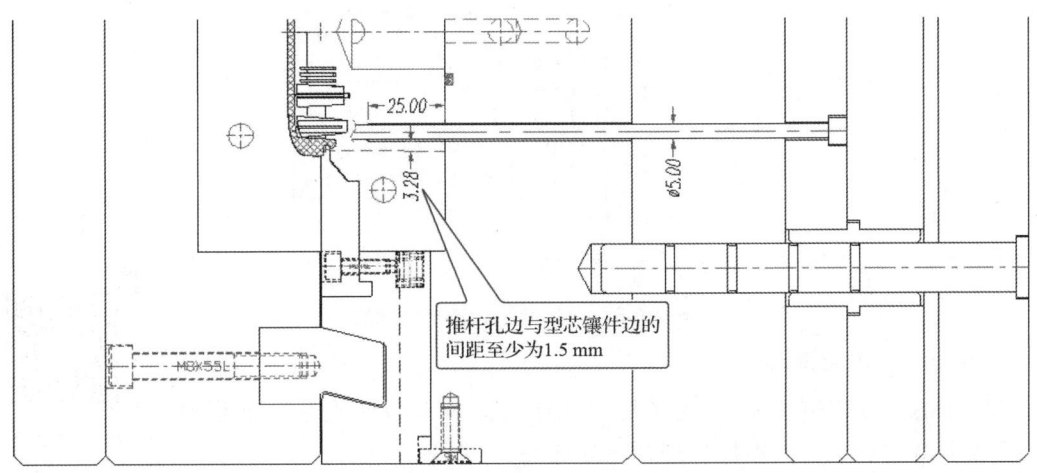

**图 2-6-3　推杆孔边与型芯镶件边的间距要求**

(5) 推杆中心与模具中心的间距应尽可能取整数或最多保留一位小数，以便取数加工。

(6) 当推杆顶在曲面或斜面上时，需做管位，以防止推杆转动。

本例产品已有 2 支斜顶杆和 2 支推管，余下位置布置 9 支推杆即可。本例推杆的排布及位置尺寸（坐标）如图 2-6-4 所示，坐标原点处为流道推杆。

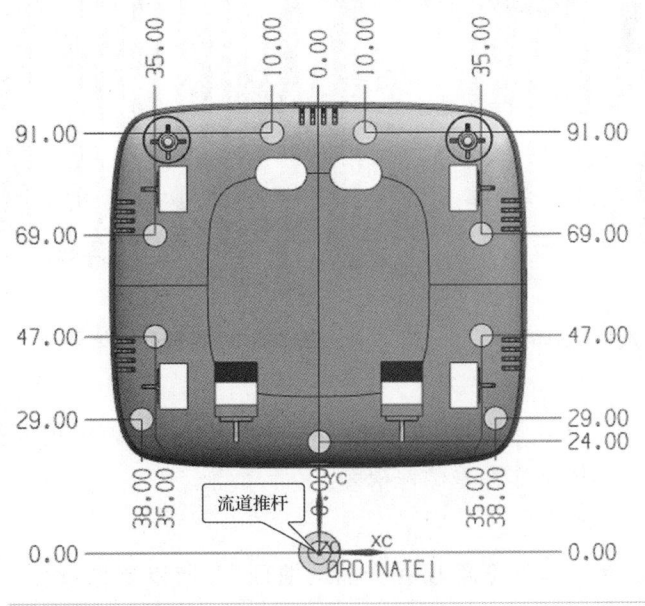

**图 2-6-4　推杆的排布及位置尺寸（坐标）**

### 3. 拉料杆的设计

本例在主流道末端将冷料井设计成倒锥形,起拉料作用,已在浇注系统设计时完成。因此本例的拉料杆实际上是 1 支流道推杆。它的直径一般与分流道直径相同,本例选为 $\phi5$ mm,如图 2-6-5 所示,其位置在坐标原点处。

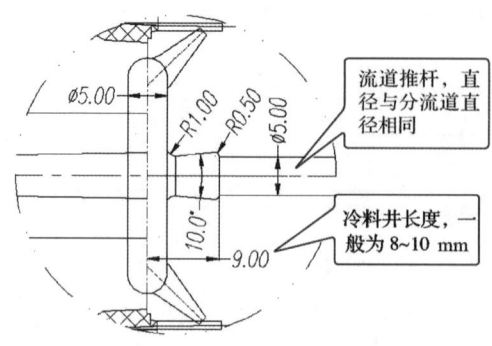

图 2-6-5　冷料井及流道推杆尺寸

### 4. 推杆的调用与处理

调用推杆与调用推管的方法类似。具体操作参看微课视频。推杆添加结果如图 2-6-6 所示。推杆处理结果如图 2-6-7 所示。

推杆的调用与处理

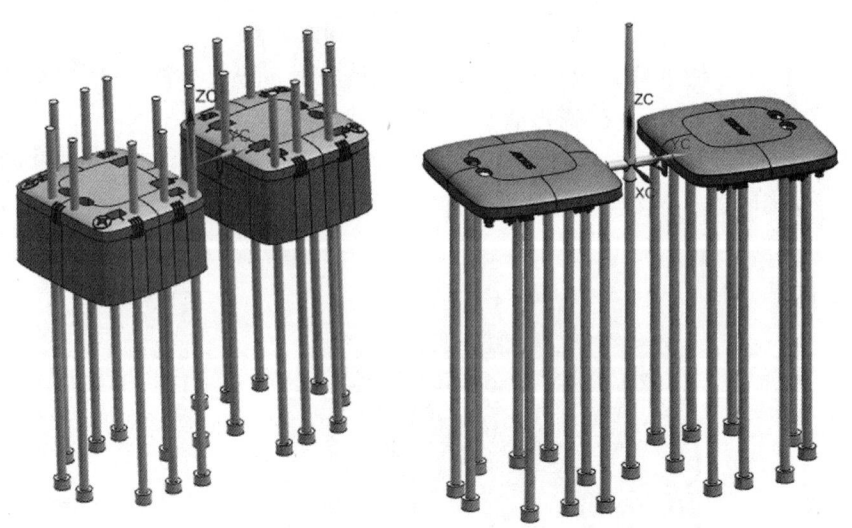

图 2-6-6　推杆添加结果　　图 2-6-7　推杆处理结果

### 5. 推杆的避空

利用"HB_MOULD M6.8"外挂完成推杆与动模板、推杆固定板的避空,避空值为 1 mm。具体操作参看微课视频。

### 6. 推杆定位

本例每个产品的 9 支推杆全部顶在产品的曲面上,所以要做管位,以防止推杆转动。利用"HB_MOULD M6.8"外挂完成推杆定位的设计,如图 2-6-8 所示。具体操作参看微课视频。

推杆、推管及相关零件的处理

将推杆移动至第 70 层。

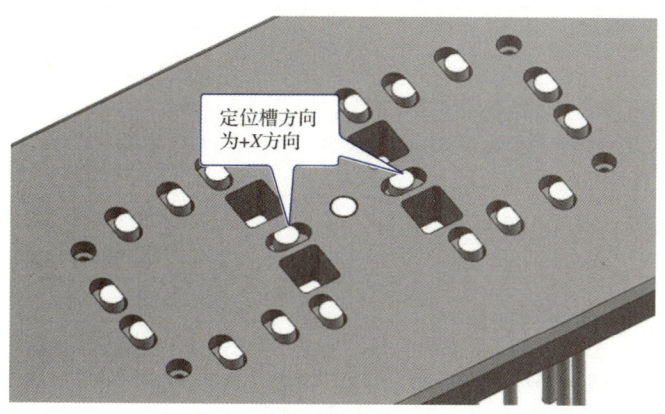

图 2-6-8　推杆定位

### 三、推板(推块)顶出简介

当塑件内侧不适合布置推杆,而塑件又较深时,可以采用推板顶出。当不能顶整周时,可以采用推块顶出。推板顶出和推块顶出的原理实质上是一样的。

推板(推块)顶出的设计参数如图 2-6-9 所示。设计推板(推块)顶出时要注意以下两点:

(1)内侧镶件与推板(推块)接触处应做 3°～5°的斜度,以减小磨损。

(2)推板(推块)内侧与型芯应有 0.2～0.3 mm 的间距,以防损伤型芯。

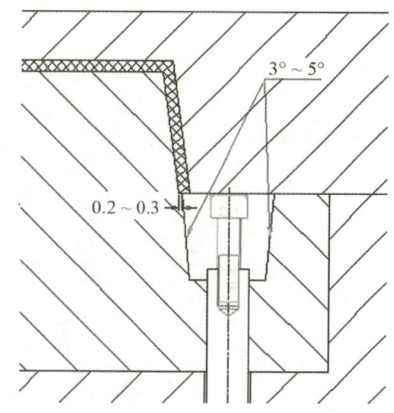

图 2-6-9　推板(推块)顶出的设计参数

## 2.7　冷却系统设计

冷却系统的冷却形式有直通式、循环式、水井式等多种。本例采用循环式和水井式冷却系统。设计冷却水道时,通常冷却水道边与镶件边、斜顶杆边、螺钉孔边、推杆边的间距最小为 4 mm。冷却水道边不能与产品料位距离太近,一般取 10～15 mm。冷却水道中心与型腔、型芯边的间距不小于 12 mm,常取整数。常用的冷却水道规格有 $\phi 6.0$ mm、$\phi 8.0$ mm、$\phi 10.0$ mm、$\phi 14.0$ mm,具体选用可根据型腔、型芯的大小来确定。本例选用 $\phi 8.0$ mm 的冷却水道。与 $\phi 6.0$ mm 对应的水管接头为 $1/8''$;与 $\phi 8.0$ mm 和 $\phi 10.0$ mm 对应的水管接头为 $1/4''$;与 $\phi 12.0$ mm 对应的水管接头为 $3/8''$。

> **注意**
>
> 冷却水道的进出口尽量设计在非操作侧,尽量避免设计在天侧和地侧。

## 一、定模循环式冷却系统的设计

**1. 定模冷却水道的确定与调用**

本例定模采用 2 组循环式冷却水道,每腔 1 组。根据冷却水道的设计原则,可以确定定模冷却系统的形状和设计参数,如图 2-7-1 所示。利用"HB_MOULD M6.8"外挂调用定模冷却系统,其具体操作参看微课视频。

定模循环式冷却系统的设计

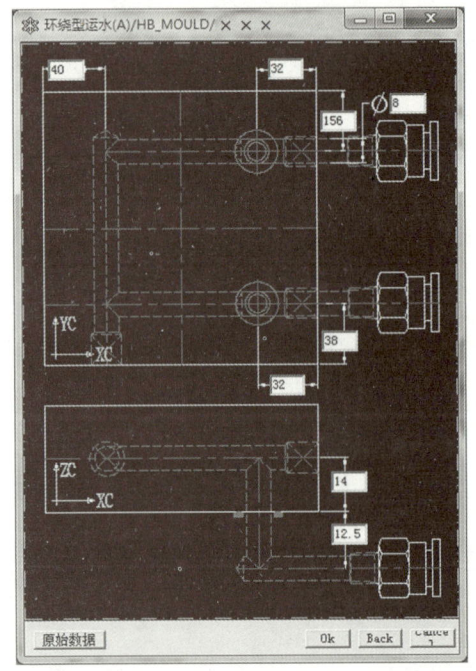
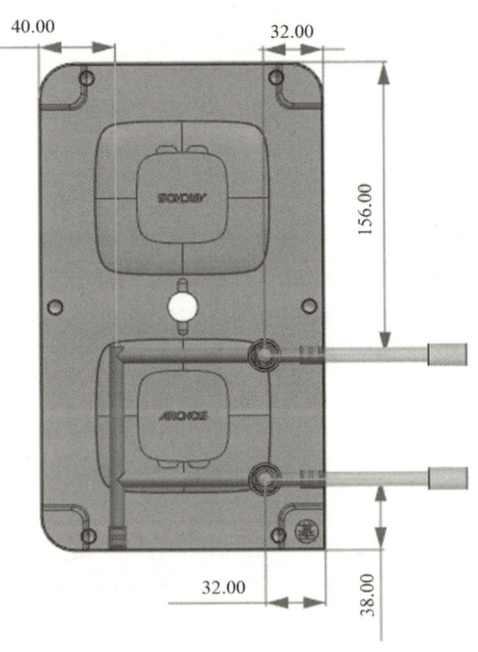
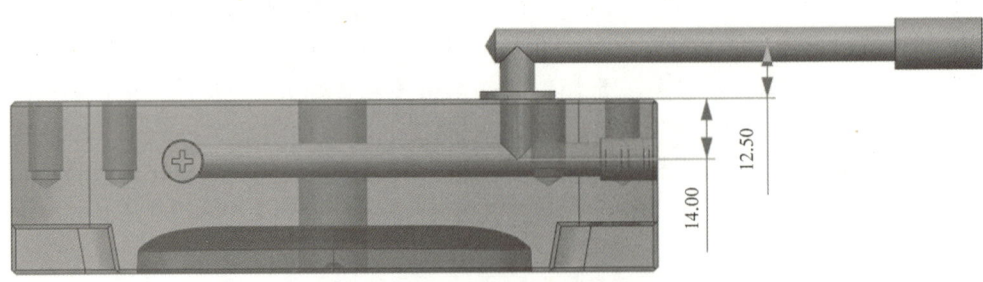

图 2-7-1　定模冷却系统的形状和设计参数

**2. 在定模板上添加水管接头**

水管接头规格选为 1/4″。具体操作参看微课视频。

## 二、动模循环式冷却系统的设计

**1. 动模冷却水道的确定与调用**

本例动模采用 1 组循环式冷却水道。根据冷却水道的设计原则,可以确定动模冷却系统的形状和设计参数,如图 2-7-2 所示。利用"HB_MOULD M6.8"外挂调用动模冷却系统,具体操作参看微课视频。动模冷却系统的调用结果如图 2-7-3 所示。

动模循环式冷却系统的设计

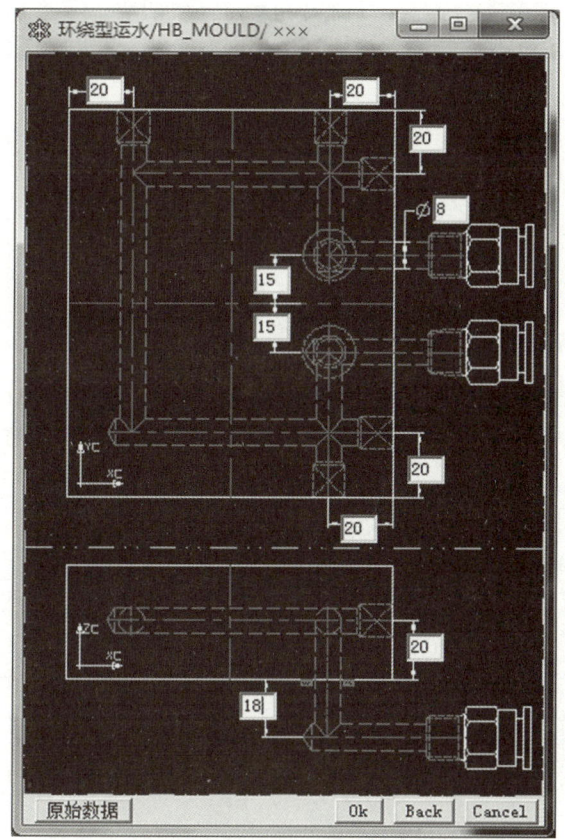

图 2-7-2 动模冷却系统的形状和设计参数

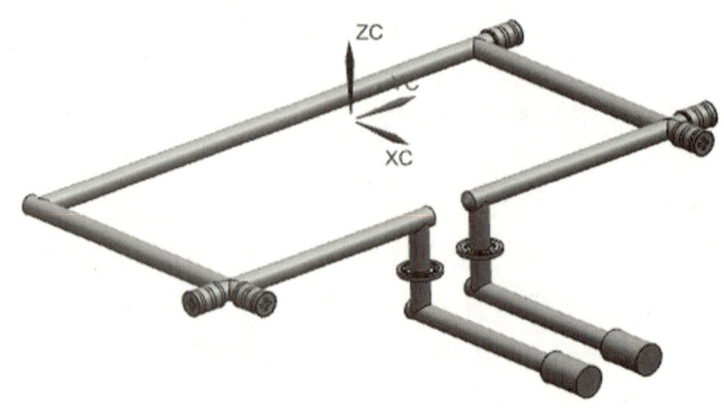

图 2-7-3　动模冷却系统的调用结果

**2. 在动模板上添加水管接头**

水管接头规格选为 1/4"。具体操作参看微课视频。

## 三、动模水井式冷却系统的设计

为了充分冷却,动模部分除了设计 1 个大循环水道外,在 2 个型芯大镶件中心再分别设计 1 个冷却水井,构成动模水井式冷却系统。

**1. 冷却水井的结构参数**

冷却水井的结构参数如图 2-7-4 所示。

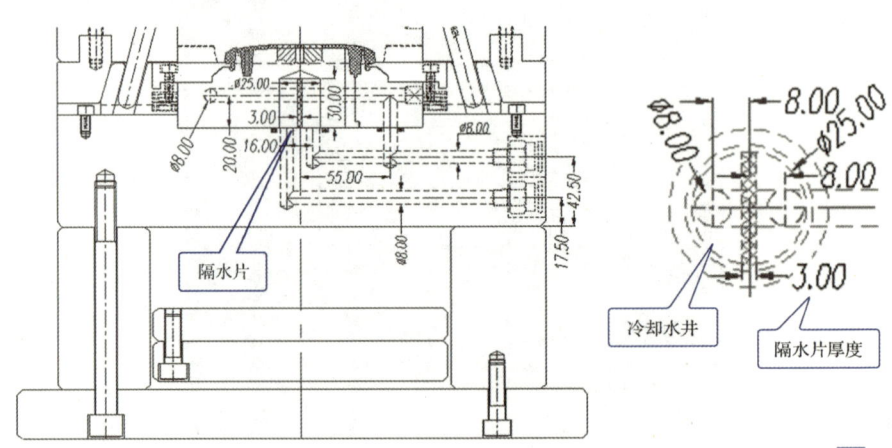

图 2-7-4　冷却水井的结构参数

**2. 水井式冷却系统的设计**

水井式冷却系统设计的具体操作参看微课视频。动模水井式冷却系统主要参数如图 2-7-5 所示。型号为 P31 的 O 形防水圈参数如图 2-7-6 所示。

动模水井式冷却系统的设计

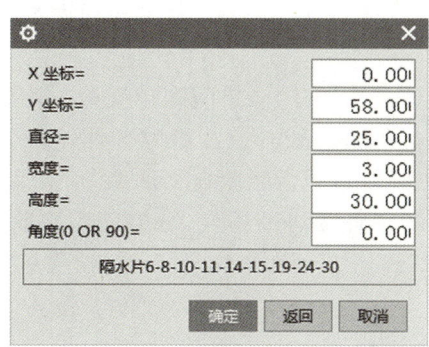
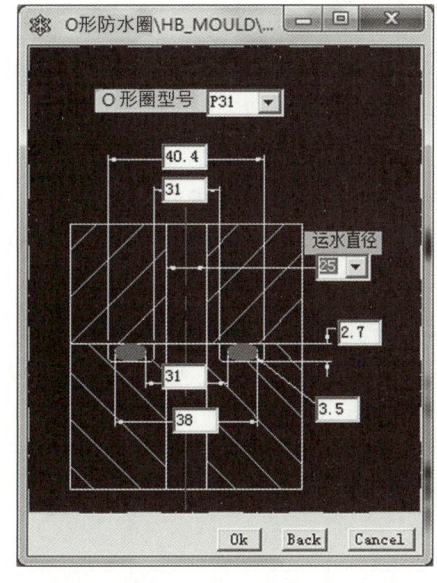

图 2-7-5 动模水井式冷却系统主要参数　　　图 2-7-6 O 形防水圈参数

**3. 在动模板上创建水井的进出水通道**

在动模上创建水井进出水通道的具体操作参看微课视频。一腔的水井式冷却系统设计结果如图 2-7-7 所示。

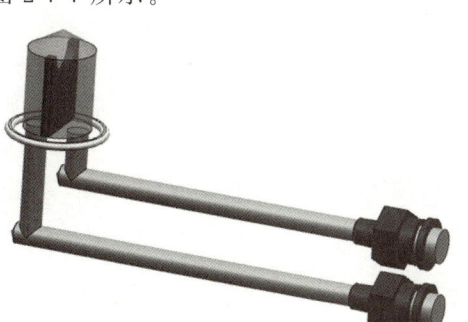

图 2-7-7 一腔的水井式冷却系统设计结果

**4. 另一腔水井式冷却系统的设计**

调用"镜像几何体"命令,将前面创建完成的一腔水井式冷却系统镜像,得到另一腔,并对动模板和另一腔的型芯大镶件做适当处理,完成动模水井式冷却系统的设计。具体操作参看微课视频。

将定模冷却系统移动至第 19 层,将动模冷却系统(包括循环式和水井式)移动至第 29 层。

## 2.8 排气系统设计

模具内气体不仅包括型腔里的空气,还包括流道里的空气和塑料熔体分解产生的气体。在注塑时,这些气体都应顺利地排出。如果气体不能顺利排出,模具将会充填困难或局部飞边,严重时产品表面会产生焦痕。

常用的排气方法有利用分型面排气、利用推杆排气、利用镶拼间隙排气等。若以上方法不能将模具内的气体顺利排出,则要开排气槽。排气槽一般开设在型腔一侧。若分型面为平面,一般无须在模具结构图上绘出排气槽,钳工师傅会凭借经验自行加工。

本例已设计了一个大镶件,又有推杆、推管、斜顶杆等协助排气,分型面为平面,故可不必设计排气槽。

## 2.9 模具标准件设计

标准件主要包括顶棍孔、支撑柱、限位块、弹簧、限位钉、紧固螺钉等。

### 一、顶棍孔的设计

顶棍孔俗称 KO 孔,是注塑机顶棍穿过动模座板的通孔。顶棍孔通常处于模具中心,如果模具浇口套偏心,则顶棍孔也要跟着一起偏移。

本例模架规格为3040,故顶棍孔选用规格为 $\phi 40$ mm,数量为1,开设在动模座板的中心,已在调用标准模架时调出。

### 二、支撑柱的设计

支撑柱的设计

支撑柱俗称撑头,其作用是防止动模板在注射压力作用下发生弯曲变形。支撑柱一般为圆柱体,常用规格有 $\phi 25$ mm、$\phi 30$ mm、$\phi 35$ mm、$\phi 40$ mm、$\phi 45$ mm、$\phi 50$ mm 等,在空间足够时,支撑柱直径应尽量大,且尽量取相同直径。

支撑柱的布置应尽量靠近模具中心,并注意避开顶棍孔、推杆、弹簧、推板导柱、斜顶座等,且布置要匀称。支撑柱的避空孔边与推杆固定板边的间距应最小为 8 mm。支撑柱应高出垫块 0.1~0.2 mm。

本例根据模具的空间大小,可布置 4 根 $\phi 40$ mm 的支撑柱。设计时可利用"HB_MOULD M6.8"外挂对其进行调用,支撑柱的紧固螺钉规格选用 M10。支撑柱的大小、位置尺寸及设计结果如图 2-9-1 所示。具体操作参看微课视频。

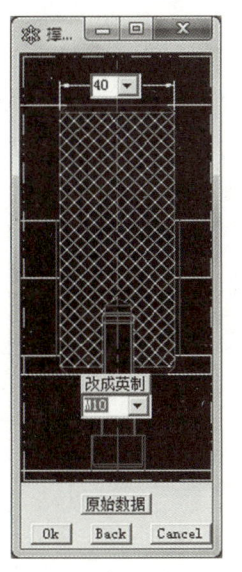

图 2-9-1　支撑柱的大小、位置尺寸及设计结果

## 三、推板导柱的设计

推板导柱俗称中托司。本例模具有推管顶出机构和斜顶杆机构,所以应设计推板导柱。推板导柱的直径可与复位杆直径相同,位置可根据模具结构确定。

本例已在调用标准模架时直接调用了标准推板导柱,共 4 套。

## 四、限位块的设计

限位块的设计

限位块的作用是限制顶出行程。顶出行程一般为产品总高度加 10~15 mm。本例在设计斜顶杆机构时已经设定顶出行程为 30 mm,顶出空间长度为 50 mm,故限位块的高度＝顶出空间长度－顶出行程＝(50－30)mm＝20 mm。

限位块通常为圆柱体,其常用规格有 $\phi15$ mm、$\phi20$ mm、$\phi30$ mm 等。本例选用 $\phi20$ mm,如图 2-9-2 所示。中小型模具布置 2 个限位块即可。设置限位块的位置时,要尽量靠近模具中心,且布置要匀称,避开推杆、支撑柱、斜顶座等。

本例的限位块布置在每个产品中心位置的正下方,用规格为 M6 的紧固螺钉锁紧在推杆固定板(顶针面板)上,可利用"HB_MOULD M6.8"外挂进行调用,调用参数和结果如图 2-9-3 所示。限位块设计的具体操作参看微课视频。

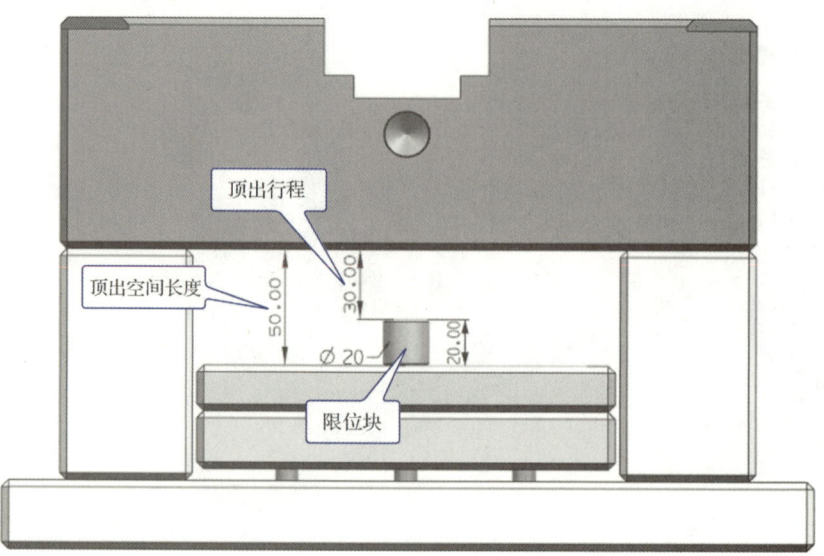

图 2-9-2　限位块的设计参数

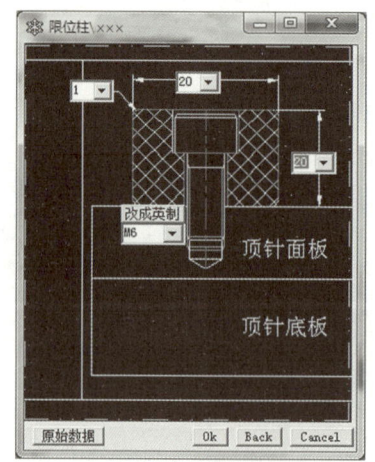

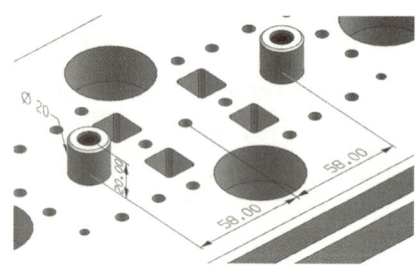

图 2-9-3　限位块的调用参数和结果

### 五、复位弹簧的设计

复位弹簧的作用是使顶出机构复位。模具尺寸较小时,一般可将复位弹簧安装在复位杆上。复位弹簧的内径应等于或略大于复位杆的直径。

**复位弹簧的设计**

本例复位杆直径为 20 mm,根据弹簧的标准,应选用内径为 20 mm 的弹簧。复位弹簧长度的计算方法如下:

$$压缩比=(总行程+预压量)/复位弹簧自由长度$$

预压量通常为 10~15 mm,本例取 10 mm。压缩比通常为 0.35~0.5。前面已确定复位弹簧行程(顶出行程)为 30 mm,则复位弹簧自由长度=(总行程+预压量)/压缩比=(30+10)mm/(0.35~0.5)=80~114.3 mm。

根据复位弹簧标准,取复位弹簧自由长度为 100 mm。复位弹簧类型为轻载荷(蓝),规格为 TL 40×20×100。如图 2-9-4 所示,复位弹簧伸入动模板的长度=复位弹簧自由长度-预压量-顶出空间长度=(100-10-50)mm=40 mm。

复位弹簧压缩比验证:压缩比=(总行程+预压量)/复位弹簧自由长度=(30+10)mm/100 mm=0.4,压缩比在规定范围内,符合设计要求。

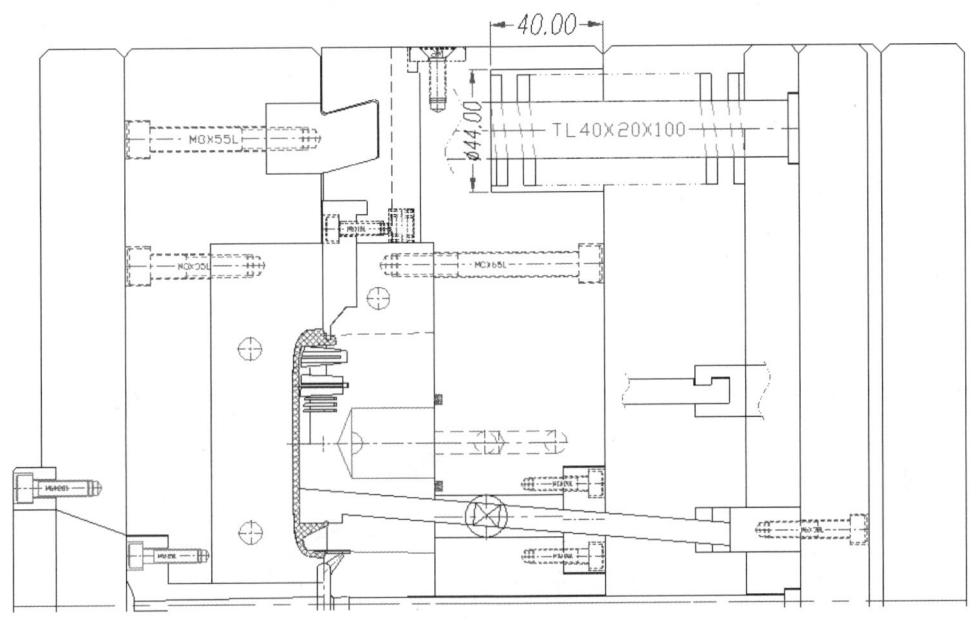

图 2-9-4　复位弹簧伸入动模板的长度

利用"HB_MOULD M6.8"外挂调用复位弹簧,直接套在 4 根复位杆上,设计参数和添加结果如图 2-9-5 所示。

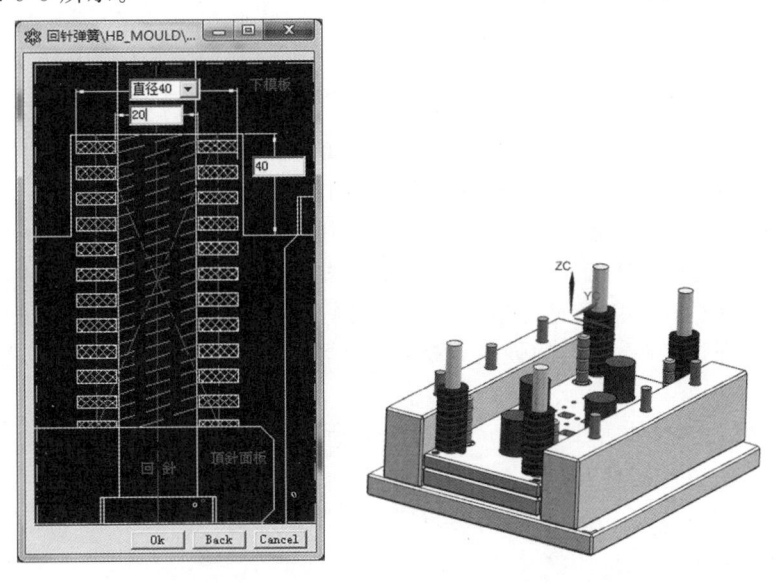

(a)设计参数　　　　　　　(b)添加结果

图 2-9-5　复位弹簧的设计参数和添加结果

## 六、限位钉的设计

限位钉的作用是减小推板与动模座板的接触面积,防止杂物、塑料碎屑等使推板复位不准确,避免造成产品缺陷。

### 1. 限位钉的规格及数量的确定

限位钉的常用规格有 φ16 mm、φ20 mm、φ30 mm 等,具体选用规格由模具的大小确定。本例为中小型模具,选用 φ20 mm 的限位钉。限位钉的数量也由模具的大小确定,通常相邻限位钉的间距为 100 mm 左右。本例的模架规格为 3040,可布置 8 个限位钉。限位钉规格选用 M6。

### 2. 限位钉的位置确定

当限位钉数量为 4 时,限位钉都布置在复位杆的正下方;当限位钉数量超过 4 时,4 个限位钉布置在复位杆正下方,其余几个尽量均匀布置在推板的下面,要注意避开支撑柱、推管型芯、推板导柱等。

### 3. 限位钉的添加

利用"HB_MOULD M6.8"外挂调用限位钉,限位钉的位置尺寸及调用结果如图 2-9-6 所示。具体操作参看微课视频。

限位钉的设计

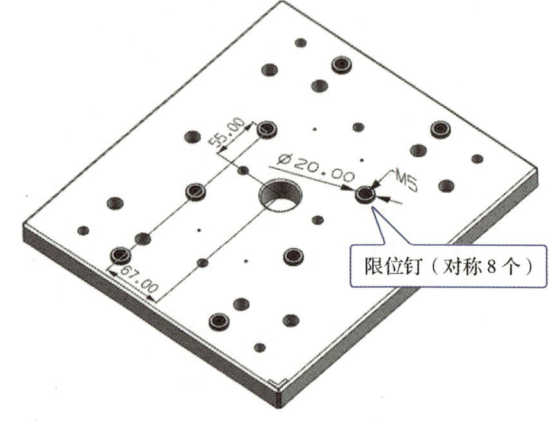

图 2-9-6 限位钉的位置尺寸及调用结果

## 七、型腔、型芯紧固螺钉的设计

### 1. 紧固螺钉大小和位置的确定

紧固螺钉的大小依据型腔、型芯的大小而定。当型腔、型芯尺寸小于 150 mm 时,一般用 M6 或 M8 的紧固螺钉。当型腔、型芯尺寸为 150~300 mm 时,一般用 M8 或 M10 的紧固螺钉。当型腔、型芯尺寸大于 300 mm 时,一般用 M12 的紧固螺钉。锁定型腔、型芯的紧固螺钉规格最小要用 M6。紧固螺钉的数量也是依据型腔、型芯的大小来确定的,一般螺钉中心距为 100 mm 左右。在确定紧固螺钉位置时,要注意避开冷却系统,冷却水道边与螺钉孔边的间距最小为 4 mm,以防钻穿冷却水道。螺钉孔边与型腔、型芯边的间距最小为螺钉孔直径的 1/2,以保证型腔、型芯的强度。螺钉孔中心与型腔、型芯边的间距通常取整数,以方便模具的加工。

本例型腔、型芯的尺寸为 150 mm×260 mm,所以紧固螺钉规格选用 M8,数量为 6。紧固螺钉应首先考虑布置在型腔、型芯的 4 个角方向,锁紧力才能平衡。本例型腔、型芯长度超过 200 mm,故中间再布置 2 个紧固螺钉。

### 2. 型腔紧固螺钉的设计

利用"HB_MOULD M6.8"的"快速螺丝"命令调用型腔的紧固螺钉。型腔紧固螺钉位置尺寸及调用结果如图 2-9-7 所示。具体操作参看微课

型腔与型芯紧固螺钉的设计

视频。

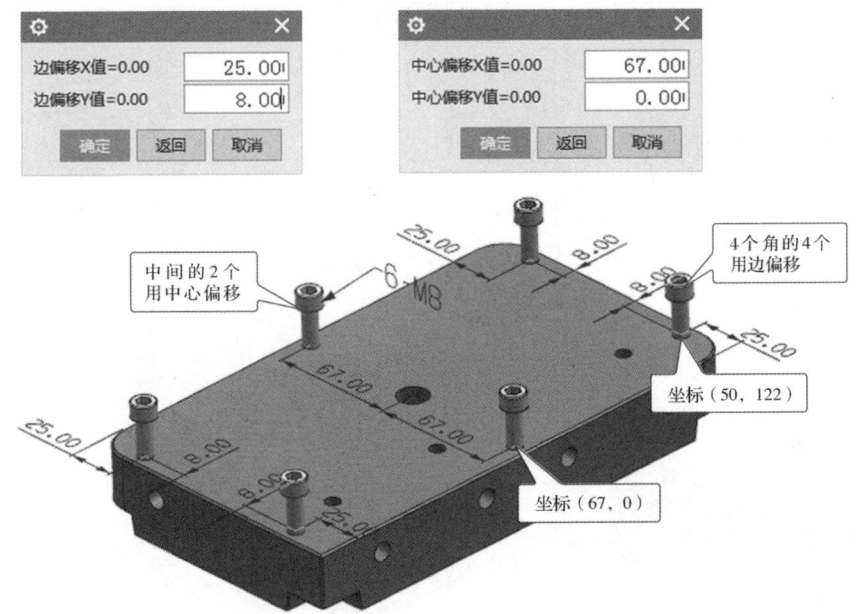

图 2-9-7 型腔紧固螺钉的位置尺寸及调用结果

**3. 型芯紧固螺钉的设计**

利用"HB_MOULD M6.8"的"快速螺丝"命令调用型芯的紧固螺钉。型芯紧固螺钉位置尺寸及调用结果如图 2-9-8 所示。具体操作参看微课视频。

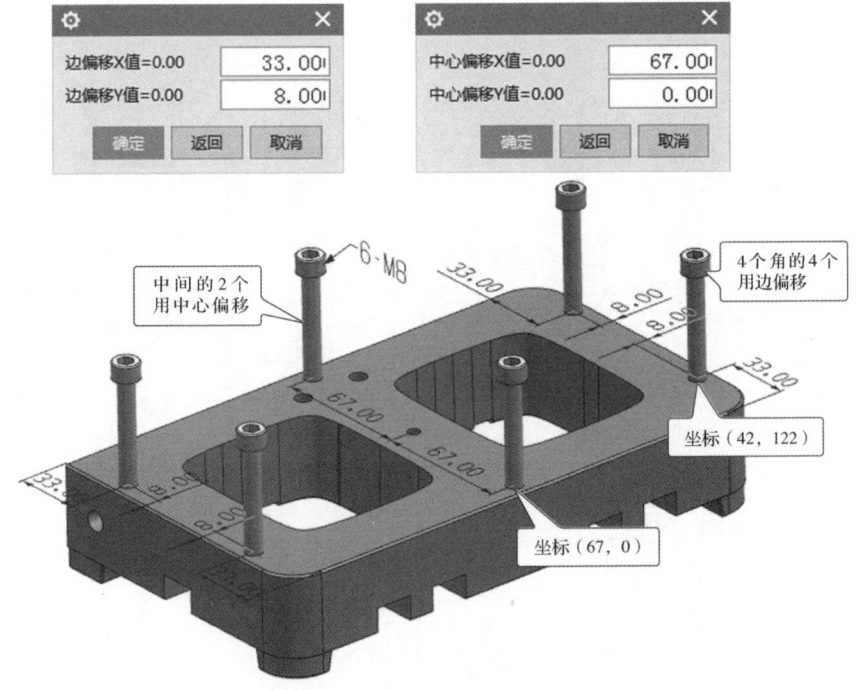

图 2-9-8 型芯紧固螺钉的位置尺寸及调用结果

## 2.10 模具总装图设计

### 一、3D 模具总装图

经过模具各系统和滑块机构、斜顶杆机构等结构的设计,本例的 3D 模具结构已设计完成。整套模具的定模部分和动模部分 3D 效果分别如图 2-10-1 和图 2-10-2 所示。

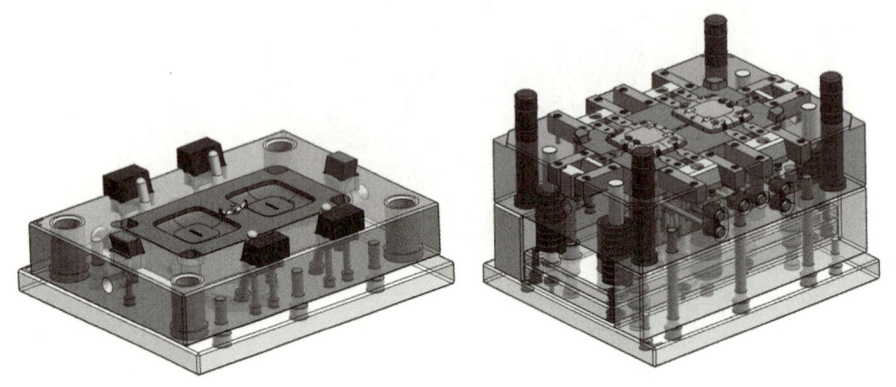

图 2-10-1　定模部分 3D 效果　　　　图 2-10-2　动模部分 3D 效果

### 二、2D 模具总装图的绘制

参照实例 1 的 2D 模具总装图的绘制方法,可在 UG 的"制图"模块初步绘制本例的 2D 模具总装图,如图 2-10-3 所示。

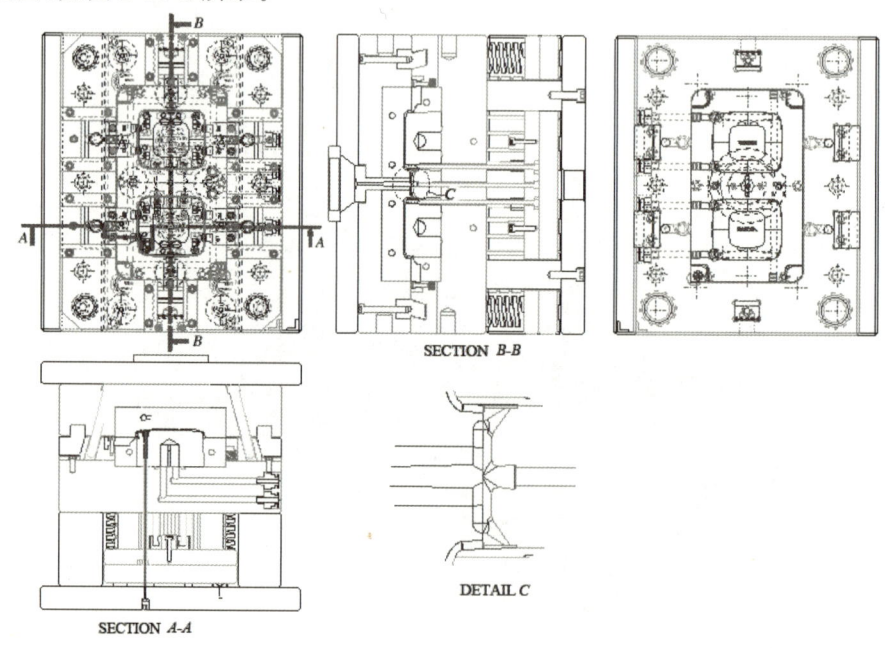

图 2-10-3　初步绘制 2D 模具总装图

## 三、2D 模具总装图的标注

此小节主要说明 2D 模具总装图的标注要求。

### 1. 动、定模视图中的尺寸标注

按行业习惯,通常分别以定模视图和动模视图的中心为坐标系原点,采用坐标标注的方式,分别对定模视图和动模视图进行尺寸标注。重点标注设计的结构元素,除模架的外形尺寸,模架原有的其他结构元素不必标注。

### 2. 剖视图中的尺寸标注

按行业习惯,正剖视图和侧剖视图通常采用线性标注的方式进行尺寸标注。主要标注各模板的厚度、型腔的厚度、型芯的厚度、滑块机构相关尺寸、斜顶杆机构相关尺寸、浇口套尺寸、浇口尺寸、顶出行程、弹簧相关尺寸、限位尺寸、冷却水道的大小及位置尺寸等。

各视图的尺寸标注结果可参看最终的 2D 模具总装图。

### 3. 浇口局部放大图及尺寸标注

为了清晰表达浇口的形状,同时也为了便于浇口尺寸的标注,通常对浇口部位单独绘制一个局部放大图,并在局部放大图上标注浇口的尺寸。

本例浇口局部放大图及尺寸标注结果可参看最终的 2D 模具总装图。

## 四、明细表、标题栏、技术要求的编写

本例明细表、标题栏、技术要求的编写可参看最终的 2D 模具总装图。

## 五、完整的 2D 模具总装图

经编辑、修改和整理后,整套模具设计完成的 2D 模具总装图如图 2-10-4 所示。

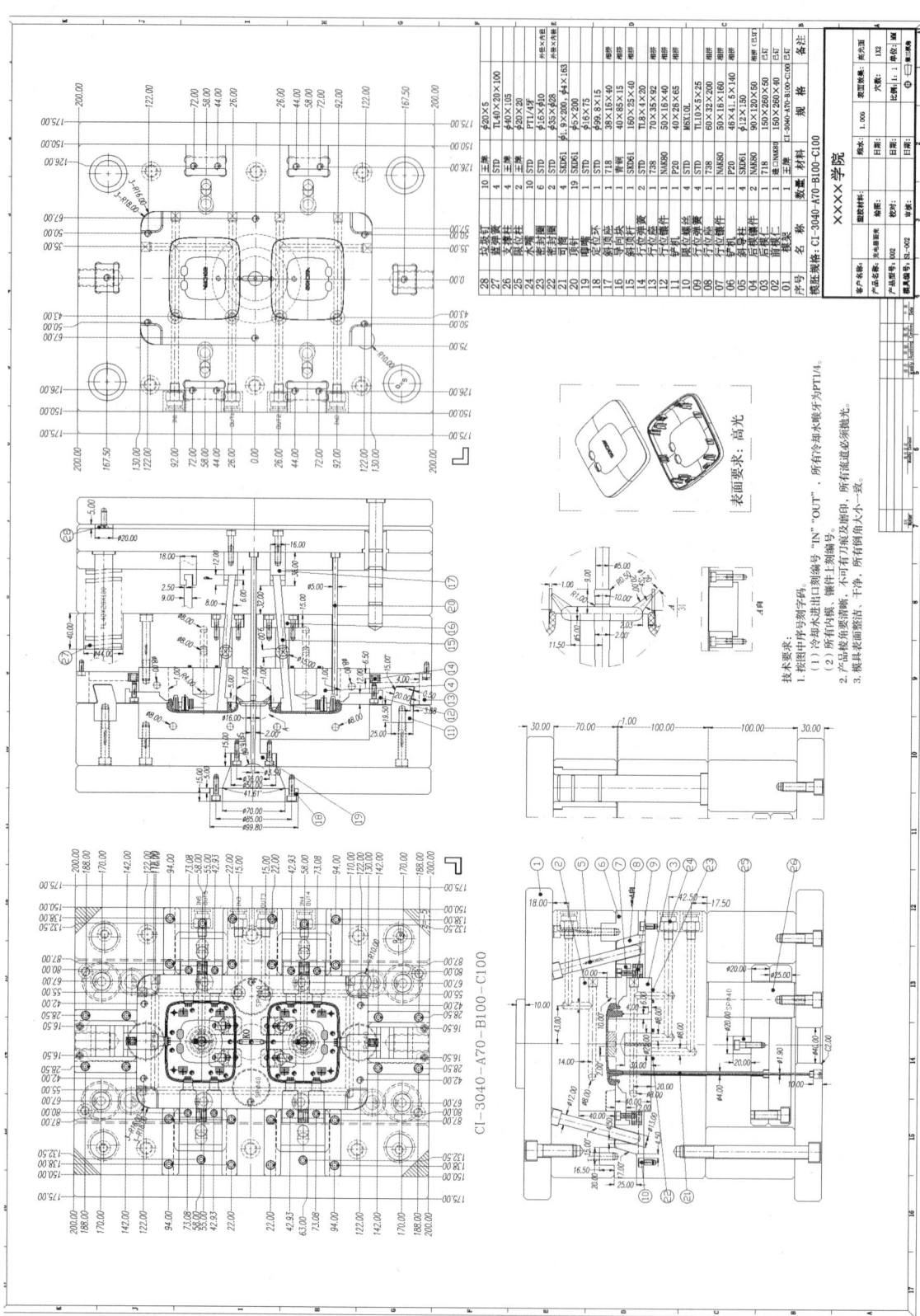

图2-10-4 2D模具总装图

## 2.11 模具零件图设计

完成 3D 模具设计后,即可出模具零件图,出图方法参照实例 1。图 2-11-1～图 2-11-13 为本例具有代表性的模具零件图及线割图,供参考。全部零件的零件图及线割图可参看配套资源中关于本例的完整文件。

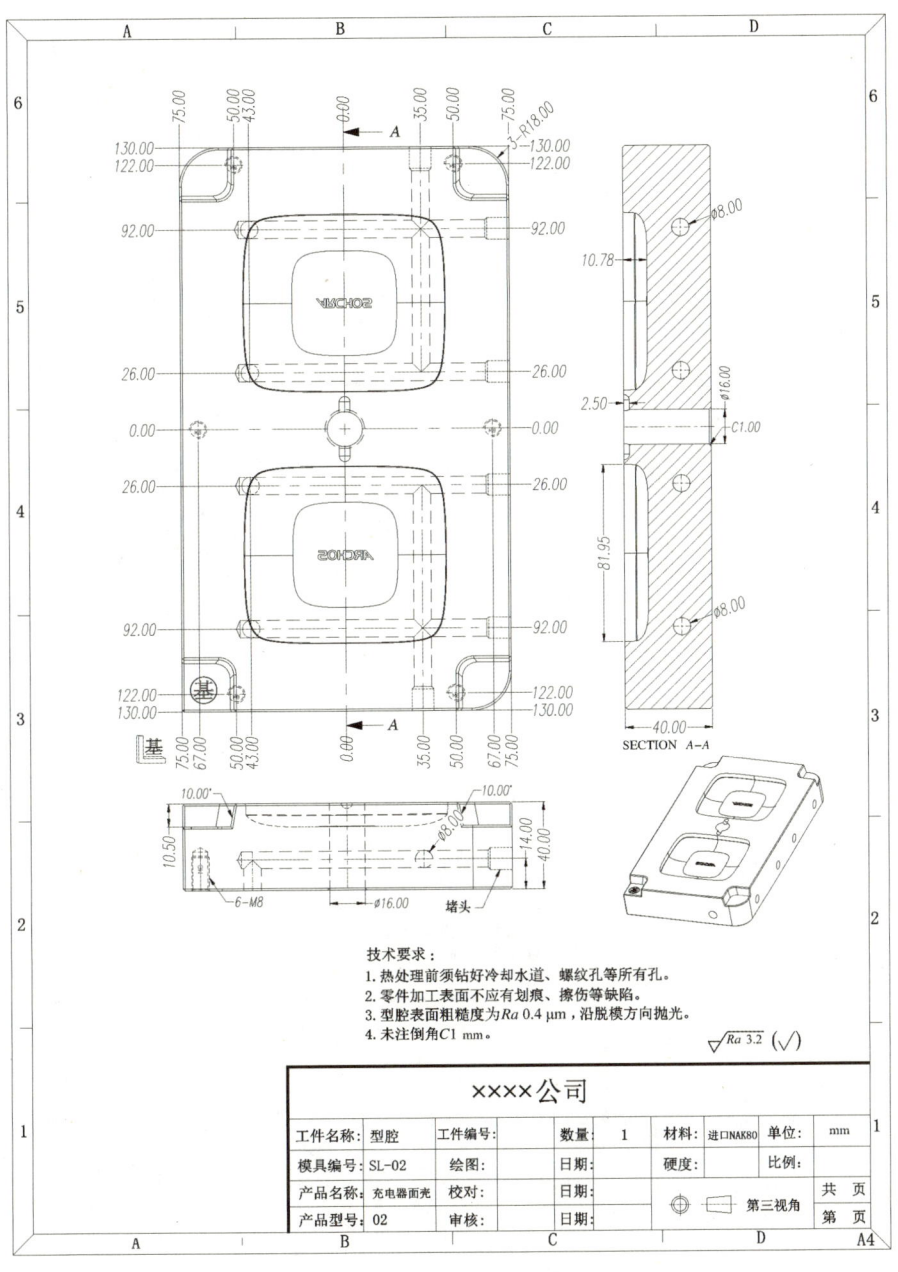

图 2-11-1 型腔零件图

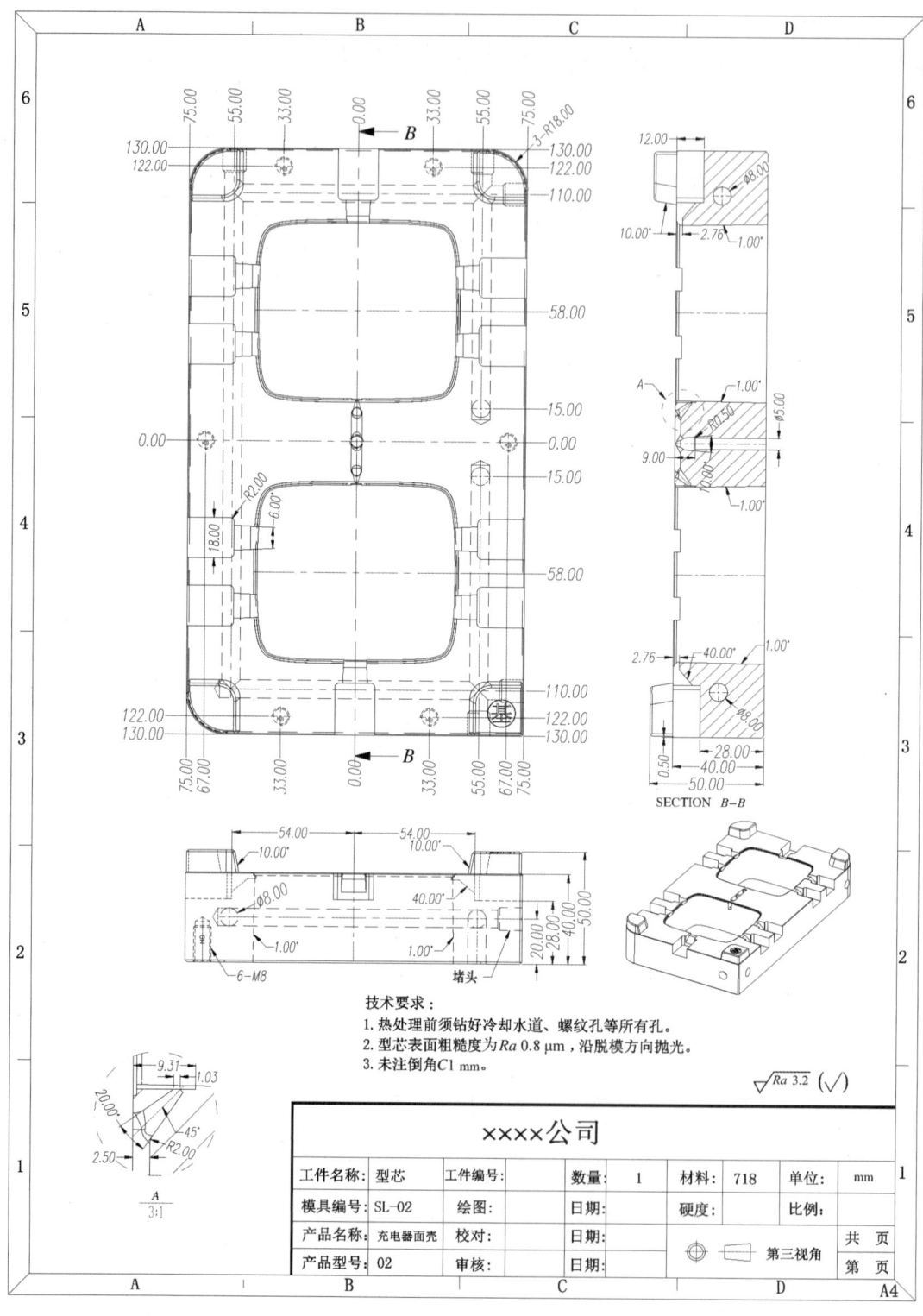

图 2-11-2 型芯零件图

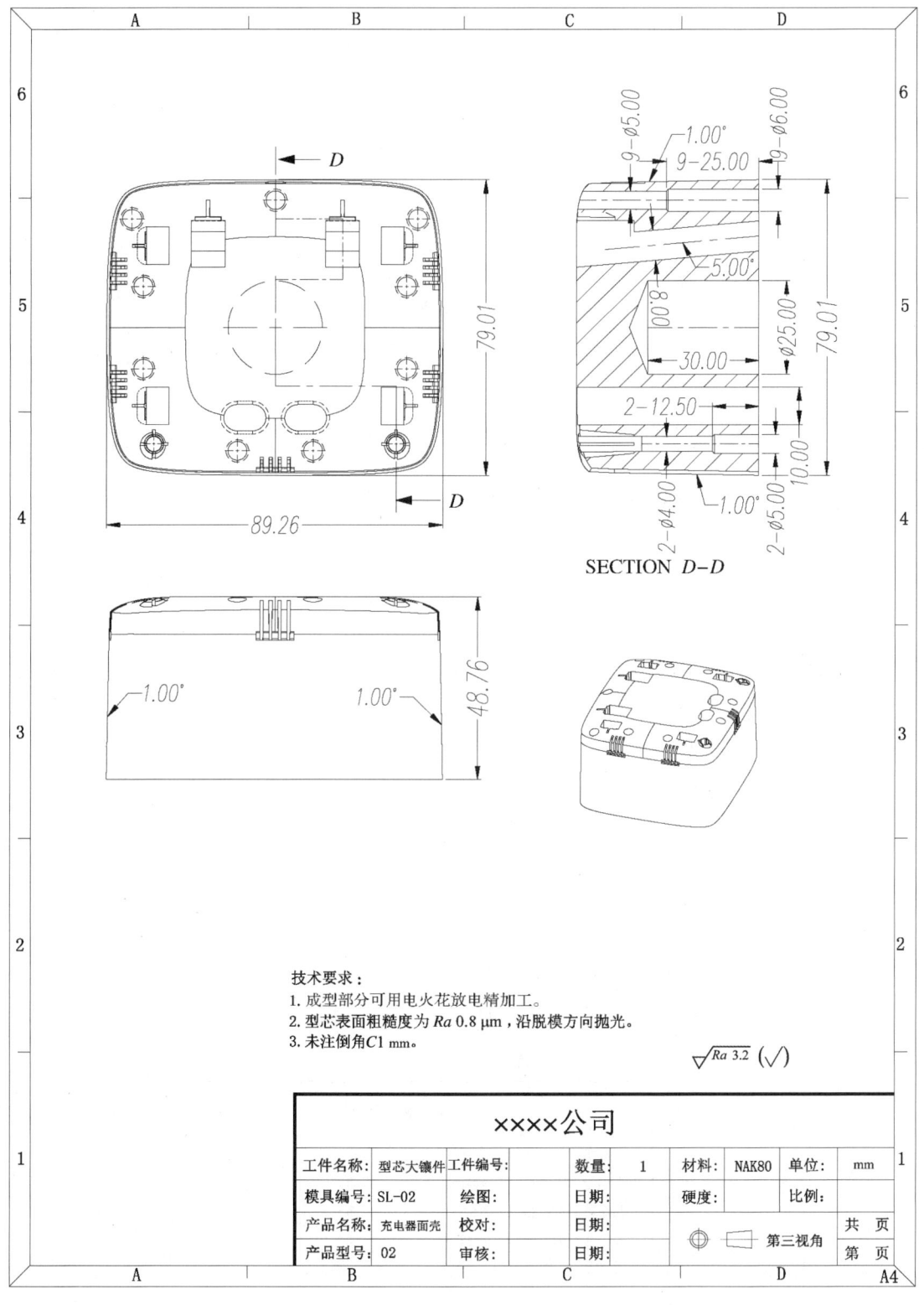

图 2-11-3　型芯大镶件零件图

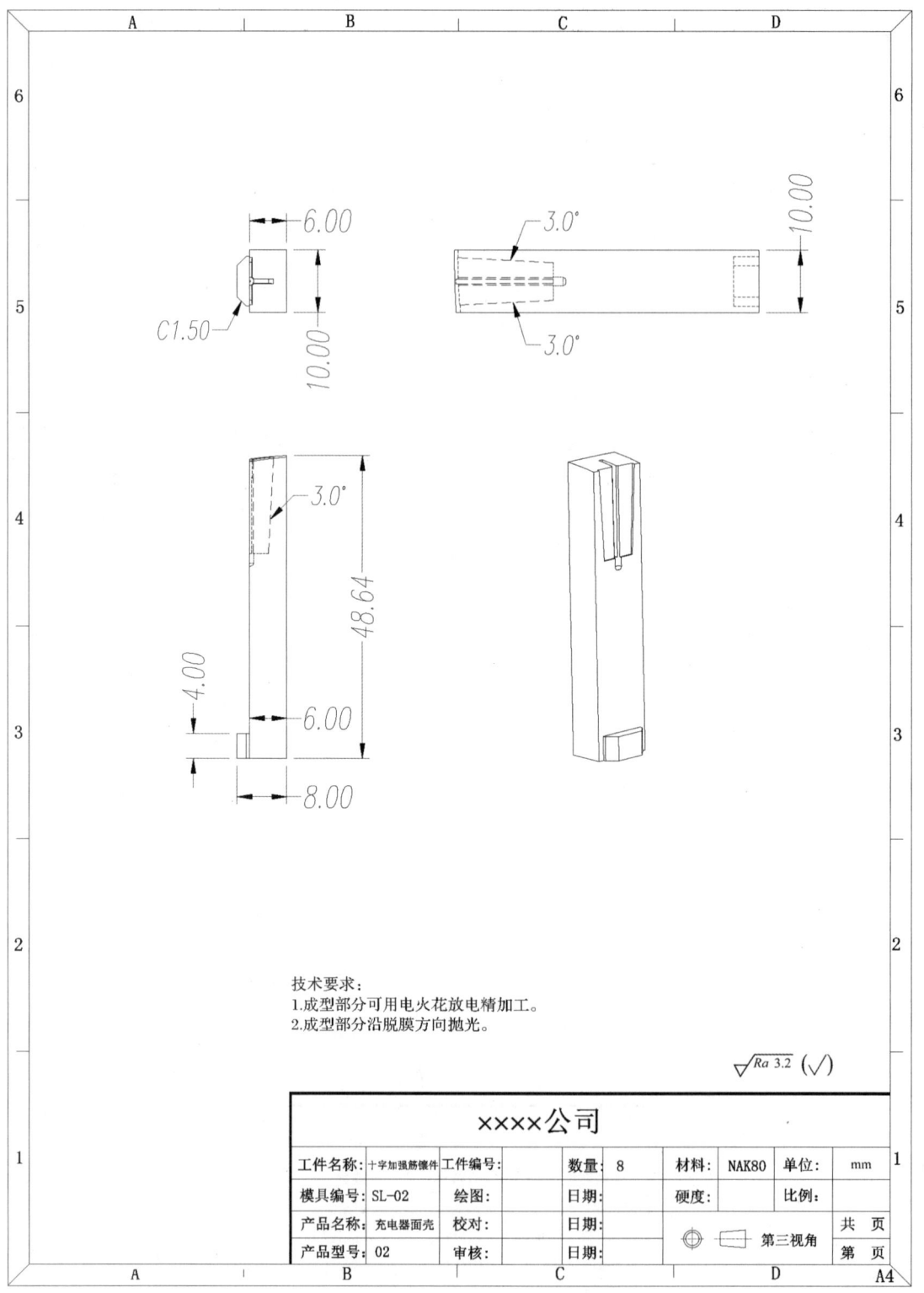

图 2-11-4 十字加强筋镶件零件图

## 实例2 一模两腔潜伏式浇口抽芯和斜顶杆机构二板模设计

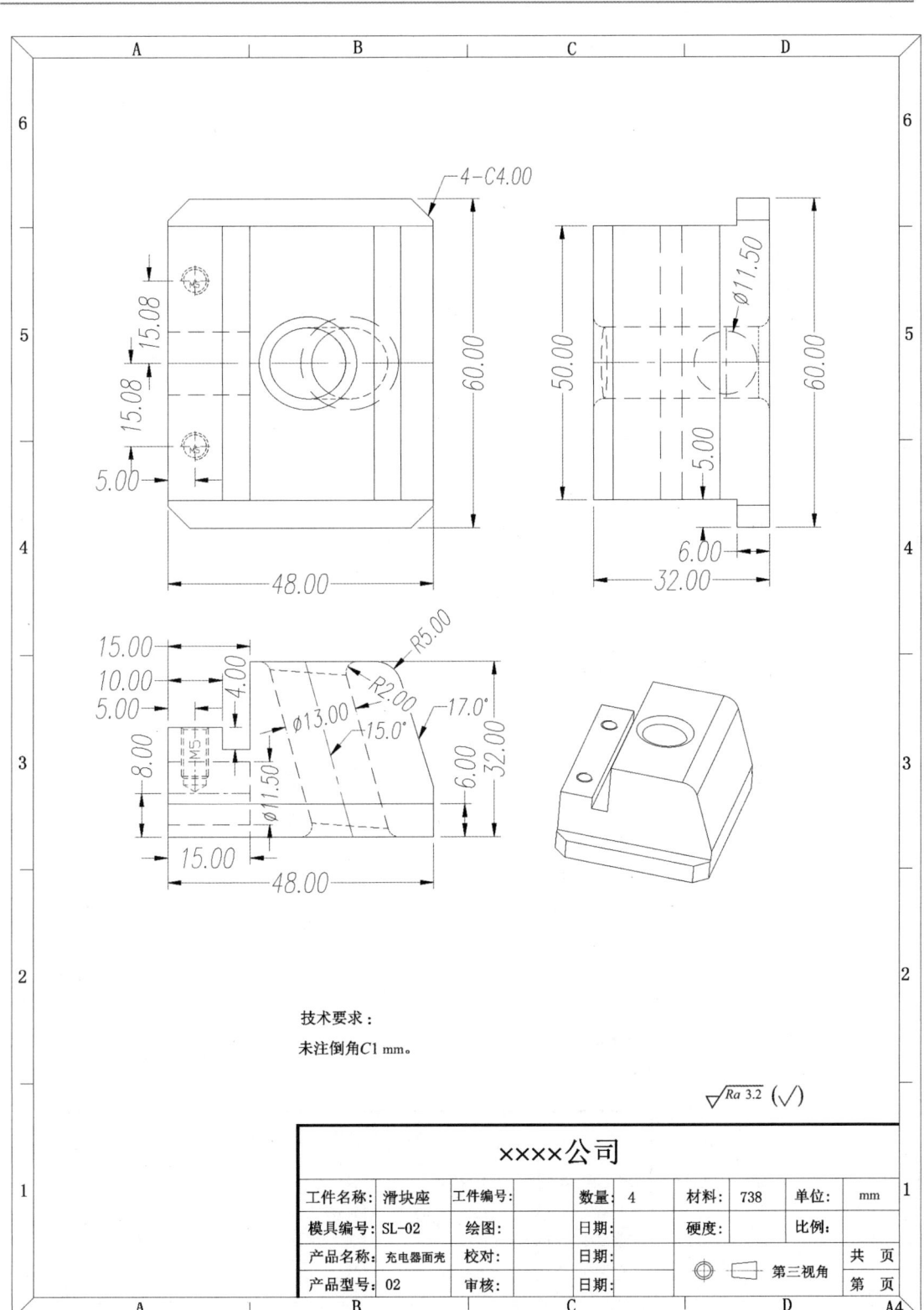

图 2-11-5 滑块座零件图(1)

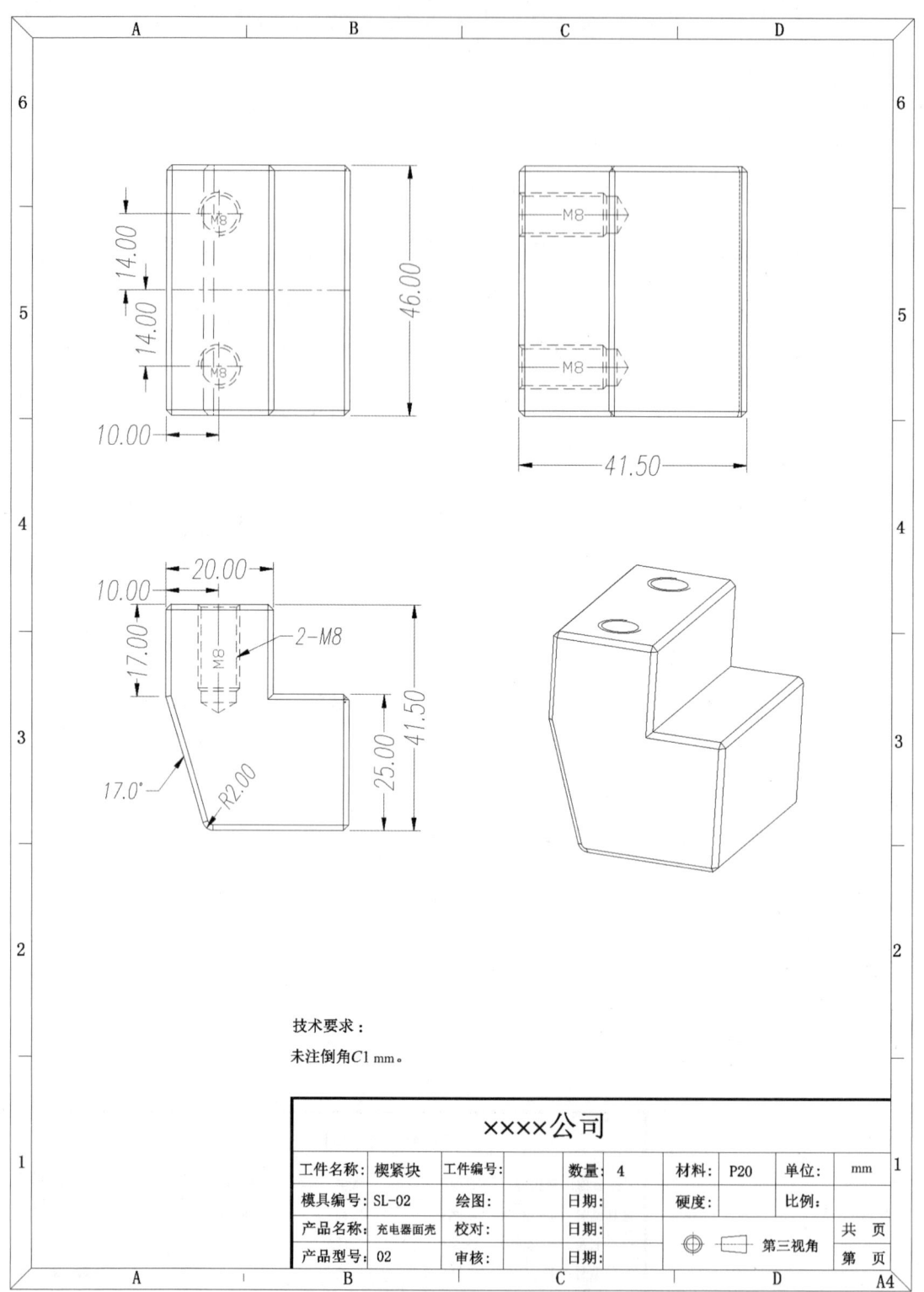

图 2-11-6 楔紧块零件图

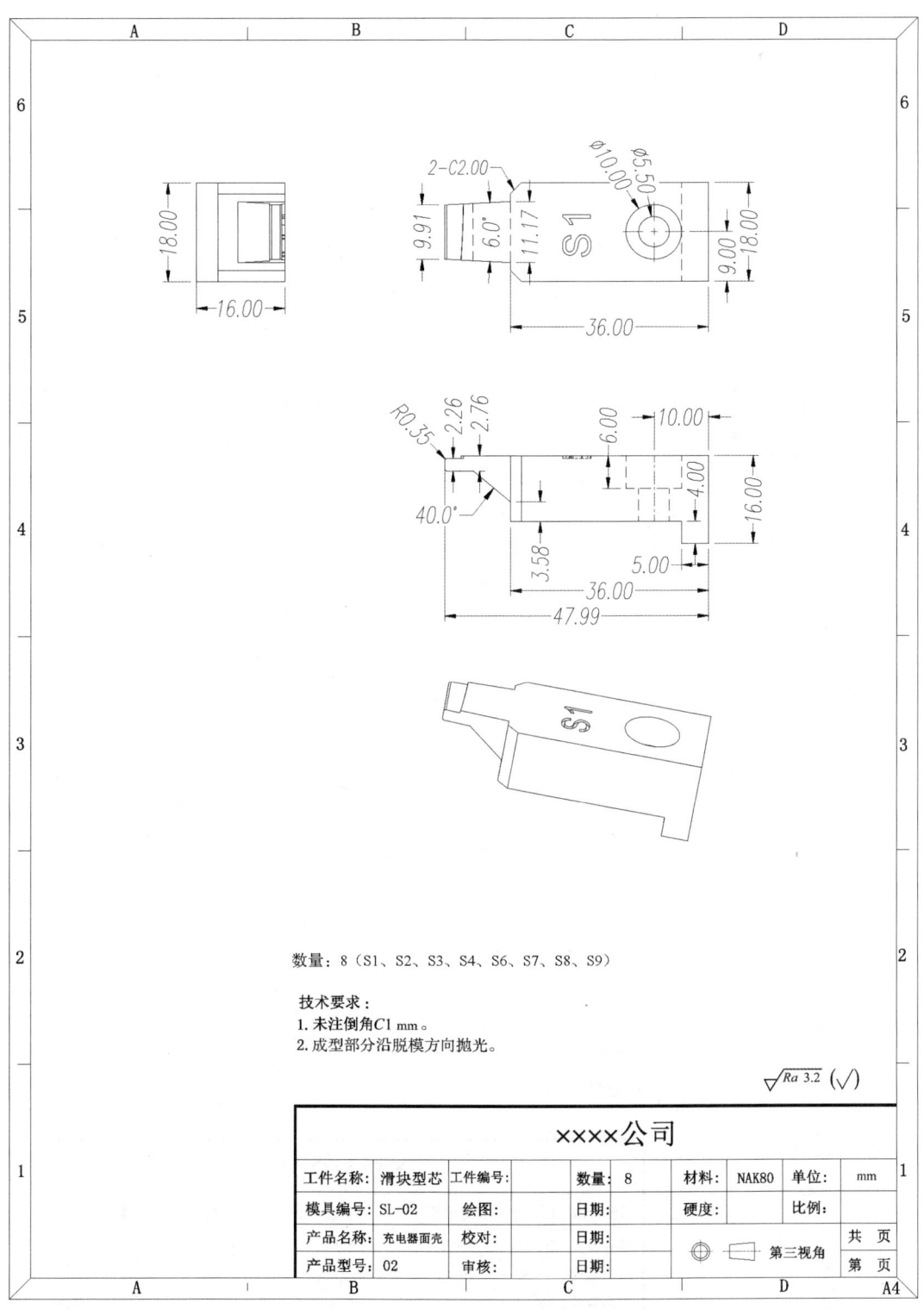

图 2-11-7　滑块型芯零件图

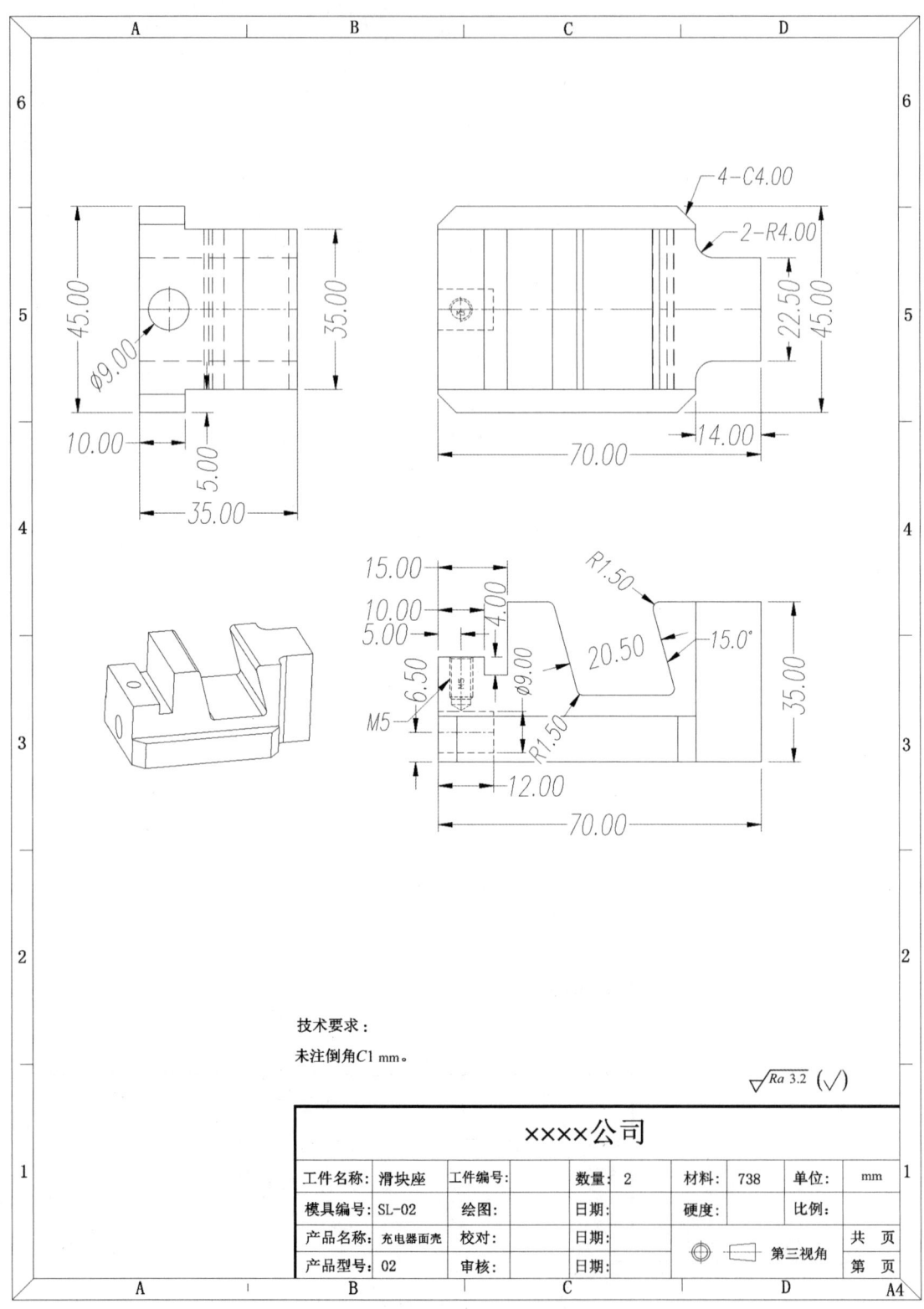

图 2-11-8 滑块座零件图(2)

实例2 一模两腔潜伏式浇口抽芯和斜顶杆机构二板模设计

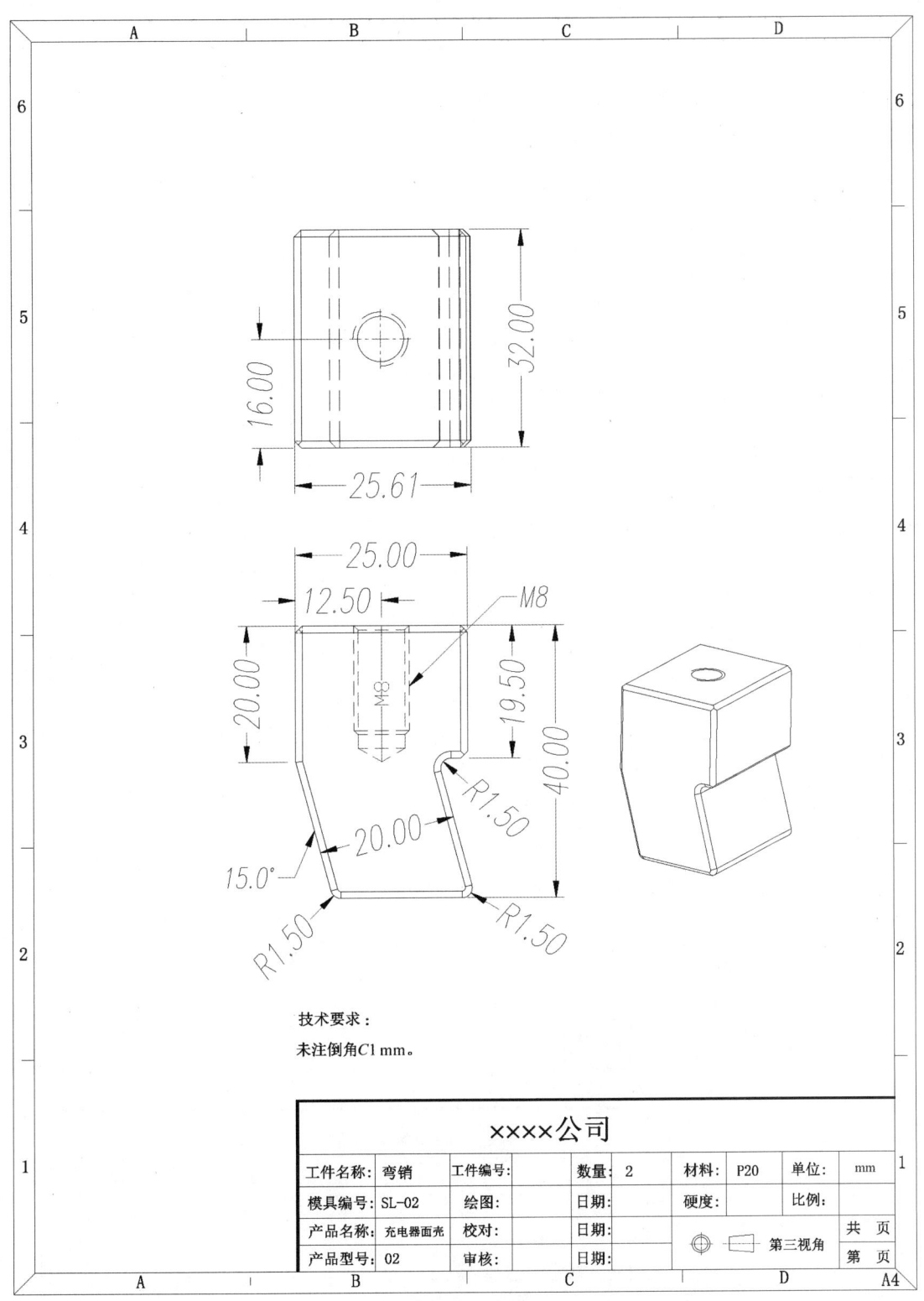

图 2-11-9 弯销零件图

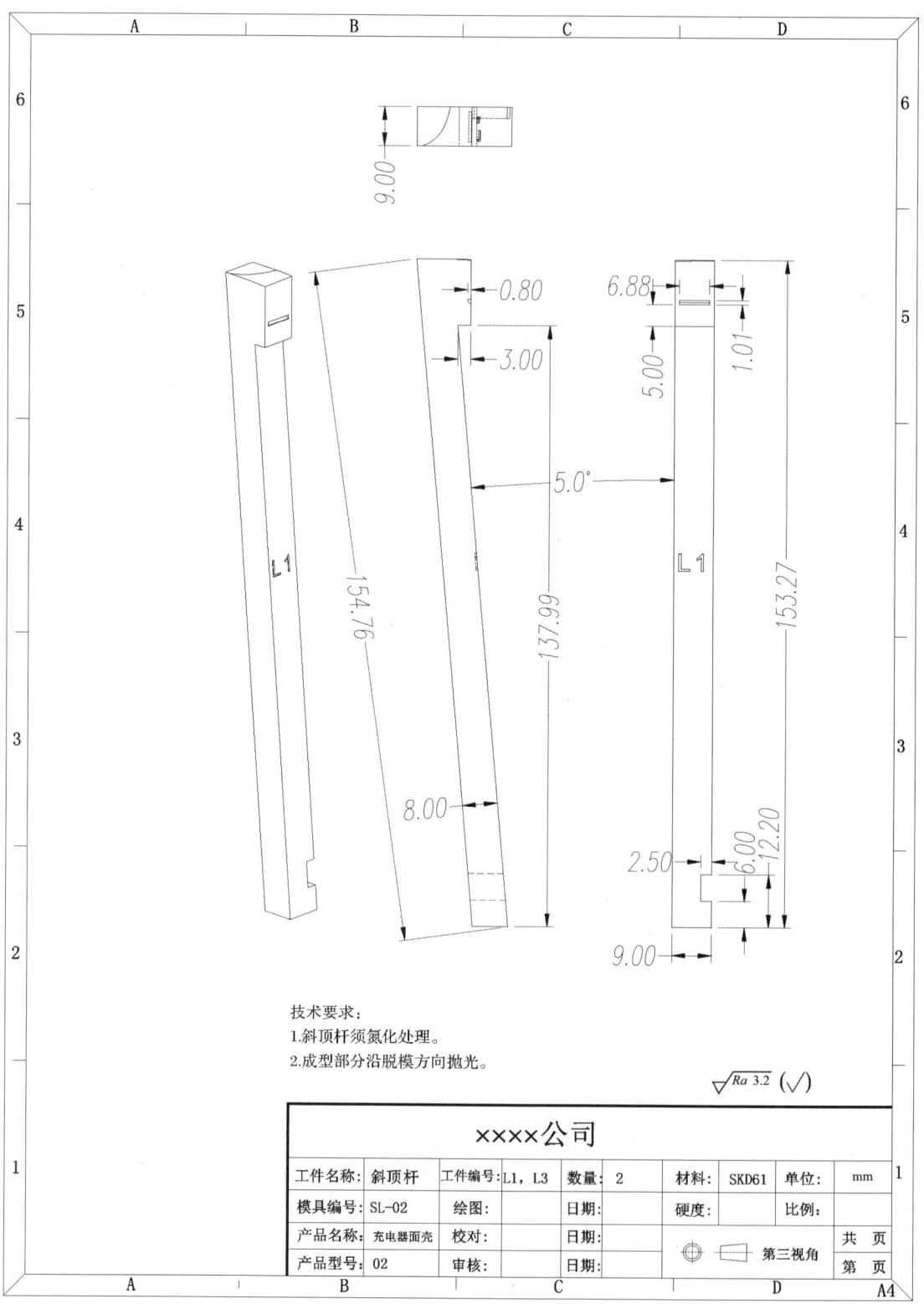

图 2-11-10 斜顶杆零件图

实例2 一模两腔潜伏式浇口抽芯和斜顶杆机构二板模设计

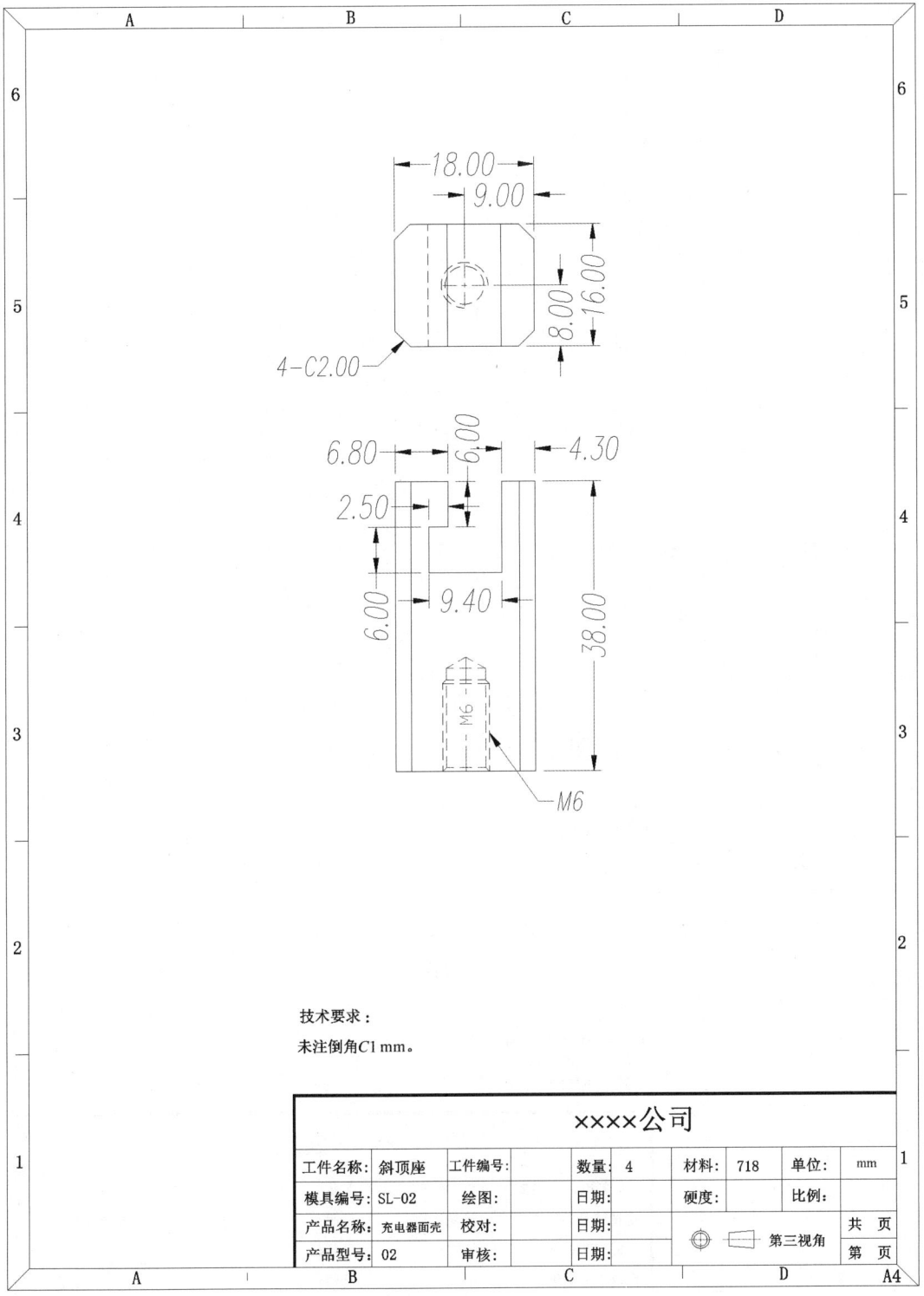

图 2-11-11 斜顶座零件图

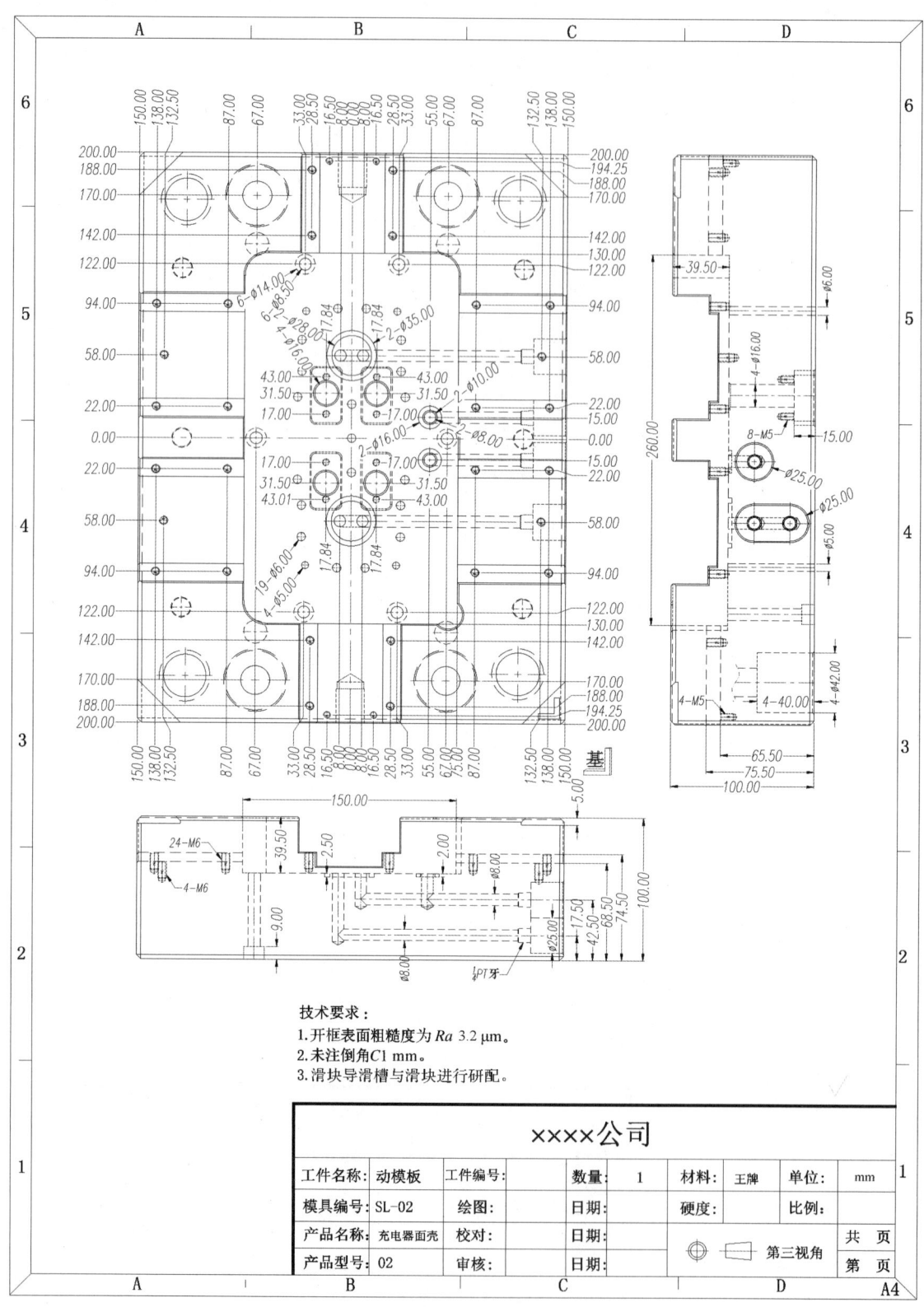

图 2-11-12 动模板零件图

实例2 一模两腔潜伏式浇口抽芯和斜顶杆机构二板模设计

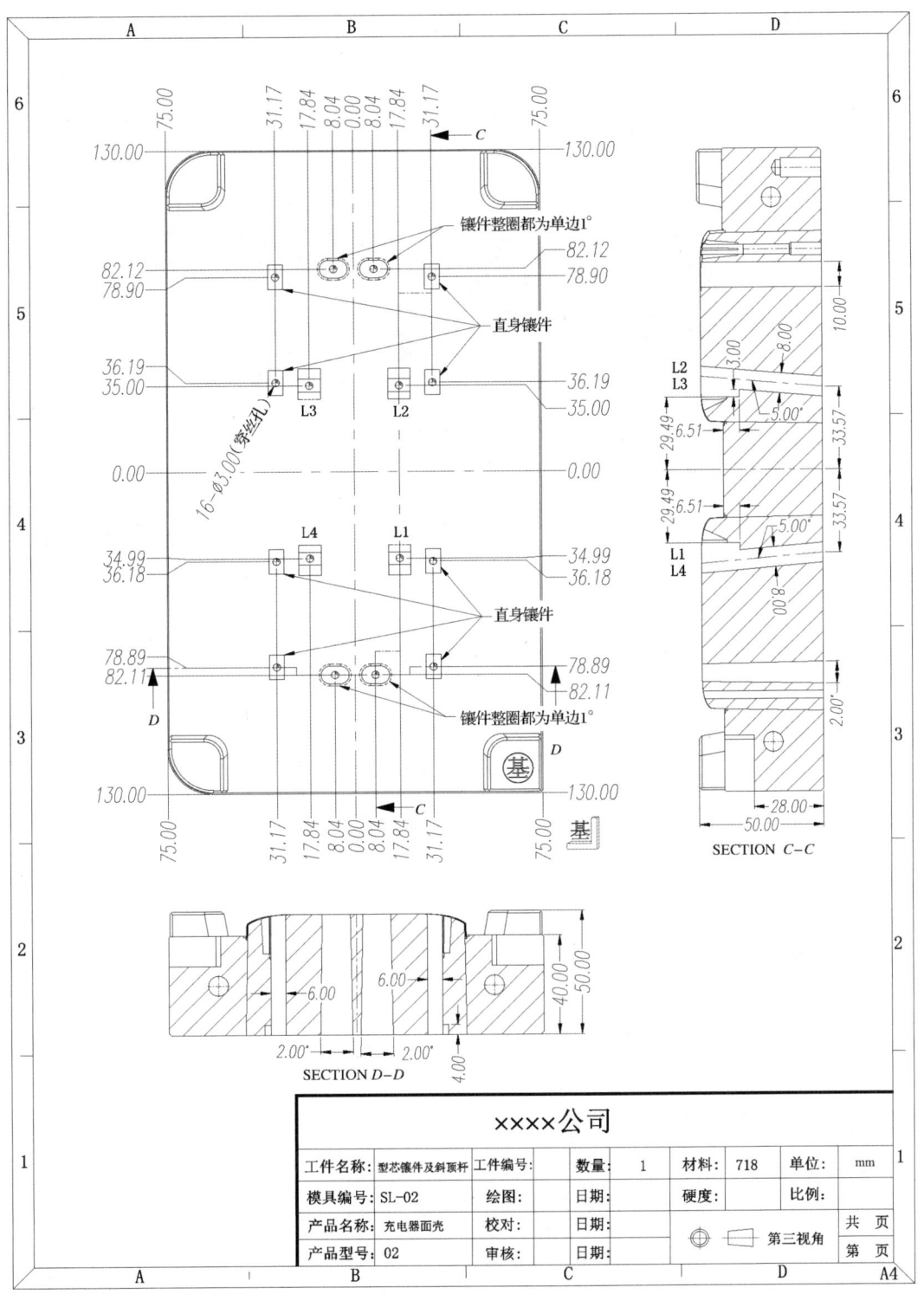

图 2-11-13 型芯镶件及斜顶杆线割图

## 技能训练

完成训练题图所示电子产品外壳的 3D 模具设计（路径：配套资源\XL-Part\XL02.stp），并创建型腔、型芯和滑块型芯的零件图。

产品材料为 ABS+PC，收缩率为 1.005，表面要求纹面。

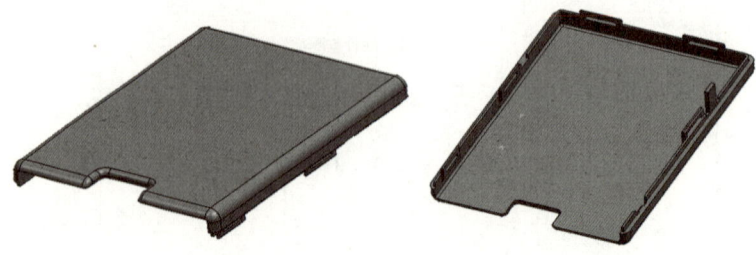

训练题图　电子产品外壳 3D 图

# 实例3　一模一腔点浇口定模抽芯三板模设计

### 知识目标 >>>

1. 掌握曲面分型原理和分模方法。
2. 掌握三板模的结构组成和开合模动作原理。
3. 掌握三板模的结构设计和参数确定原则。
4. 掌握点浇口浇注系统的参数确定原则和设计方法。
5. 掌握定模滑块抽芯机构的动作原理和设计方法。
6. 掌握三板模标准件的功能和设计方法。
7. 掌握模具总装图的出图方法。
8. 掌握模具零件图的出图方法。

### 能力目标 >>>

1. 能够根据用户要求和产品特点，合理确定有关参数，完成三板模的结构设计。
2. 能够合理设计定模抽芯机构。
3. 能够设计合理的点浇口浇注系统。
4. 能够合理选择三板模标准件。
5. 能够绘制符合行业规范的模具总装图。
6. 能够绘制符合行业规范的模具零件图。

### 素质目标 >>>

1. 了解三板模结构，培养创新能力。
2. 面对复杂的定模滑块抽芯机构设计，具备坚持不懈、勇往直前的工作态度。
3. 比较三板模与二板模的结构特点，培养科学分析的能力。
4. 领会点浇口设计特点，培养安全、适用、经济、环保、美观等工程质量意识。
5. 通过交流设计方法，培养良好的沟通表达能力和团队协作精神。

## 3.1 成型系统设计

### 一、产品模具设计分析

在进行模具设计前,模具设计人员必须对产品结构、塑料性能、成型加工工艺进行分析,以使设计出来的模具便于加工,利于生产,寿命更长。

**1. 用户对产品的要求**

用 UG 打开配套资源中的"SL-Part\SL03\SL03.stp"文件,如图 3-1-1 所示。

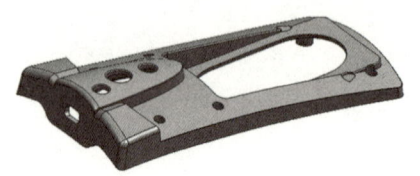 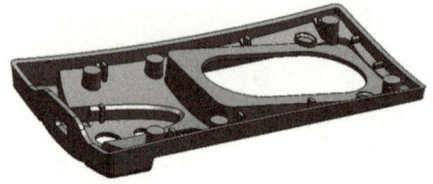

图 3-1-1　产品 3D 图

用户对产品的要求如下：
(1)产品材料:ABS。
(2)产品收缩率:1.004 5。
(3)产品表面要求:普通光面,不允许有毛边,不允许出现明显的段差、收缩凹陷、银纹等。
(4)未标注公差,按企业标准执行。
(5)产品批量:30 万件。

**2. 产品拔模分析**

用 UG 打开配套资源中的"SL-Part\SL03\SL03.stp"文件,然后以"另存为"的方式,将文件另存到本例的 3D 文件夹中,并改名为"SL03-3D.prt",如图 3-1-1 所示。此产品为玩具面壳。对此产品进行拔模分析,具体操作参看微课视频。

产品拔模分析、设置收缩率、产品位置调整

产品拔模分析结果如图 3-1-2 所示,粉红色面为型腔部分,蓝色面为型芯部分,绿色面为直身面,未经拔模。经分析,此产品结构简单,有 1 处侧孔,需做滑块。

图 3-1-2　产品拔模分析结果

**3. 模具型腔数的确定**

模具型腔数可以由用户指定,如果用户没有指定,则由模具设计人员来确定。本例用户指定为一模一腔。

**4. 产品分型面的分析**

产品分型面一般在产品的最大截面位置处,本例的分型面如图 3-1-3 所示,分型面为曲面。

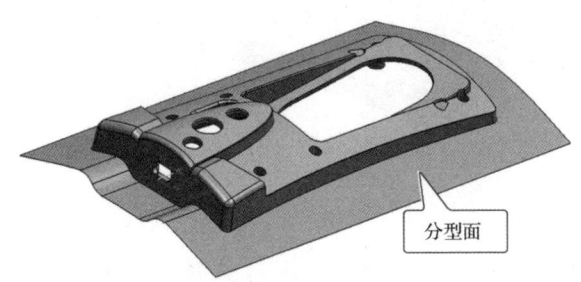

图 3-1-3　产品分型面

**5. 产品结构的分析**

此产品结构简单,模具结构需做如下考虑:

(1)此产品有 1 处侧孔,需做定模滑块,要采用三板模(细水口模)。

(2)型腔 6 处柱位孔需做型腔镶件,以便于加工。

以上结构如图 3-1-4 所示。

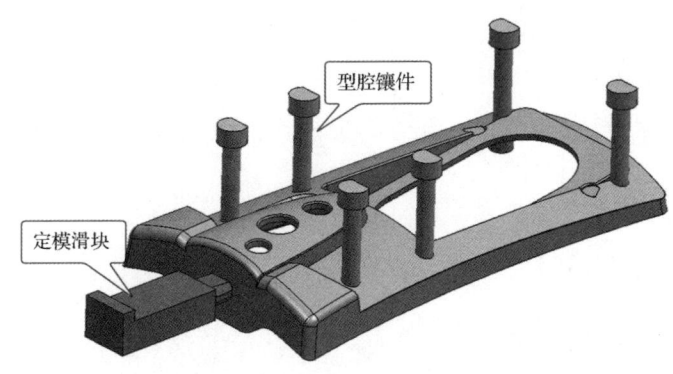

图 3-1-4　定模滑块和型腔镶件

**6. 产品进浇方式及位置的选择**

在进行模具设计前,要充分考虑浇口形式、最佳浇口的位置及浇口的数量。浇口形式首先要满足用户对产品设计的要求。

本例为三板模,因此采用点浇口较好,不影响产品的外观与装配要求。根据本产品的结构特点,在产品的非外观面上采用两点进浇,其较为合理的浇口位置如图 3-1-5 所示。

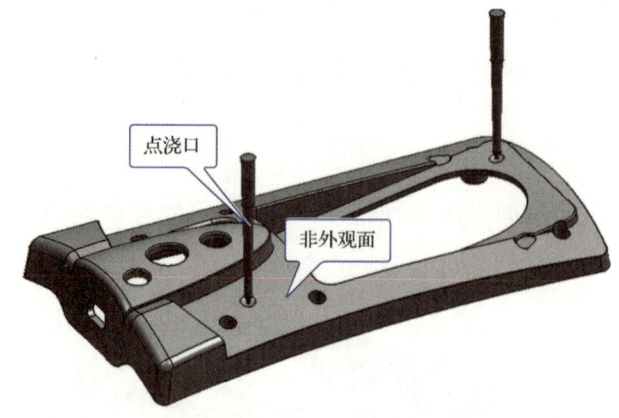

图 3-1-5　浇口位置

**7. 产品排位方案的确定**

在确定产品的进浇位置及模具型腔数后,即可确定产品的排位方案。根据产品的结构,需做 1 个定模滑块,将其设计在地侧,因此最为合理的排位方案如图 3-1-6 所示。

## 二、产品分模前的处理

**1. 产品拔模处理**

由产品拔模分析结果(图 3-1-2)可知,产品内部结构均为蓝色面,说明产品已拔模,不必再对产品做拔模处理。

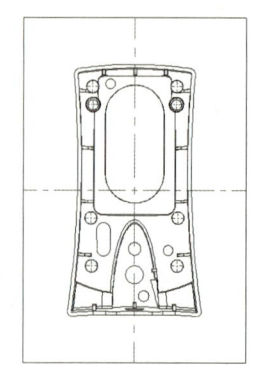

图 3-1-6　排位方案

**2. 产品收缩率的设置**

调用"缩放体"命令,收缩率为 1.004 5,完成产品收缩率的设置。具体操作参看微课视频。

**3. 产品位置调整**

产品位置调整的具体操作参看微课视频。

## 三、型腔和型芯的拆分

调整好产品后,即可进行型腔、型芯的拆分。

**1. 补孔**

如果产品上有通孔,则在分模前必须把孔补好。补孔的方法有面补孔、实体补孔、面加实体补孔。本例采用的方法为实体补孔。补孔时要注意孔的分型位置。补孔操作参看微课视频。

补孔

### 2. 曲面分型面的创建

创建曲面分型面的具体操作参看微课视频。

### 3. 拆分型腔、型芯

型腔、型芯拆分的具体操作参看微课视频。拆分后的型腔、型芯如图 3-1-7 所示。

创建分型面和拆分型腔、型芯

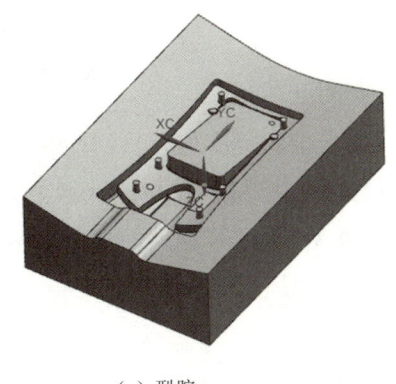

（a）型腔

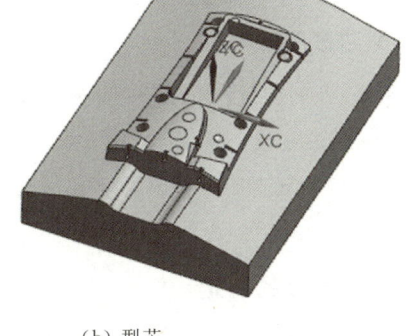

（b）型芯

图 3-1-7 拆分后的型腔、型芯

### 4. 型腔、型芯的结构工艺性处理

初步拆分的型腔、型芯出现尖角，需做结构工艺性处理。具体操作参看微课视频。型腔的处理如图 3-1-8 所示。型芯的处理如图 3-1-9 所示。

将型芯移动至第 7 层，将型腔移动至第 8 层，将产品移动至第 150 层。

型腔、型芯结构工艺性处理

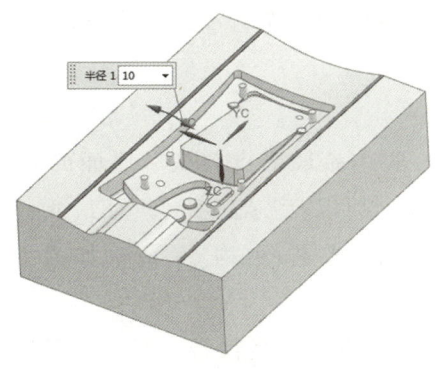

图 3-1-8 型腔的处理

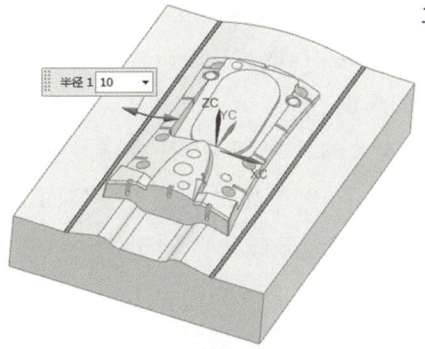

图 3-1-9 型芯的处理

## 四、产品排位及型腔、型芯的确定

产品排位是模具设计的重要步骤，通过产品排位可确定型腔、型芯尺寸，进而确定模架的规格。型腔、型芯尺寸一般是由产品的尺寸来确定，可参照实例 1 中提供的经验值确定。

本例产品最大外形尺寸为 167.42 mm×90.71 mm，总高度为 25.73 mm。一般产品边与型腔、型芯边的间距取 30 mm 左右，以保证型腔、型芯的强度，同时为螺钉、冷却水道的布置留下足够的间距。

**1. 型腔、型芯长度的确定**

对照图 3-1-6 所示的排位方案,按实例 1 图 1-1-9 所示的经验值,可以计算型腔、型芯的长度。型腔、型芯的长度＝产品长度＋2×产品边与型腔、型芯边的间距(30 mm 左右)＝167.42 mm＋2×30 mm 左右＝227.42 mm 左右。依据型腔、型芯长度的取整原则,将型腔、型芯长度取为 230 mm,如图 3-1-10 所示。

产品排位及型腔
与型芯尺寸的确定

**2. 型腔、型芯宽度的确定**

对照图 3-1-6 所示的排位方案,按实例 1 图 1-1-9 所示的经验值,可以计算型腔、型芯的宽度。型腔、型芯的宽度＝产品宽度＋2×产品边与型腔、型芯边的间距(30 mm 左右)＝90.71 mm＋2×30 mm 左右＝150.71 mm 左右。依据型腔、型芯宽度的取整原则,将型腔、型芯宽度取为 150 mm,如图 3-1-10 所示。

**3. 型腔、型芯高度的确定**

型腔、型芯的高度一般是由产品的结构和高度来确定的。本例有定模滑块,型腔高度应比常规结构的模具适当加大。设计型腔、型芯的高度时,先确定产品的主分型面。本例的分型面为曲面,因此需沿曲面延伸 10 mm 左右,将其作为封料距离,再将其拉平以创建主分型面。

(1) 型腔的高度

本例产品属中等大小,为节省贵重的模具钢材料,产品最高点与型腔顶面的间距按 30 mm 左右取值。据此可以确定型腔高度＝产品总高＋30 mm 左右＝25.73 mm＋30 mm 左右＝55.73 mm 左右,取为 55 mm,如图 3-1-11 所示。

(2) 型芯的高度

型芯承受较大的注射压力,且有滑块抽芯机构,故产品最低点与型芯底面的间距按 35 mm 左右取值。本例产品最低点与分型面的间距为 0,所以,型芯高度＝产品最低点与分型面的间距＋35 mm 左右＝(0＋35)mm 左右＝35 mm 左右,取为 35 mm,如图 3-1-11 所示。

综上所述,型腔、型芯的高度如图 3-1-11 所示,此处的型芯高度仅指分型面与型芯底面的间距。

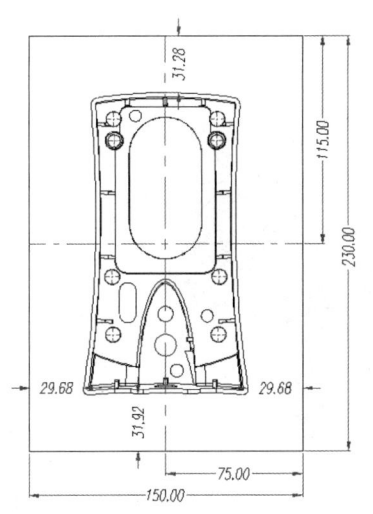
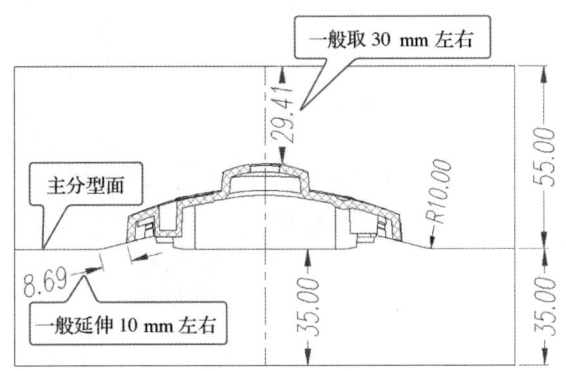

图 3-1-10 型腔和型芯的长度和宽度　　　　图 3-1-11 型腔、型芯的高度

型腔、型芯的长、宽、高尺寸确定后,最终的产品排位图如图 3-1-12 所示,其中各视图的名称依本书的规定。

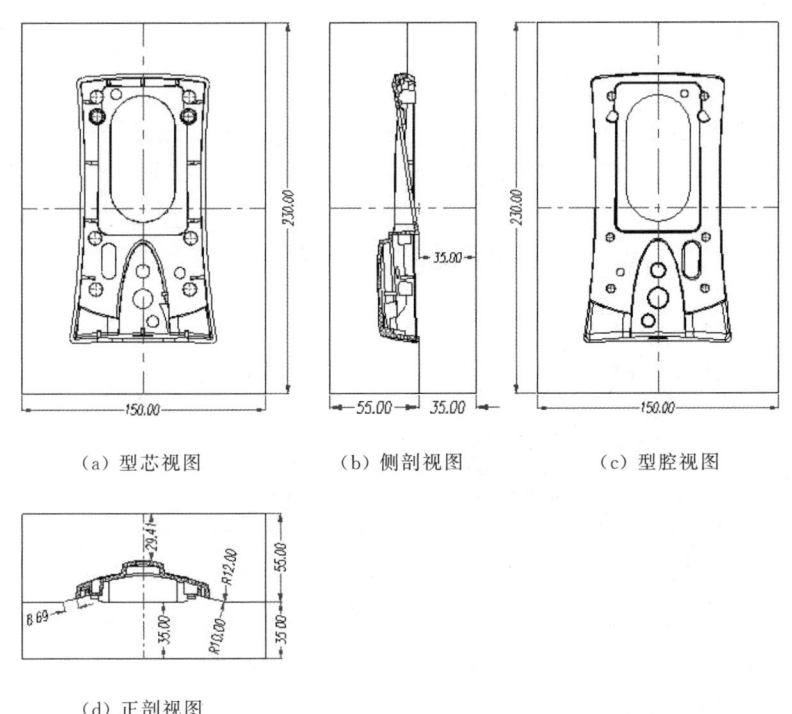

(a) 型芯视图　　(b) 侧剖视图　　(c) 型腔视图

(d) 正剖视图

图 3-1-12　产品排位图

**4. 将型腔、型芯做到设计尺寸**

型腔、型芯的尺寸已确定为长度 230 mm,宽度 150 mm,型腔高度 55 mm,型芯高度 35 mm。调用 UG 的"修剪体"命令,将型腔、型芯的长、宽、高做到设计尺寸。型腔、型芯的设计尺寸如图 3-1-13 所示。具体操作参看微课视频。

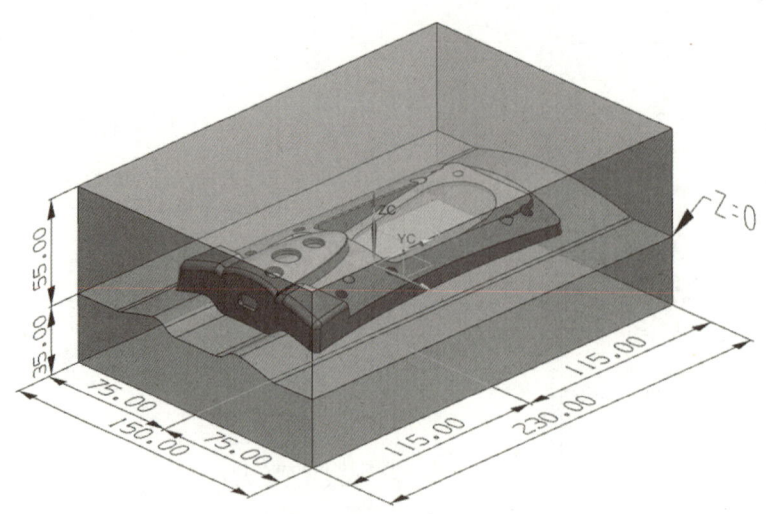

图 3-1-13 型腔、型芯的设计尺寸

### 五、型腔、型芯的结构设计

**1. 型腔镶件的设计**

由前面的模具结构设计分析可知,为了方便加工,在本例型腔 6 个柱位孔做型腔镶件。根据柱位的尺寸,做直径为 5.5 mm 的型腔镶件较合适,其设计步骤参看微课视频。分割后的型腔及 6 支型腔镶件如图 3-1-14 所示。

完成型腔镶件的相关设计后,将型腔镶件移动至第 9 层。

型腔镶件的设计

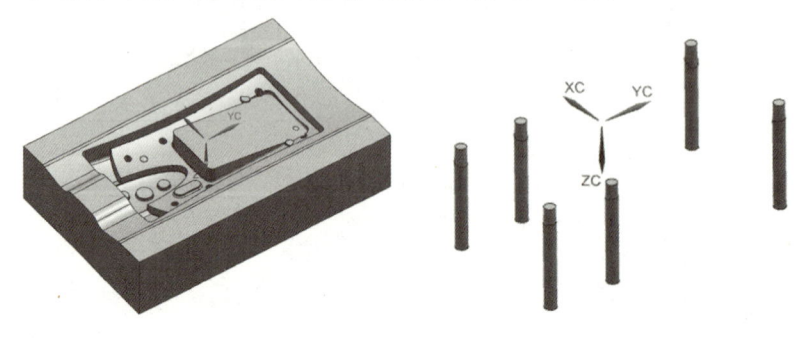

(a) 分割后的型腔　　　　(b) 6 支型腔镶件

图 3-1-14　分割后的型腔及 6 支型腔镶件

**2. 精定位装置的设计**

为了型腔与型芯在合模时能够精确定位,通常在型腔、型芯的 4 个角处设计精定位装置。按照型腔、型芯的整体比例,本例的精定位装置尺寸取 22 mm×22 mm×10 mm 较匀称。利用"HB_MOULD M6.8"外挂创建精定位装置,具体操作参看微课视频。精定位装置创建数据及创建结果如图 3-1-15 所示。

精定位装置的设计

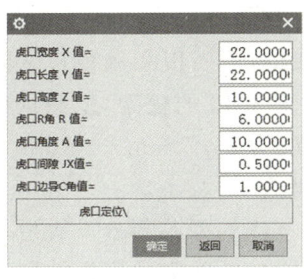 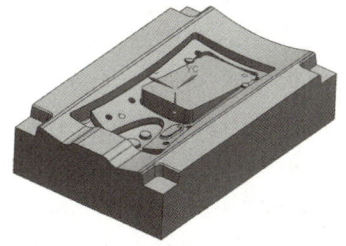 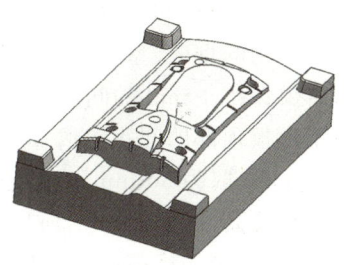

（a）创建数据　　　　　　　（b）创建结果

图 3-1-15　精定位装置创建数据及创建结果

利用"HB_MOULD M6.8"外挂的"自动基字"功能创建基准符号，如图 3-1-16 所示。

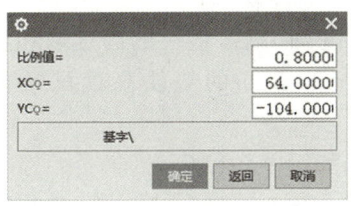 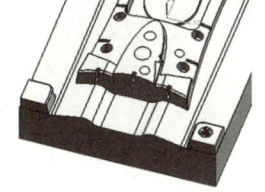 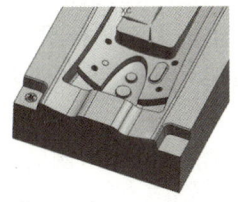

（a）位置数据　　　　　　　（b）创建结果

图 3-1-16　基准符号位置数据及创建结果

### 3. 型腔整体的处理

型腔整体处理的具体操作参看微课视频。

### 4. 型芯整体的处理

型芯整体处理的具体操作参看微课视频。

型腔与型芯整体的处理

## 3.2　三板模模架系统设计

型腔、型芯尺寸确定后，可以确定模架的规格，进而可订购模架和型腔、型芯材料。

### 一、模架规格的选用

#### 1. 模架规格的确定

通过模具设计分析，已确定模架为三板模。

（1）模架尺寸的确定

本例的产品结构简单，只有地侧有定模滑块，所以天、地侧的型芯边与模架边的间距按 70～90 mm 的经验值确定，取 80 mm 左右。操作侧和非操作侧都没有滑块，所以操作侧和非操作侧的型芯边与模架边的间距按 50～70 mm 的经验值确定，考虑到小拉杆需要足够的空间，故取大值 70 mm 左右。

本例型腔、型芯尺寸为 230 mm×150 mm，则模架宽度＝150 mm＋2×70 mm＝290 mm，根据模架标准规格，取模架宽度为 300 mm。模架长度＝230 mm＋2×80 mm＝390 mm，根据模架标准规格，取模架长度为 400 mm。因此，选用龙记标准模架为 DCI-3040。

(2)定模板和动模板厚度的确定

本例的型腔、型芯尺寸属于中型大小。型腔高度为 55 mm,因为定模板和动模板之间通常要保留 1 mm 的间隙,所以定模板开框深度为 54.5 mm。对于 3040 的模架,型腔顶部与定模板顶部的间距应取 30 mm 左右。因此可确定定模板的厚度为 54.5 mm+30 mm=84.5 mm,取为 80 mm(为节省模具成本,定模板的厚度通常偏小取值)。

型芯高度为 35 mm,所以动模板开框深度为 34.5 mm。由于本例的型芯部分没有滑块和斜顶杆,型芯底部与动模板底部的间距取 50 mm 左右即可。因此,可确定动模板的厚度为 34.5 mm+50 mm=84.5 mm,取为 90 mm(为保证动模板的强度和刚度,其厚度通常偏大取值)。

(3)垫块高度的确定

本例无斜顶杆机构,在模架规格和定模板、动模板的厚度确定后,垫块的高度取相应规格模架对应的垫块高度的默认值。标准模架 DCI-3040-A80-B90 的垫块高度默认值为 90 mm。

综上所述,本例的模架规格为 DCI-3040-A80-B90-C90,如图 3-2-1 所示。

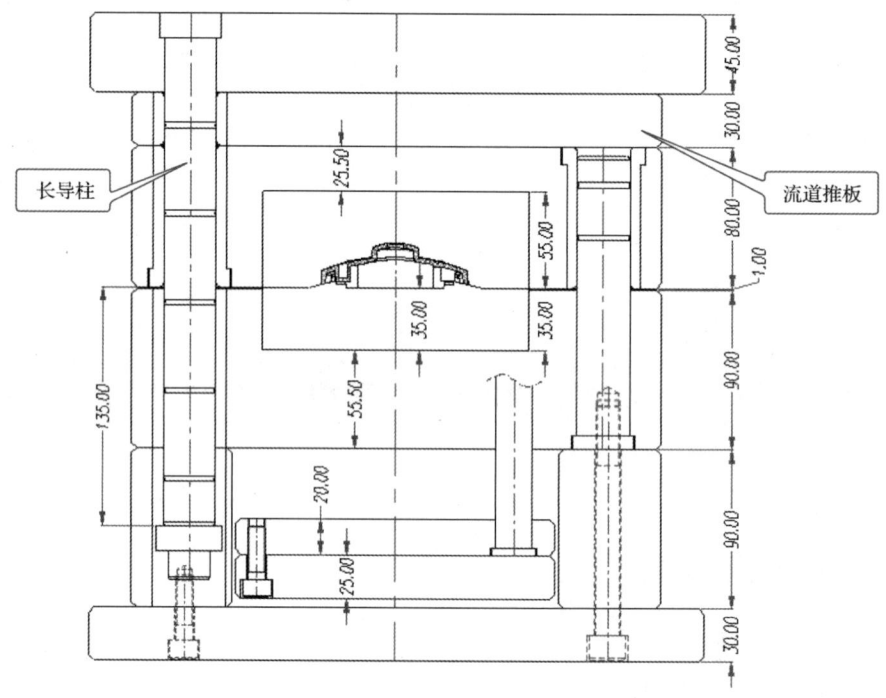

图 3-2-1 模架规格

**2. 标准模架的调用**

利用"HB_MOULD M6.8"外挂调用龙记标准模架,规格为 DCI-3040-A80-B90-C90,如图3-2-2所示。具体操作参看微课视频。

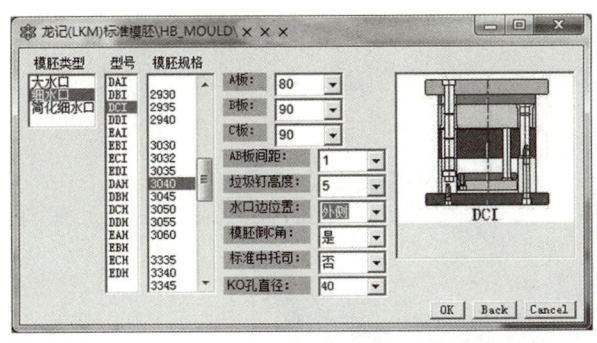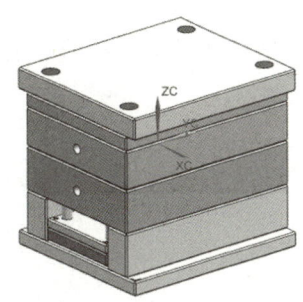

图 3-2-2　龙记 DCI-3040-A80-B90-C90 标准模架

### 3. 推板导柱的添加

推板导柱的作用是为顶出机构导向,保证推出平稳。

推板导柱的直径为 16 mm,位置坐标分别为(0,170)、(0,-170)。添加推板导柱的具体操作参看微课视频,添加结果如图 3-2-3 所示。

将 2 套推板导柱移动至第 114 层。

图 3-2-3　推板导柱添加结果

## 二、模架的处理

### 1. 定模板吊模孔的移动

为了避开后续设计的定模滑块,定模板的吊模孔应向产品顶出方向(+Z 方向)移动 12 mm。具体操作参看微课视频。

吊环螺钉动画详见本书配套的数字化资源。

模架的调用与处理

### 2. 定模板和动模板开框

为了模具安装及加工方便,通常在模架开框的 4 个角做出避空角或腔角。为保证三板模特有零件(小拉杆和开闭器)有足够的安装空间,本例选用 4 角圆角式的开框形式,基准角开框圆角取为 R18 mm,3 个非基准角开框圆角取为 R16 mm。具体操作参看微课视频。定模板和动模板开框结果如图 3-2-4 所示。

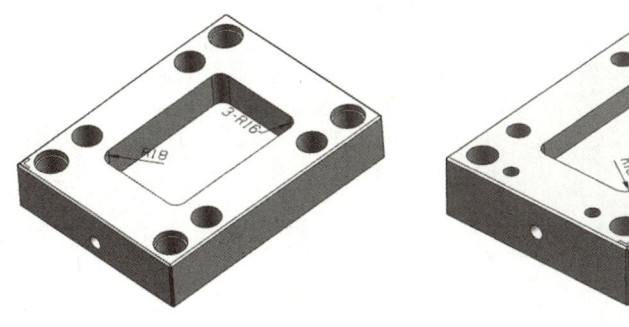

(a) 定模板　　　　　(b) 动模板

图 3-2-4　定模板、动模板开框结果

### 3. 撬模角的创建

创建撬模角的具体操作参看微课视频。撬模角创建结果如图 3-2-5 所示。

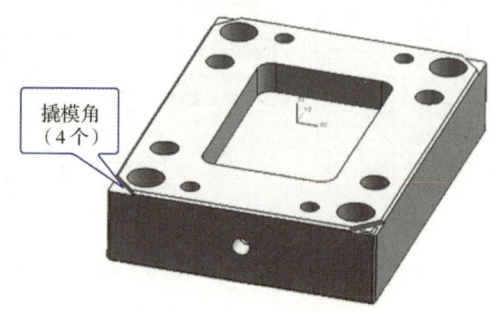

图 3-2-5　撬模角创建结果

## 三、标准模架及型腔、型芯材料的订购

### 1. 标准模架的订购

订购标准模架需绘制模架订购图，将其发给模架加工厂，以便按图加工。一般开框、创建推板导柱和撬模角等均由模架加工厂完成。本例模架订购图如图 3-2-6 所示。

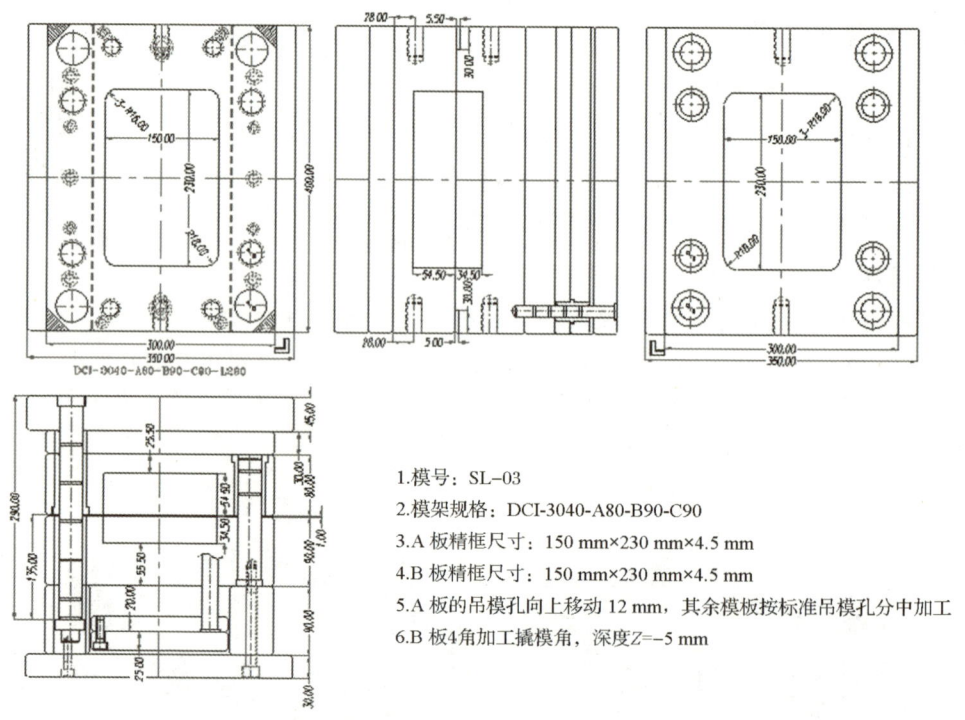

1. 模号：SL-03
2. 模架规格：DCI-3040-A80-B90-C90
3. A 板精框尺寸：150 mm×230 mm×4.5 mm
4. B 板精框尺寸：150 mm×230 mm×4.5 mm
5. A 板的吊模孔向上移动 12 mm，其余模板按标准吊模孔分中加工
6. B 板 4 角加工撬模角，深度 Z=-5 mm

图 3-2-6　模架订购图

**2. 型腔、型芯材料的订购**

本例产品表面要求为普通光面,故型腔材料选用进口 NAK80,型芯材料选用 718。这两种料均无须热处理,所以要订购精料。

型腔订料尺寸为 150 mm×230 mm×55 mm。型芯订料尺寸为 150 mm×230 mm×59 mm。

## 3.3 定模滑块机构设计

定模滑块机构通常由滑块型芯、滑块座、弯销、耐磨块、滑块压板、限位装置等零部件组成。

本例的滑块型芯通过孔伸入型腔,通常把这种结构的滑块机构称为定模隧道滑块机构(俗称前模穿孔行位)。

定模滑块抽芯机构动画详见本书配套的数字化资源。

### 一、滑块型芯的设计

滑块型芯的设计

滑块型芯是产品倒扣的成型零件,是滑块机构的重要组成零件。

(1)滑块型芯的创建

滑块型芯的形状和尺寸通常根据经验值来确定。参照实例 2 中滑块型芯的设计方法,完成本例滑块型芯的设计。具体操作参看微课视频。滑块型芯的形状、尺寸和设计结果如图 3-3-1 所示。

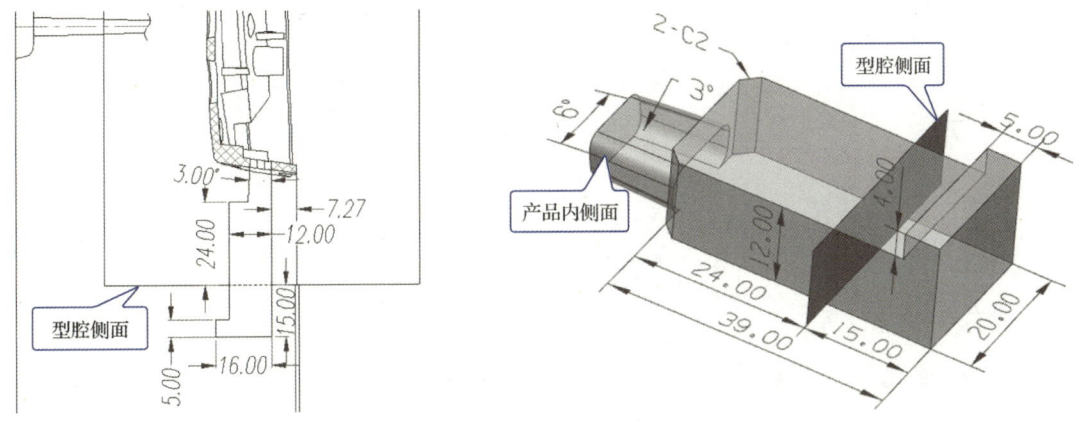

**图 3-3-1  滑块型芯的形状、尺寸和设计结果**

(2)滑块型芯与型腔相减

调用"减去"命令,在型腔上减出滑块型芯的安装孔,如图 3-3-2 所示,调用"删除面"命令将安装孔底部做成直角。具体操作参看微课视频。

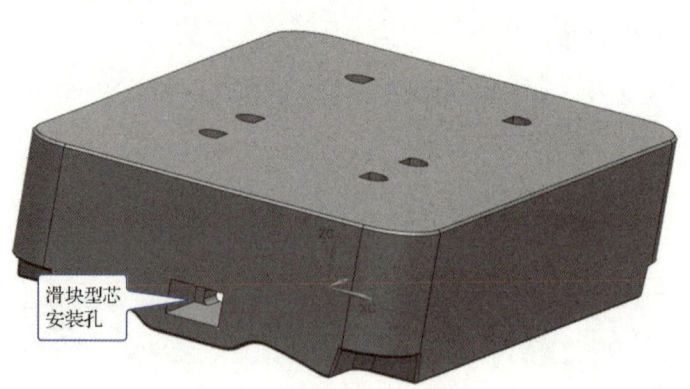

图 3-3-2　型腔上减出滑块型芯的安装孔

## 二、滑块座的设计

滑块座的相关尺寸根据经验值确定。

本例滑块座的形状及其在侧剖视图和定模视图中的尺寸参数如图 3-3-3 所示。本例的滑块型芯较小,用规格为 M5 的紧固螺钉锁紧在滑块座上即可。

（a）初步设计的形状

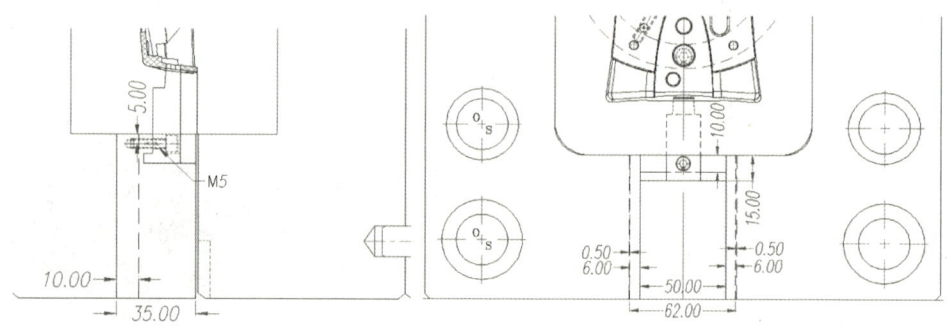

（b）侧剖视图尺寸参数　　　　　　（c）定模视图尺寸参数

图 3-3-3　滑块座初步设计的形状及尺寸参数

## 三、弯销的设计

与实例 2 中的弯销类似,本例的弯销有 3 个作用:在开模时驱动滑块,完成抽芯动作;在合模时使滑块归位;压紧滑块,以抵挡注射压力。

弯销的形状及尺寸通常由经验值确定。本例的弯销可参照如图 3-3-4 和图 3-3-5 所示的形状及尺寸设计。

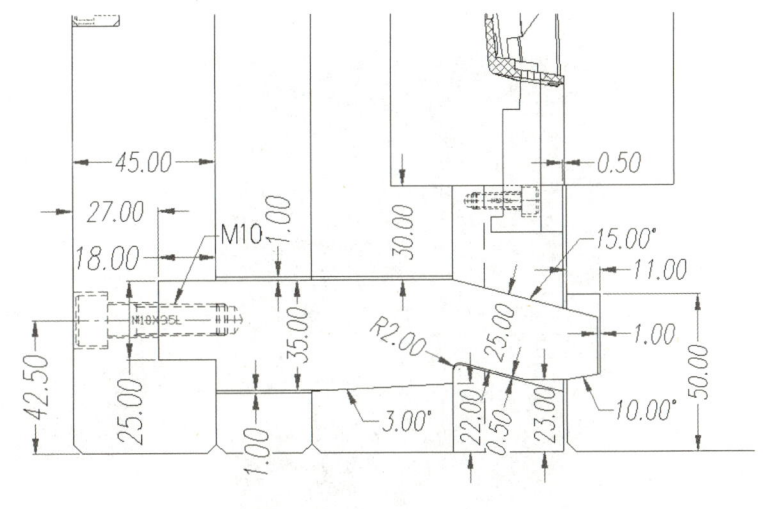

图 3-3-4　弯销在侧剖视图中的尺寸

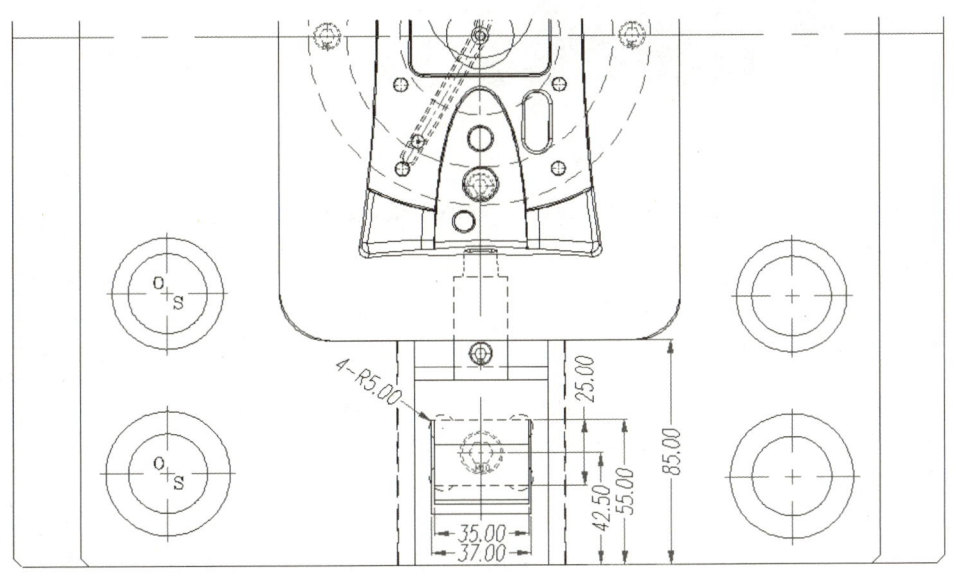

图 3-3-5　弯销在定模视图中的尺寸

## 四、滑块座和弯销的调用及处理

### 1. 滑块座和弯销的调用

根据上述确定的形状和尺寸,可利用"HB_MOULD M6.8"外挂调用滑块座和弯销,调用的具体操作参看微课视频。滑块座和弯销的设计参数及调用结果如图 3-3-6 所示,抽芯距输入"13"是有意将弯销做长一点,以便后续处理。

滑块座和弯销的调用

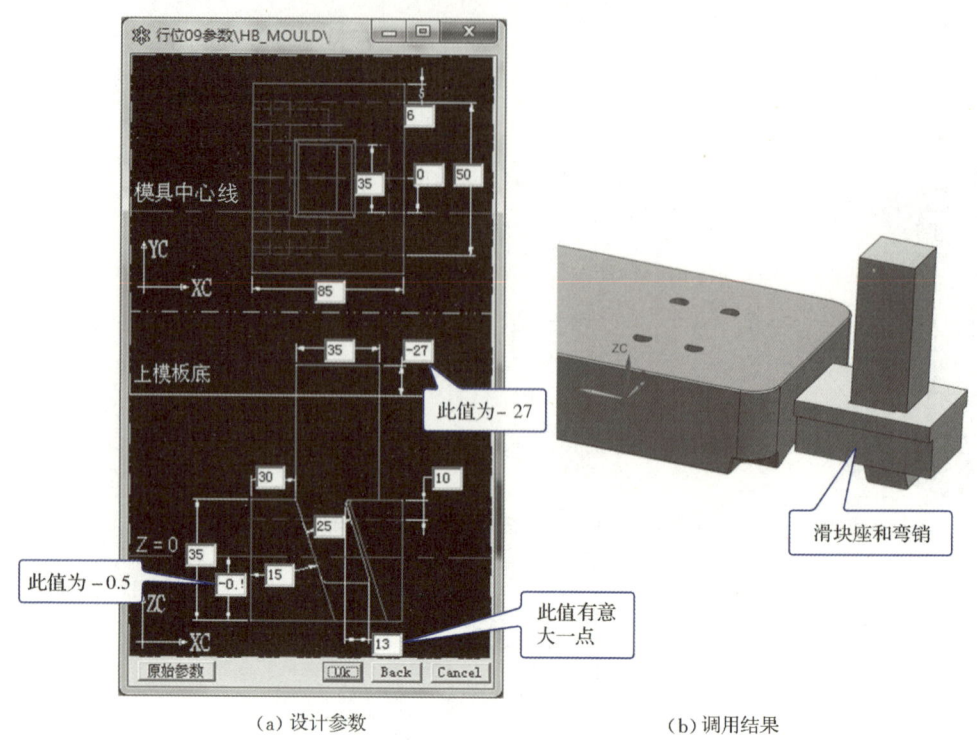

(a) 设计参数　　　　　　　(b) 调用结果

图 3-3-6　滑块座和弯销的设计参数及调用结果

**2. 滑块座的处理**

处理滑块座的具体操作参看微课视频。

**3. 弯销的处理**

本例的抽芯距定为 5 mm，弯销的有效工作长度应调整到能实现 5 mm 抽芯距的长度。弯销的处理操作参看微课视频。弯销的处理结果如图 3-3-7 所示。

滑块座的处理

弯销的处理

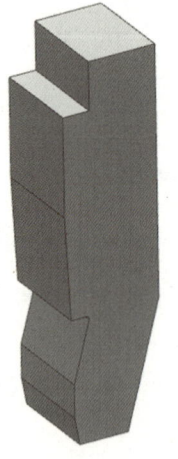

图 3-3-7　弯销的处理结果

## 五、耐磨块的设计

耐磨块安装在弯销的斜面上,与滑块座直接接触,其在侧剖视图中的尺寸如图 3-3-8 所示。

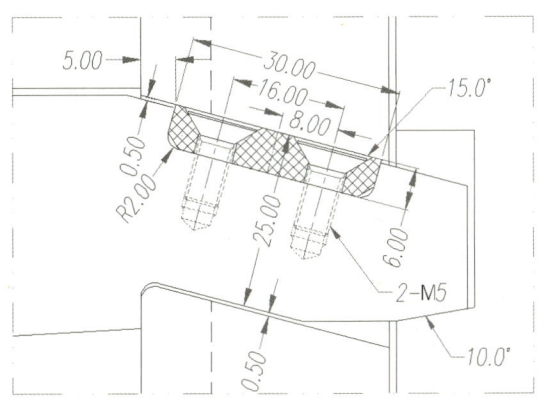

图 3-3-8 耐磨块在侧剖视图中的尺寸

耐磨块的设计操作参看微课视频。如图 3-3-9 所示是耐磨块的主要参数和设计结果。

耐磨块的设计

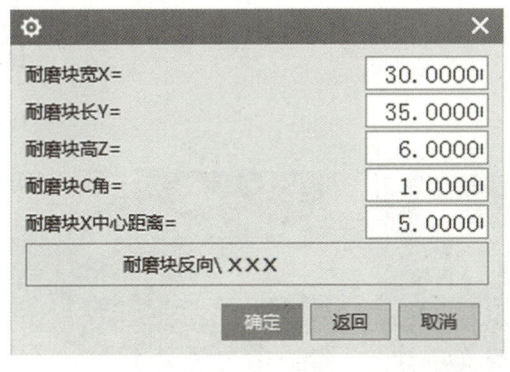

(a) 主要参数

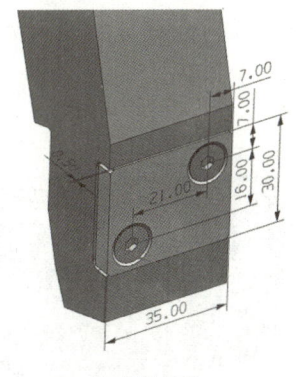

(b) 设计结果

图 3-3-9 耐磨块的主要参数和设计结果

## 六、滑块压板的设计

### 1. 滑块压板的尺寸

滑块压板常用的宽度有 16 mm、18 mm、20 mm、25 mm、30 mm 等。本例滑块大小适中,故可选用宽度为 20 mm 的压板。紧固螺钉规格选用 M6 即可。滑块压板在定模视图和侧剖视图中的尺寸如图 3-3-10 所示。

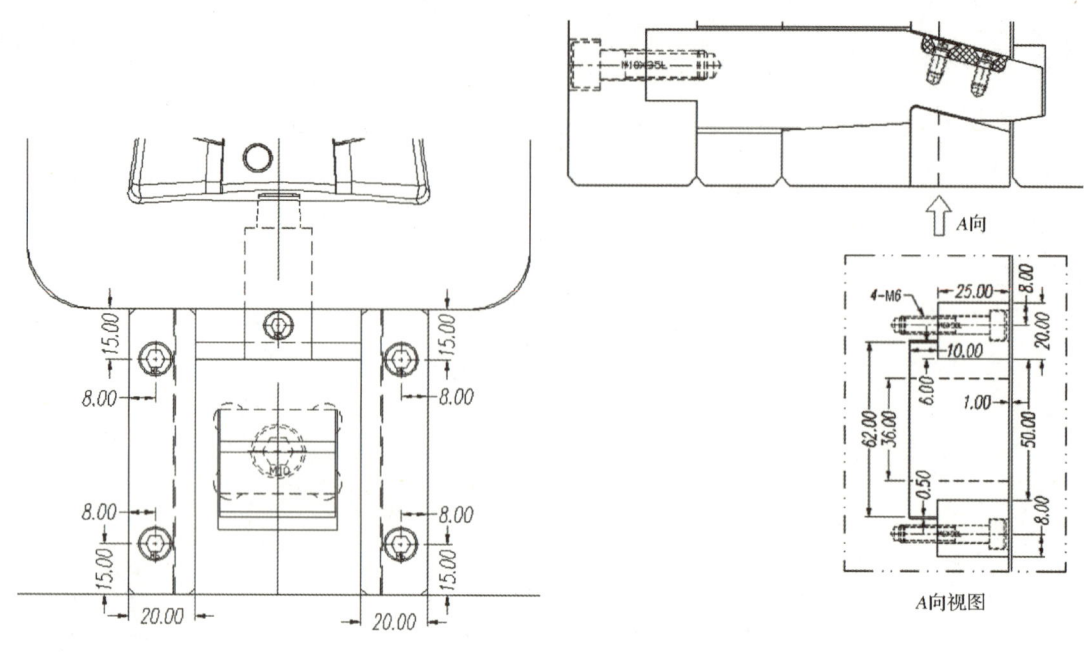

（a）定模视图　　　　　　　　　　　　　　　　（b）侧剖视图

图 3-3-10　滑块压板在定模视图和侧剖视图中的尺寸

**2. 滑块压板的调用**

调用滑块压板的具体操作参看微课视频。如图 3-3-11 所示是滑块压板的主要参数和设计结果。

滑块压板的调用

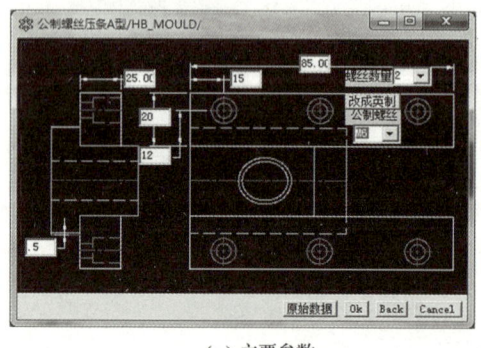
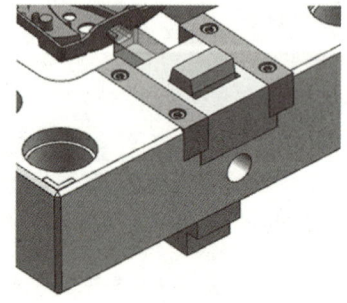

（a）主要参数　　　　　　　　　（b）设计结果

图 3-3-11　滑块压板主要参数和设计结果

## 七、限位装置的设计

限位装置包括滑块弹簧和限位螺钉。滑块弹簧的作用是辅助滑块做抽芯运动，同时阻止滑块在开模后退回。限位螺钉的作用是限制滑块运动的行程。

本例滑块抽芯机构已确定滑块行程为 5 mm，需用限位螺钉和滑块弹簧加以限位。可利用"HB_MOULD"外挂调用限位螺钉和滑块弹簧。

### 1. 限位相关尺寸

本例滑块弹簧、限位螺钉和滑块座在侧剖视图中的尺寸及滑块座 3D 效果如图 3-3-12 所示。

> **注意**
> 本例滑块机构类型为定模隧道滑块机构，安装时需先装滑块再装限位螺钉，故滑块座上需留出安装限位螺钉的扳手操作空间，否则限位螺钉将无法安装。

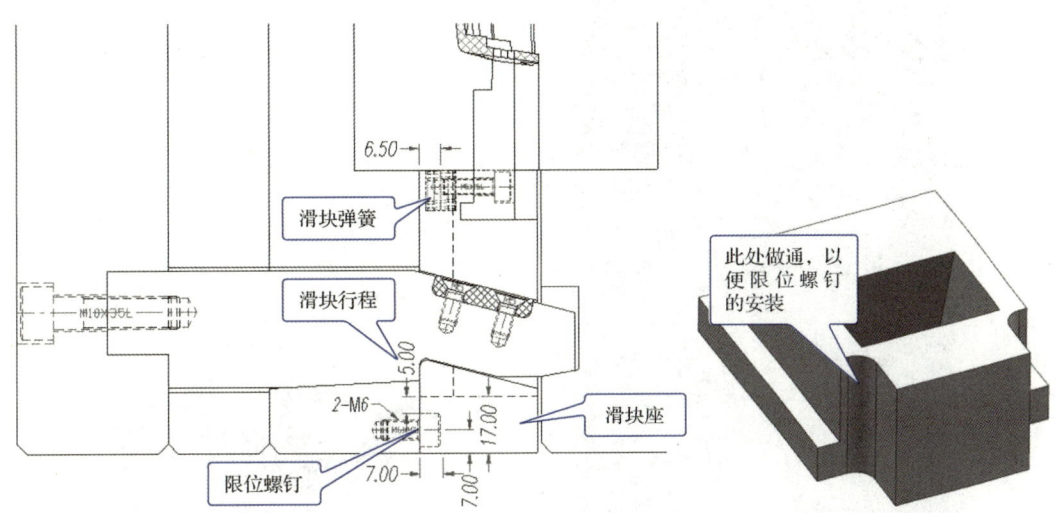

**图 3-3-12** 滑块弹簧、限位螺钉和滑块座在侧剖视图中的尺寸及滑块座 3D 效果

滑块弹簧、限位螺钉和滑块座在定模视图中的尺寸如图 3-3-13 所示。

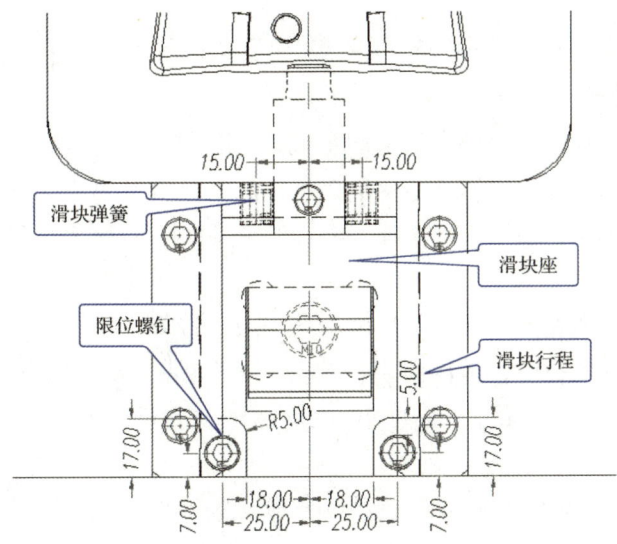

**图 3-3-13** 滑块弹簧、限位螺钉和滑块座在定模视图中的尺寸

## 2. 限位螺钉的设计

本例滑块抽芯机构初步设计的滑块座后端与定模板平齐,已无空间安装限位螺钉,且滑块中间位置有吊环螺钉孔,无法用1个螺钉限位。此处需先对滑块座的结构进行适当处理,然后选用2个规格为 M6 的螺钉作为限位螺钉。限位螺钉的设计及滑块座处理的具体操作参看微课视频。限位螺钉设计参数和设计结果如图 3-3-14 所示。

限位螺钉的设计

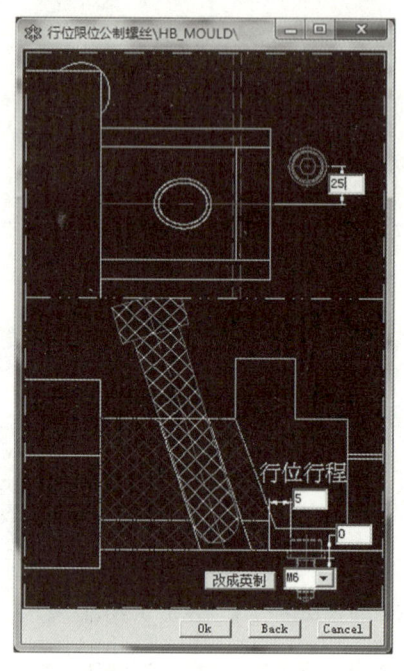

(a) 设计参数

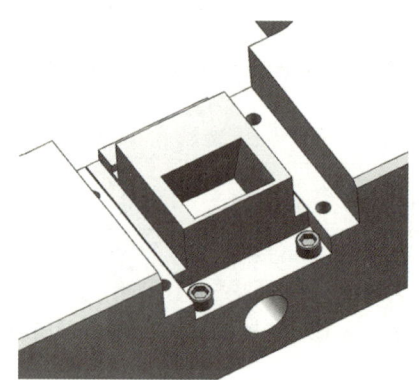

(b) 设计结果

图 3-3-14　限位螺钉参数和添加结果

## 3. 滑块弹簧的设计

确定滑块弹簧长度时,应保证弹簧空间足够,防止弹簧失效。

设定滑块行程为 $S$,弹簧总长为 $L$,弹簧压缩为 40%,滑块完全退出(抽芯动作完成)后,弹簧仍预压 10%,则:$(40\%-10\%)L=S$,整理得:$L=(10/3)S$。

弹簧空间长度(安放弹簧的孔深)为 $0.6L$。当 $L$ 过小时,为了防止弹簧失效,往往要增加弹簧长度。本例滑块行程为 $S=5$ mm,所以滑块弹簧长度 $L=(10/3)\times 5=16.67$ mm。$L$ 过小,应增加弹簧长度。取 $L=20$ mm,弹簧孔深 $=0.6L=0.6\times 20$ mm $=12$ mm。

滑块弹簧的设计

选用滑块弹簧规格为 W8-N5.4-D1.3(W 表示弹簧外径,N 表示弹簧内径,D 表示弹簧丝直径)。滑块弹簧的设计操作参看微课视频。滑块弹簧设计参数和设计结果如图 3-3-15

所示。

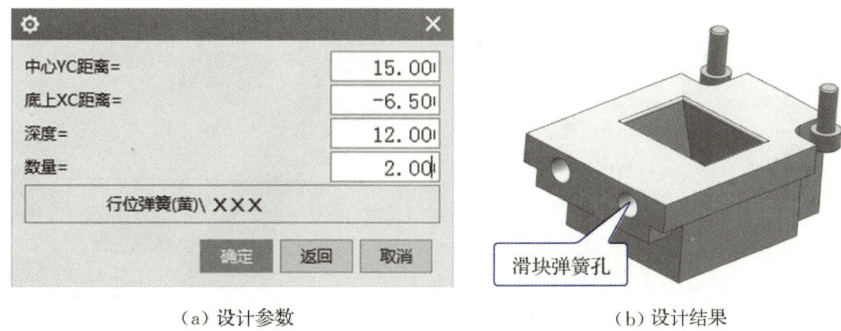

(a) 设计参数　　　　　　　　　(b) 设计结果

图 3-3-15　滑块弹簧设计参数和设计结果

## 八、定模抽芯机构零件及相关模板的处理

本例定模抽芯机构的滑块座要做适当的处理，与弯销相关的动模板、定模板、推料板、定模座板也要做适当的处理。

**1. 滑块座压脚倒斜角**

调用"倒斜角"命令，对滑块座压脚的 4 条竖直棱边倒斜角，倒角为 C5 mm，如图 3-3-16 所示。

**2. 动模板的处理**

动模板与弯销相减后，其上的弯销避让槽按图 3-3-17 所示的尺寸处理。

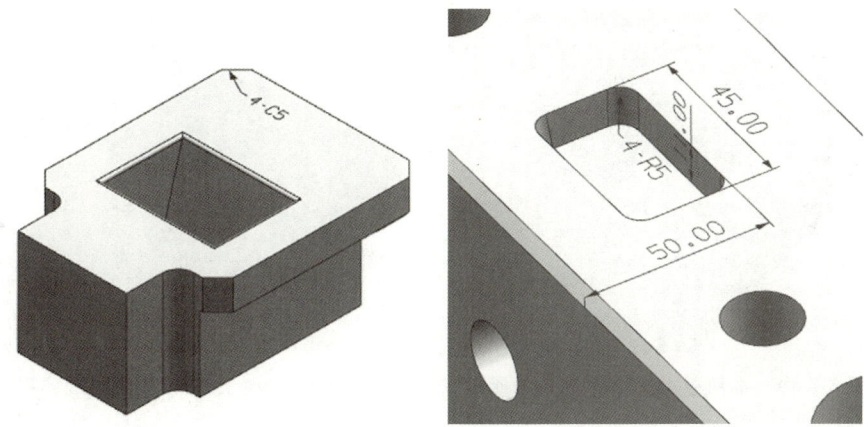

图 3-3-16　滑块座压脚倒斜角　　图 3-3-17　动模板上弯销避让槽的处理

**3. 定模板的处理**

定模板需开出弯销穿过孔。用到的命令有"减去""删除面""偏置面"等，定模板处理结果如图 3-3-18 所示。

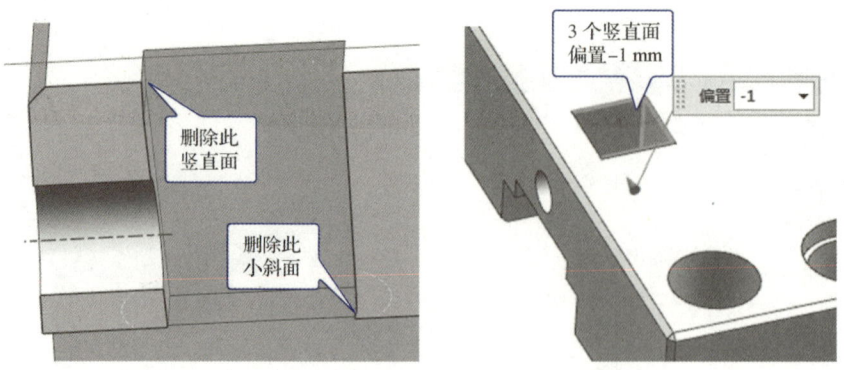

图 3-3-18　定模板上弯销穿过孔的处理结果

**4. 推料板的处理**

推料板需开出弯销穿过孔,调用"减去"命令,将推料板与弯销相减得到孔,其 4 个侧面用"偏置面"命令避空 1 mm 即可,如图 3-3-19 所示。

**5. 定模座板的处理**

定模抽芯机构的弯销是安装在定模座板上的,所以定模座板上需开出弯销安装槽。用到的命令有"减去""HB_MOULD M6.8""几何特征建模""清四角""普通式清四角"等,具体操作参看微课视频。定模座板的处理结果如图 3-3-20 所示。

定模抽芯机构零件及相关模板的处理

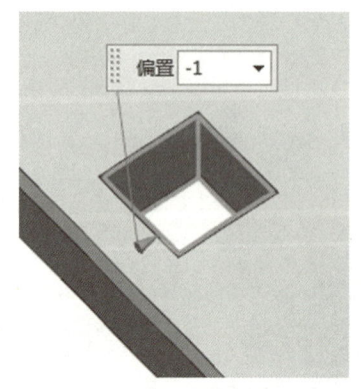

图 3-3-19　推料板上弯销穿过孔的避空

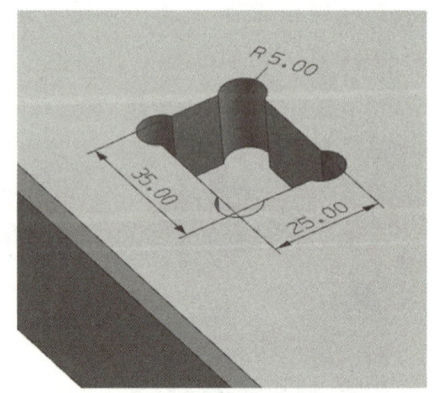

图 3-3-20　定模座板的处理结果

**6. 紧固螺钉的添加**

滑块型芯用 M5 紧固螺钉锁紧在滑块座上;弯销用 1 个 M10 紧固螺钉锁紧在定模座板上。可利用"HB_MOULD M6.8"→"螺丝系列"→"定位螺丝"/"正向螺丝"等方法添加。具体操作参看微课视频。各处的紧固螺钉规格和主要位置尺寸如图 3-3-21、图 3-3-22 所示。

紧固螺钉的添加

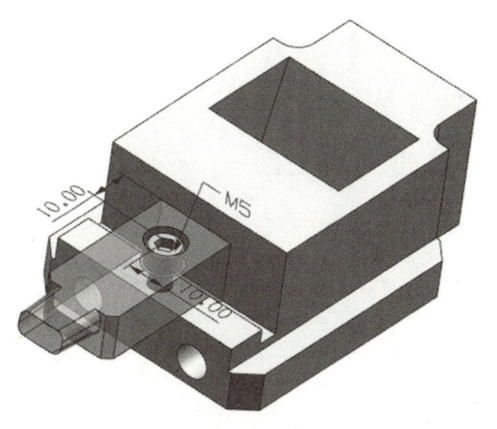

图 3-3-21　滑块型芯紧固螺钉规格和主要位置尺寸

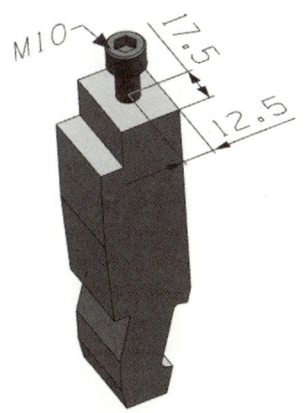

图 3-3-22　弯销紧固螺钉规格和主要位置尺寸

## 3.4　点浇口浇注系统设计

浇注系统设计包括主流道、分流道、浇口、冷料井的设计。

本例采取点浇口(细水口)浇注系统,要特别注意其分流道和浇口的设计。

### 一、点浇口浇注系统的组成与主要设计参数

**1. 点浇口浇注系统的组成**

点浇口浇注系统一般由点浇口、垂直分流道、水平分流道、主流道、冷料井、分流道末端冷料井等部分组成,如图 3-4-1 所示,还包括流道钩针、浇口套、定位环等实体零件。

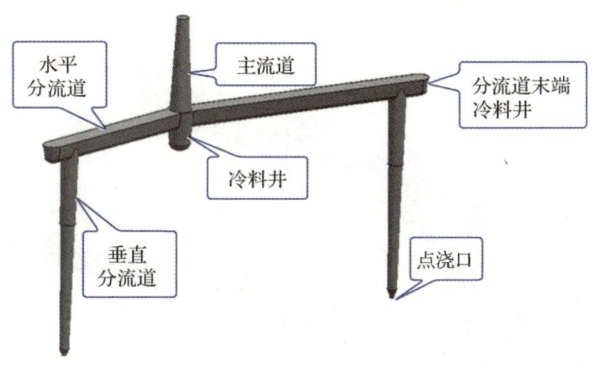

图 3-4-1　点浇口浇注系统的组成

**2. 点浇口浇注系统的主要设计参数**

点浇口浇注系统的主要设计参数如图 3-4-2 所示,具体应用时可做适当调整。

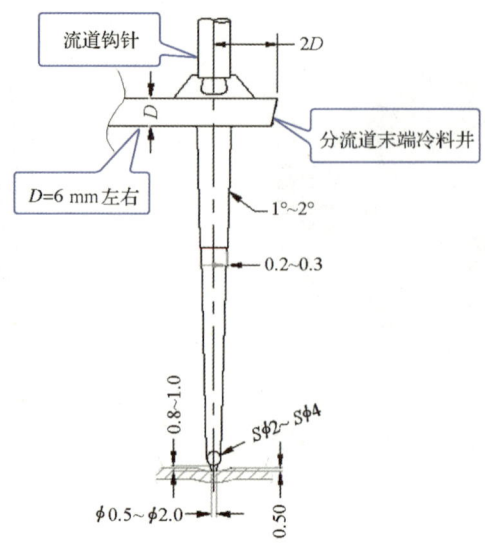

图 3-4-2 点浇口浇注系统的主要设计参数

## 二、点浇口和垂直分流道的设计

### 1. 点浇口的位置及尺寸

(1) 点浇口的位置

本例产品已预设 2 个点浇口(产品上的 2 个凹位),均位于产品的曲面或斜面上。点浇口与模具中心间距应尽量取整数,且尽量靠近点浇口凹位的中心。经测试,本例点浇口比较合适的 P、Q 位置坐标分别为 P(23.3,−40,14.8)、Q(−16.5,70.5,14.8),如图 3-4-3 所示。

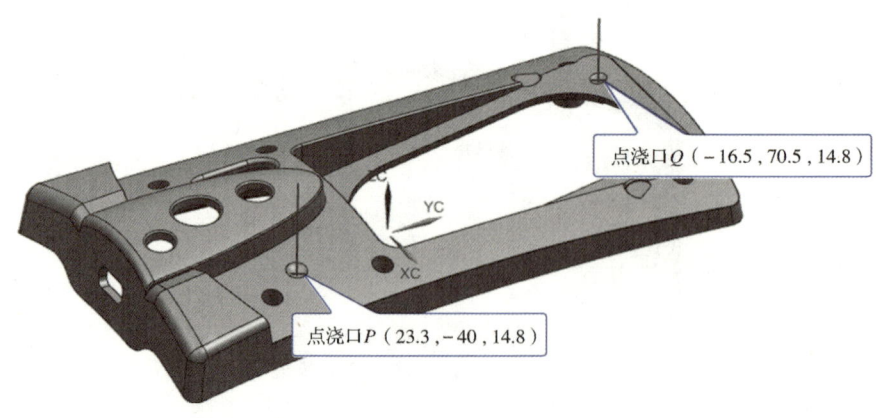

图 3-4-3 点浇口位置坐标

(2) 点浇口的尺寸

点浇口 P 在正剖视图中的主要尺寸如图 3-4-4 所示。点浇口 Q 在侧剖视图中的主要尺寸如图 3-4-5 所示。

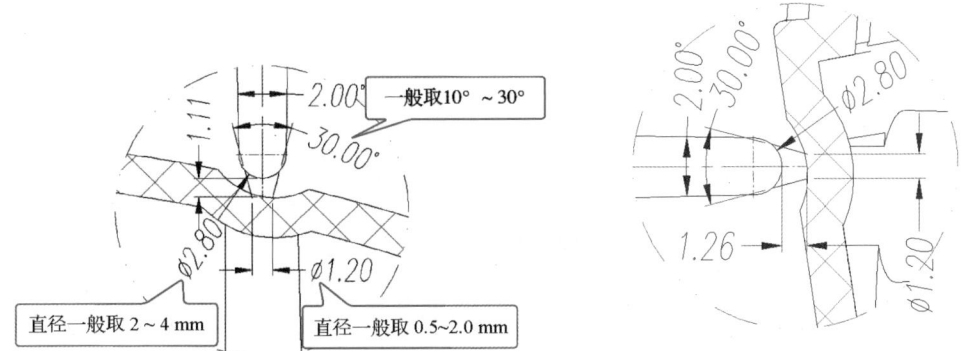

图 3-4-4　点浇口 P 在正剖视图中的主要尺寸　　图 3-4-5　点浇口 Q 在侧剖视图中的主要尺寸

**2. 垂直分流道的尺寸**

点浇口 P 对应的垂直分流道在正剖视图中的尺寸如图 3-4-6 所示。点浇口 Q 对应的垂直分流道在侧剖视图中的尺寸如图 3-4-7 所示。

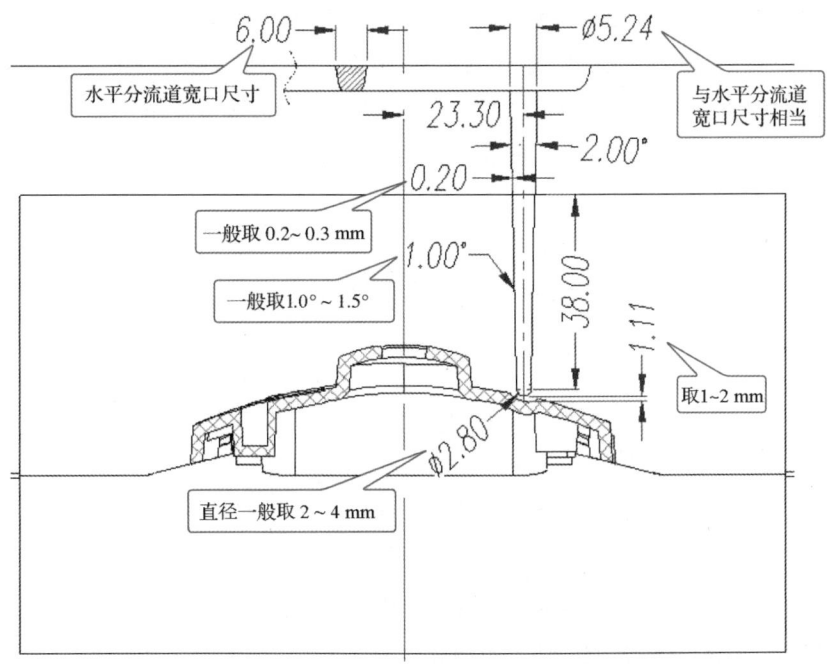

图 3-4-6　点浇口 P 对应的垂直分流道在正剖视图中的尺寸

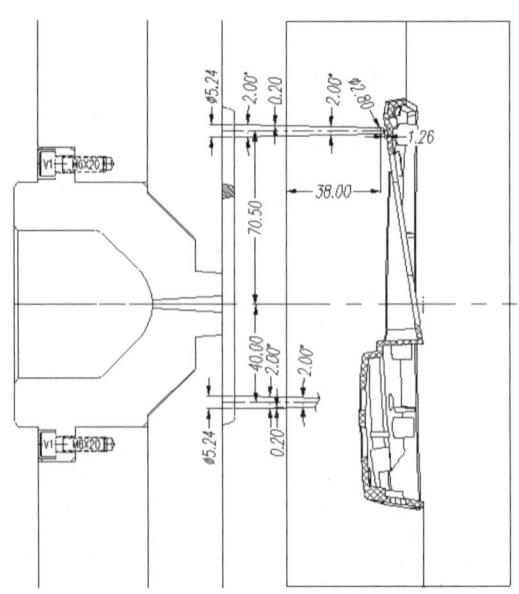

**图 3-4-7　点浇口 $Q$ 对应的垂直分流道在侧剖视图中的尺寸**

**3. 流道钩针的设计**

为了达到流道废料自动脱落的目的，需在点浇口的位置设计流道钩针，通常将其设置在垂直分流道的正上方。流道钩针的作用是拉断点浇口，使流道废料与产品分离，并将流道废料从定模板和型腔中抽出。流道钩针的倒锥形头部应缩进推料板内，以防阻碍熔融塑料的流动。流道钩针的直径与水平分流道的宽口尺寸相当，一般为 $\phi 5$ mm 或 $\phi 6$ mm，本例选用 $\phi 6$ mm。如图 3-4-8 所示是流道钩针的相关尺寸参考值。

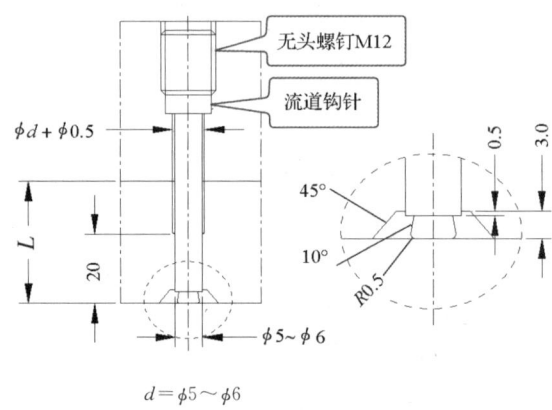

**图 3-4-8　流道钩针的相关尺寸参考值**

**4. 点浇口、垂直分流道和流道钩针的创建**

点浇口、垂直分流道和流道钩针可利用"HB_MOULD M6.8"外挂一起创建，操作步骤参看微课视频。

图 3-4-9 所示为点浇口、垂直分流道、流道钩针的相关尺寸和插入点坐标。$Z=14.8$ mm 使 2 个点浇口刚好超出型腔，完全打通进浇通道而又不

点浇口、垂直分流道的创建

至于使浇口太大。创建完成后,点浇口、垂直分流道和流道钩针如图 3-4-10 所示。

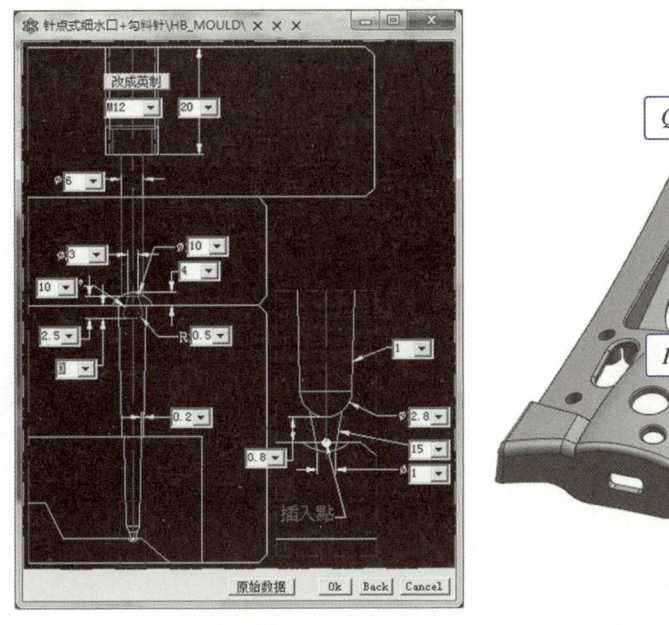
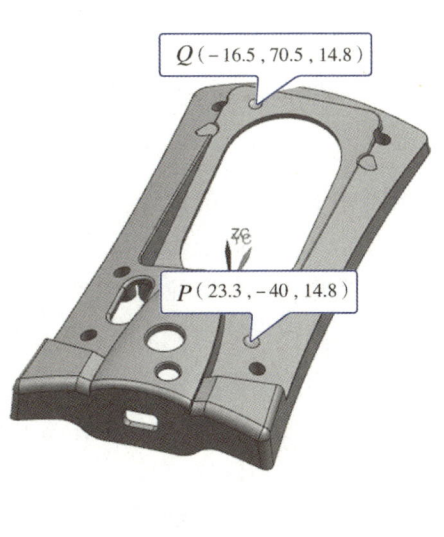

图 3-4-9　点浇口、垂直分流道、流道钩针的相关尺寸和插入点坐标

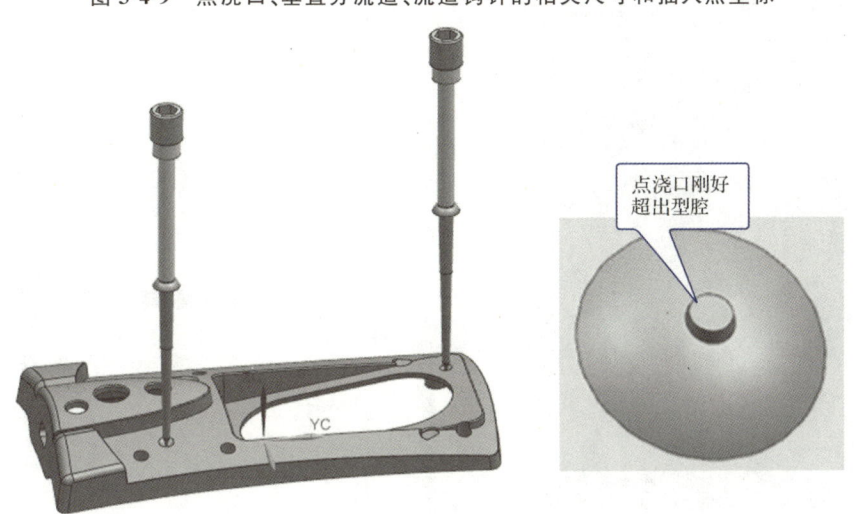

图 3-4-10　创建完成的点浇口、垂直分流道和流道钩针

## 三、水平分流道的设计

### 1. 水平分流道的形状及规格的选用

常用的分流道截面形状一般有 3 种:圆形、U 形、梯形。因本例为三板模,故可选用 U 形或梯形截面分流道,本例选用梯形截面分流道。

梯形截面分流道的具体尺寸由产品的大小来确定,通常开设在定模板上,本例梯形截面分流道的相关尺寸如图 3-4-11 所示。

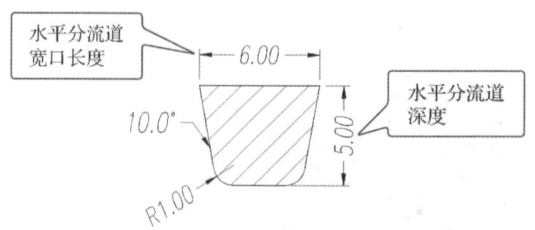

图 3-4-11 梯形截面分流道的相关尺寸

**2. 分流道末端冷料井的设计**

通常将水平分流道的末端延伸一段,作为冷料井,以收集前锋冷料,防止前锋冷料直接进入产品型腔,影响产品质量。水平分流道末端冷料井的长度一般为分流道深度的 2 倍左右,本例设计为 10 mm。

水平分流道的设计

**3. 水平分流道的创建与处理**

创建、处理水平分流道的具体操作参看微课视频。图 3-4-12 所示为水平分流道的尺寸参数和创建结果。

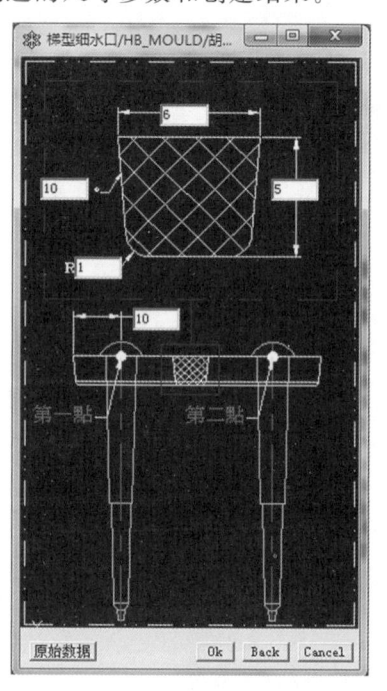
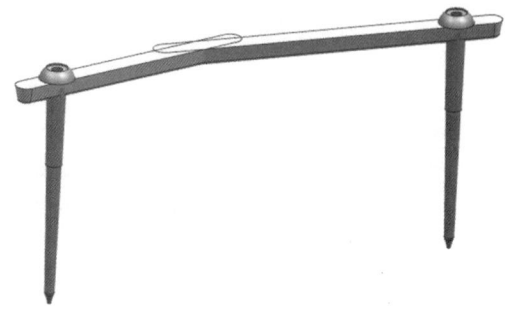

(a) 尺寸参数　　　　　　　(b) 创建结果

图 3-4-12 水平分流道尺寸参数及创建结果

水平分流道在定模板上的创建结果如图 3-4-13 所示。

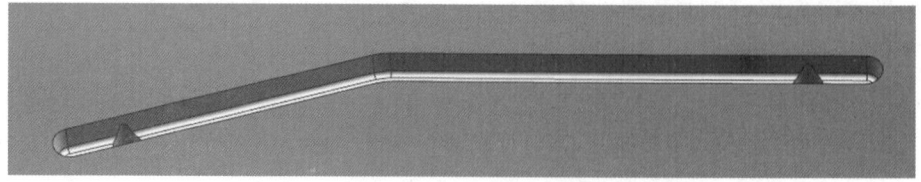

图 3-4-13 水平分流道在定模板上的创建结果

## 四、三板模主流道和定位环的设计

### 1. 主流道的设计

因主流道一般在浇口套内,故主流道的设计就是浇口套的设计。三板模一般采用标准浇口套,超过 4545 的模架则采用自制浇口套。

(1)标准大浇口套的介绍

本例为三板模中型模具。为了缩短主流道的长度,可选用标准的大浇口套,如图 3-4-14 所示,这种浇口套与定位环连成一体。本例标准大浇口套文件存放在配套资源中的 SL-Part\SL03 路径下,名称为"SL03 标准大浇口套.stp"。需要时可直接调用,也可对照图 3-4-14 提供的图形和相关尺寸,在 UG 中绘制草图,然后旋转创建。

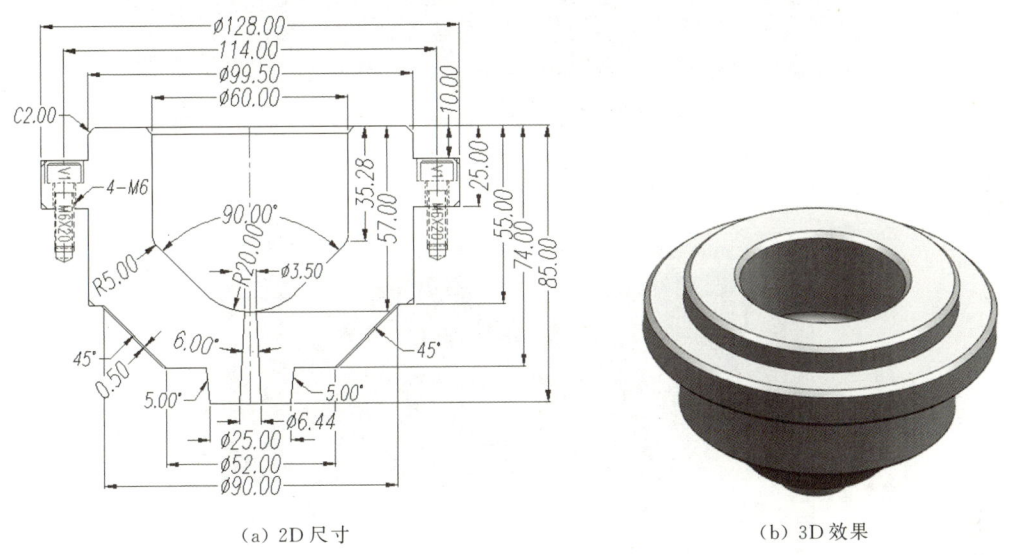

(a) 2D 尺寸　　(b) 3D 效果

图 3-4-14　标准大浇口套 2D 尺寸及 3D 效果

(2)节能型浇口套的介绍

利用"HB_MOULD M6.8"外挂可以调用节能型浇口套,操作时可将其连同定位环一并调用,其主要尺寸如图 3-4-15 所示。

### 2. 定位环的设计

本例可选用类型为 LRA、规格为 100 的定位环,其主要参数如图 3-4-16 所示。选用标准大浇口套则不用此定位环。

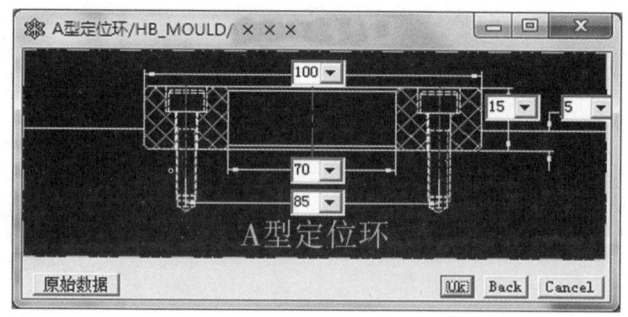

图 3-4-15　节能型浇口套和定位环的主要尺寸

图 3-4-16　定位环主要参数

**3. 浇口套和定位环的调用**

本例采用定位环和浇口套连成一体的标准大浇口套，直接调用预先创建好的"SL03 标准大浇口套.stp"，然后再对相关模板做适当处理，具体操作参看微课视频。

**4. 大浇口套的处理**

观察发现，靠地侧的流道钩针已破穿大浇口套，如图 3-4-17 所示，需对破穿处做适当处理。

浇口套的调用

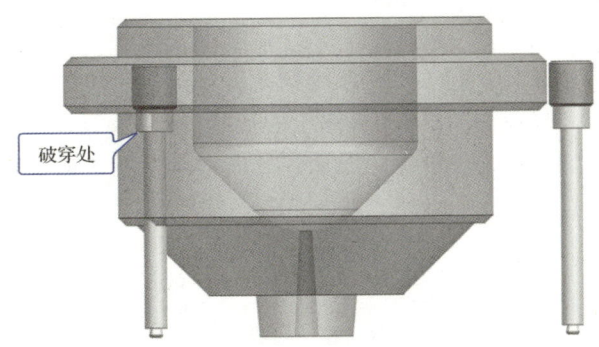

图 3-4-17　流道钩针破穿大浇口套

(1) 大浇口套靠地侧流道钩针安装孔的处理

调用"减去"命令将大浇口套与靠地侧的流道钩针相减,然后调用"偏置面"命令将流道钩针安装孔(包括沉头孔)偏置 −0.5 mm 做避空,如图 3-4-18 所示。具体操作参看微课视频。

大浇口套的处理

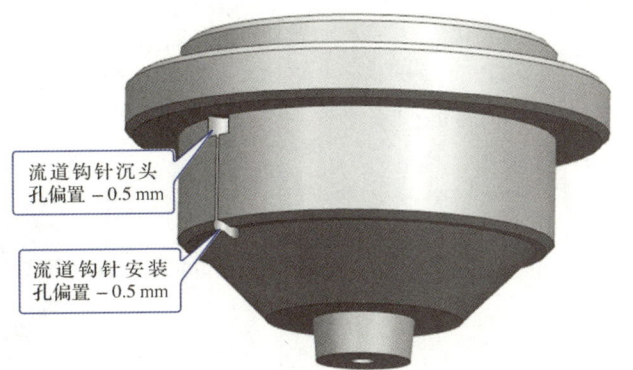

图 3-4-18　大浇口套靠地侧流道钩针安装孔的处理

(2) 大浇口套靠地侧无头螺钉安装孔的处理

处理大浇口套的具体操作参看微课视频。大浇口套上无头螺钉安装孔创建结果如图 3-4-19 所示。

将流道钩针及无头螺钉移动至第 20 层。

**5. 大浇口套紧固螺钉的添加**

用 4 个 M6 的紧固螺钉将大浇口套锁紧在定模座板上。紧固螺钉中心距为 114 mm,对称分布,可利用"HB_MOULD M6.8"外挂添加,结果如图 3-4-20 所示。具体操作参看微课视频。

图 3-4-19　大浇口套上无头螺钉安装孔创建结果　　图 3-4-20　大浇口套紧固螺钉添加结果

#### 6. 冷料井的设计

在三板模中,主流道的末端通常要设计冷料井。

图 3-4-21 所示为本例冷料井在侧剖视图中的形状、尺寸及其 3D 效果。对照冷料井的形状和尺寸,完成冷料井的设计。具体操作参看微课视频。

冷料井的设计

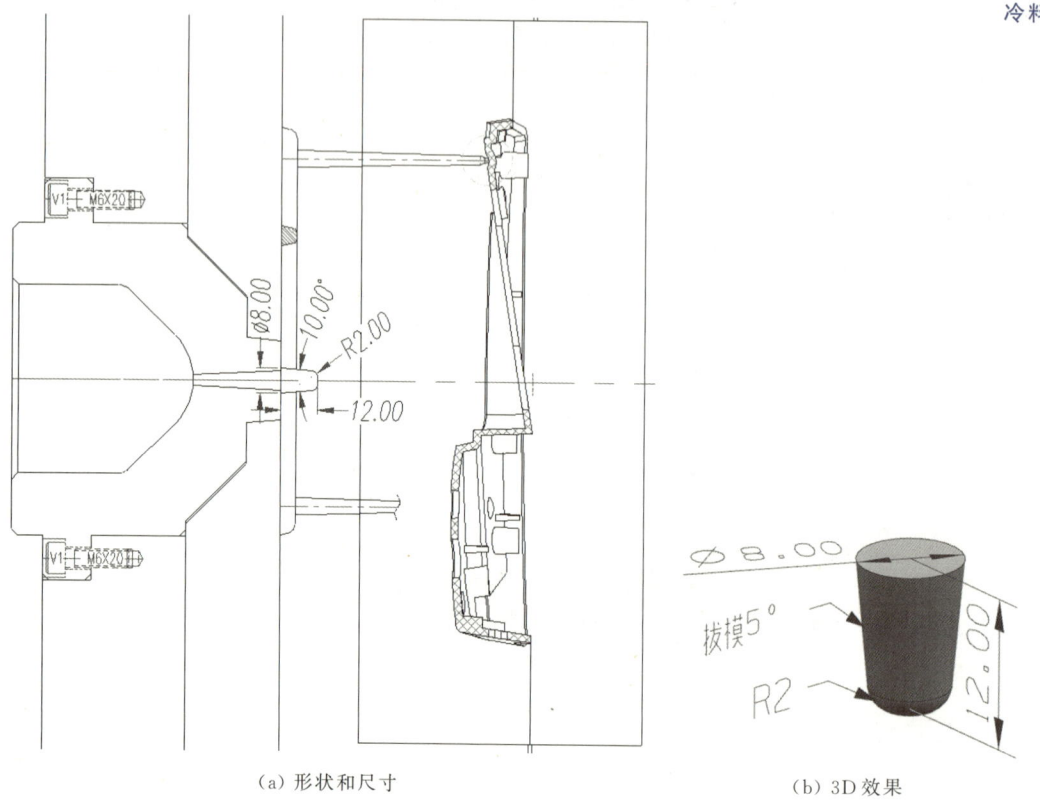

(a) 形状和尺寸　　(b) 3D 效果

图 3-4-21　冷料井在侧剖视图中的形状、尺寸及其 3D 效果

## 3.5　冷却系统设计

冷却系统的冷却形式有直通式、循环式、水井式等多种。本例采用循环式冷却系统。设计冷却水道时,通常冷却水道边与镶件边、斜顶杆边、螺钉孔边、推杆边的间距最小为 4 mm。冷却水道边不能与产品料位太近,一般取 10～15 mm。冷却水道中心与型腔、型芯边的间距不小于 12 mm,常取整数。常用冷却水道规格有 $\phi6.0$ mm、$\phi8.0$ mm、$\phi10.0$ mm、$\phi16.0$ mm,具体选用可根据型腔、型芯的大小来确定。本例选用 $\phi8.0$ mm 的冷却水道。

> **注意**
> 
> 冷却水道的进出口尽量设计在非操作侧,尽量避免设计在天侧和地侧。

## 一、定模循环式冷却系统设计

本例定模采用循环式冷却水道。依据冷却水道的设计原则,可以确定定模冷却系统的形状和相关尺寸。利用"HB_MOULD M6.8"外挂调用定模冷却系统,具体操作参看微课视频。定模冷却系统的设计参数如图 3-5-1 所示。

定模冷却系统的设计

定模冷却系统调用结果如图 3-5-2 所示。测量可知,冷却水道边与产品料位间距为 10~15 mm,符合冷却水道的设计原则。在定模板上添加水管接头,结果如图 3-5-3 所示。

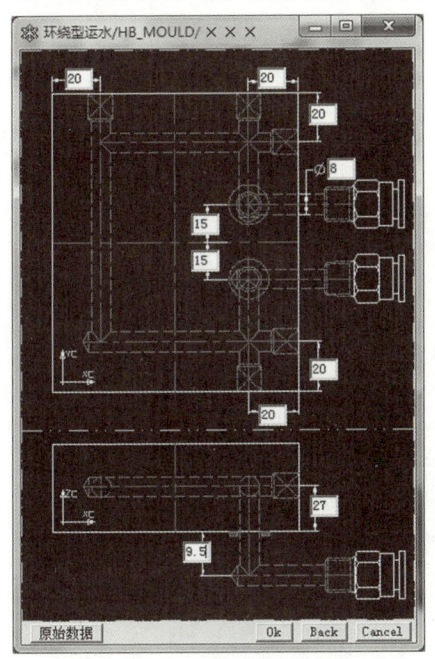

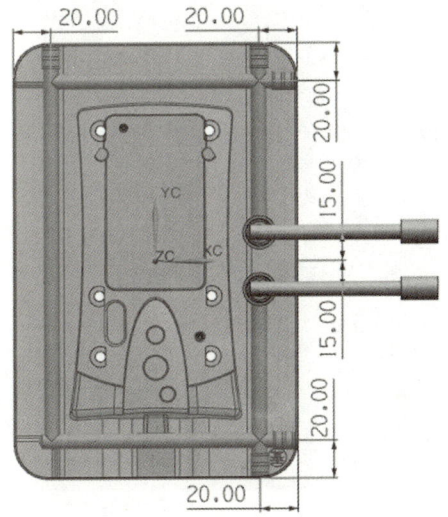

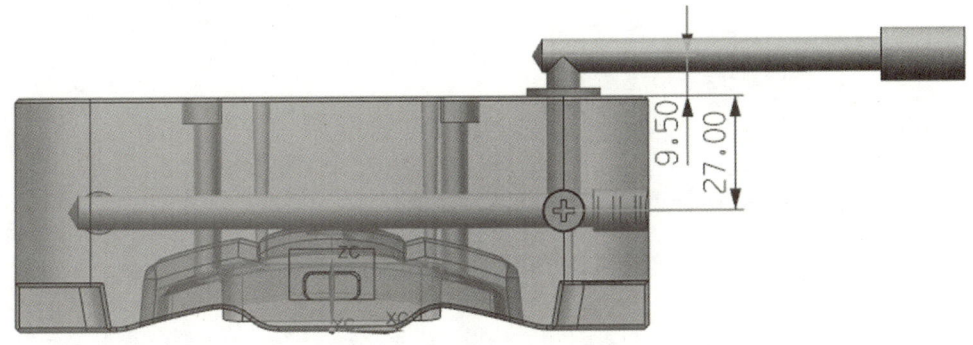

图 3-5-1 定模冷却系统的设计参数

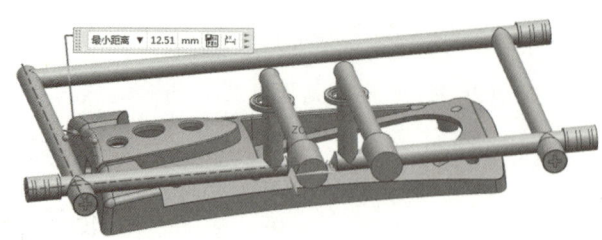
图 3-5-2　定模冷却系统调用结果

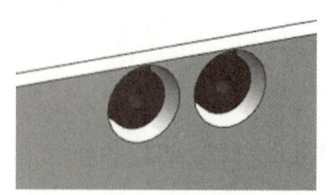
图 3-5-3　在定模板上添加水管接头结果

## 二、动模循环式冷却系统设计

本例动模也采用循环式冷却水道。根据冷却水道的设计原则,可以确定动模冷却系统的形状和相关尺寸。利用"HB_MOULD M6.8"外挂调用动模冷却系统,具体操作参看微课视频。动模冷却系统设计参数如图 3-5-4 所示。

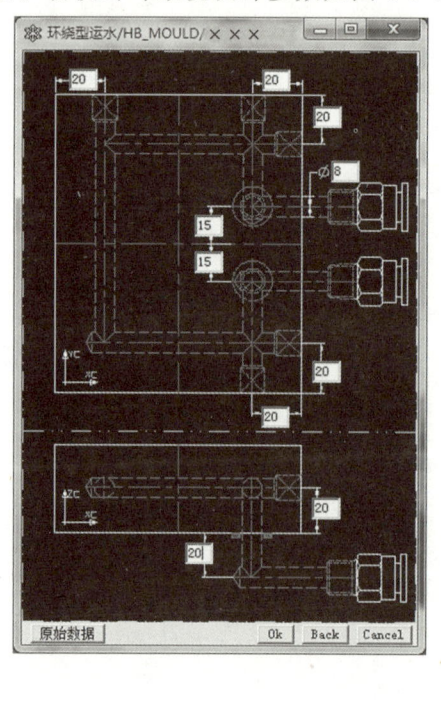
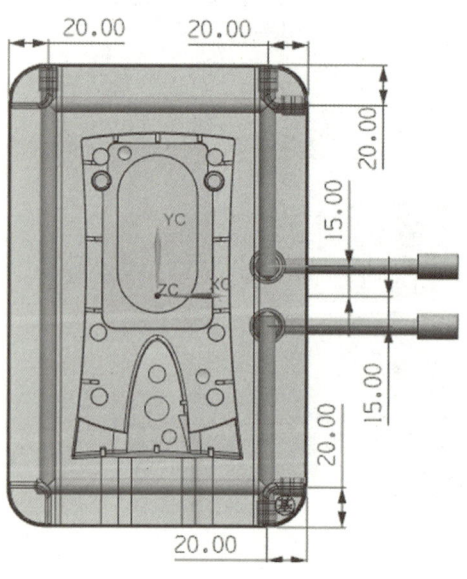
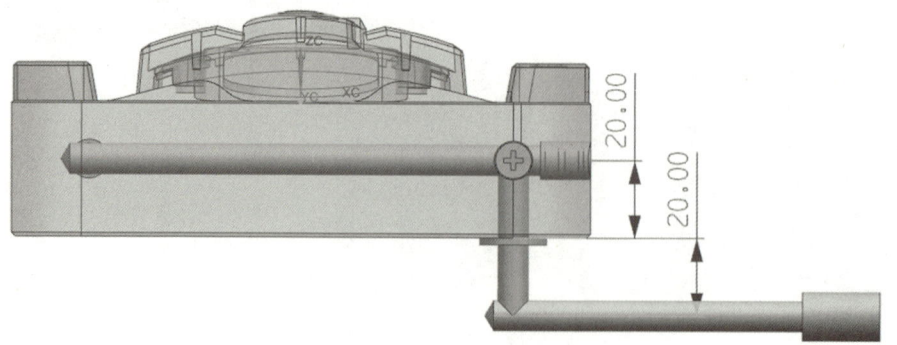

图 3-5-4　动模冷却系统设计参数

动模冷却系统调用结果如图 3-5-5 所示。测量可知，冷却水道边与产品料位间距为 10～15 mm，符合冷却水道的设计原则。在动模板上添加水管接头，结果如图 3-5-6 所示。

图 3-5-5　动模冷却系统调用结果

图 3-5-6　在动模板上添加水管接头结果

## 3.6　顶出系统设计

常用的顶出方式有推杆顶出、推管顶出、推块顶出、推板顶出、斜顶杆顶出等。本例没有斜顶杆机构，产品上也没有螺钉柱位，因此选用推杆顶出即可。

### 一、推杆的设计

**1. 推杆规格的选用**

推杆的规格由产品的大小确定，且推杆的规格应尽量统一。本例有 6 个柱位，柱位最小端长度为 8.04 mm，故用 6 支 $\phi 8$ mm 的推杆顶在 6 处柱位上，料位选用 $\phi 6$ mm 的推杆顶出。

**2. 推杆的排布**

(1) 推杆排布的原则

①推杆的排布要均匀，以使顶出力平衡。

②推杆应排布于有效部位，如加强筋、柱位、台阶、金属嵌件、局部厚壁等结构复杂部位。相邻两推杆的排布距离一般为 20 mm 左右。

③推杆孔边与冷却水道边的间距应最小为 4 mm，与型芯镶件边的间距应最小为 1.5 mm。

④推杆中心与模具中心的间距应尽可能取整数，以便取数加工。

(2) 推杆的排布位置

本例产品有 6 个柱位，分别用 $\phi 8$ mm 的推杆顶在上面，其他料位处用 6 支 $\phi 6$ mm 的推杆排布。本例推杆的排布及位置尺寸如图 3-6-1 所示。

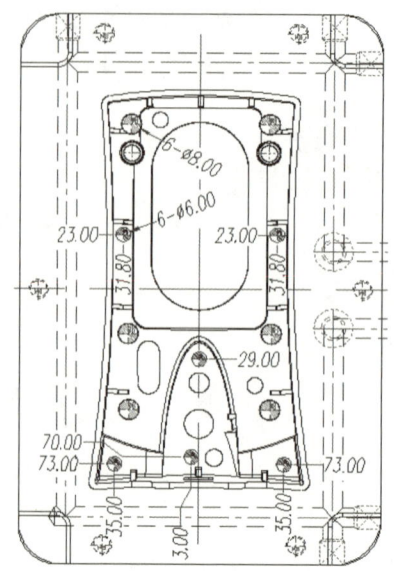

图 3-6-1 推杆的排布及位置尺寸

## 二、推杆的调用与处理

本例顶出系统的设计主要是推杆的调用和处理。

### 1. 推杆的调用

对照推杆的排布及位置尺寸图,利用"HB_MOULD M6.8"外挂调用 $\phi 8$ mm 和 $\phi 6$ mm 的推杆,添加时将"排位数"设为 0.01,调用结果如图 3-6-2 所示。具体操作参看微课视频。

推杆的调用与处理

### 2. 推杆的处理

利用"HB_MOULD M6.8"外挂处理推杆,结果如图 3-6-3 所示。具体操作参看微课视频。

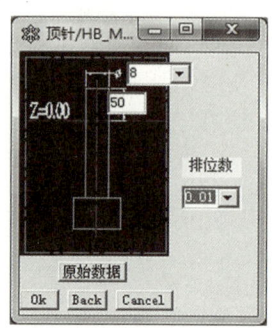
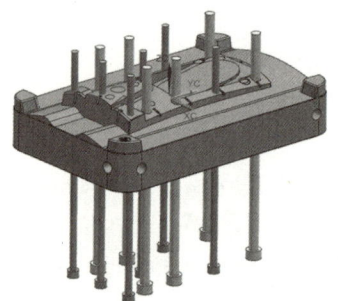

图 3-6-2 推杆调用结果

图 3-6-3 推杆处理结果

### 3. 推杆的避空

利用"HB_MOULD M6.8"外挂完成推杆的避空,参数设置如图 3-6-4 所示。具体操作参看微课视频。

### 4. 推杆定位

本例 6 支 φ6 mm 的推杆全部顶在曲面上,故要定位防转。利用"HB_MOULD M6.8"外挂完成 6 支 φ6 mm 推杆的定位,如图 3-6-5 所示。具体操作参看微课视频。

推杆与相关零件的处理

### 5. 型芯与推杆相减

调用"减去"命令在型芯上创建 12 个推杆孔。具体操作参看微课视频。

### 6. 推杆在型芯中的避空

调用"HB_MOULD M6.8"外挂创建推杆在型芯中的避空,参数设置如图 3-6-6 所示。具体操作参看微课视频。

### 7. 将推杆移动至指定图层

将所有推杆移动至第 50 层。

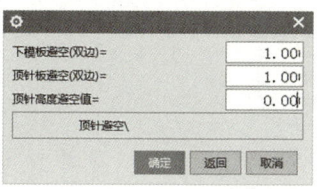

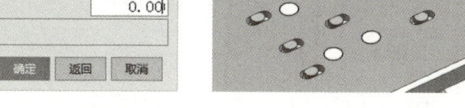

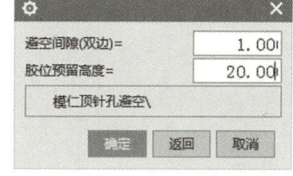

图 3-6-4 推杆避空参数设置　　图 3-6-5 推杆定位　　图 3-6-6 型芯中推杆的避空参数设置

## 3.7 排气系统设计

模具内气体不仅包括型腔里的空气,还包括流道里的空气和塑料熔体分解产生的气体。在注塑时,这些气体都应顺利地排出。如果气体不能顺利排出,模具将会充填困难或局部飞边,严重时产品表面会产生焦痕。

常用的排气方法有利用分型面排气、利用推杆排气和利用镶拼间隙排气等。若以上方法不能将模具内的气体顺利排出,则要开排气槽。排气槽一般开设在型腔一侧。

本例有型腔镶件和推杆排气,如果试模后产品出现排气不畅,则需由钳工师傅自行加工排气槽。

## 3.8 三板模标准件的设计

本例标准件主要包括小拉杆、小拉杆弹簧、开闭器、支撑柱、限位块、弹簧、限位钉、型腔和型芯的紧固螺钉等。

### 一、小拉杆的设计

三板模都要设计小拉杆,其作用是限定推料板与定模板、推料板与定模座板之间的开模间距。设计小拉杆包括确定小拉杆的规格、摆放位置、数量及小拉杆的限位距离。

**1. 小拉杆规格的确定**

常用的小拉杆规格有 $\phi13$ mm、$\phi16$ mm、$\phi20$ mm、$\phi25$ mm、$\phi30$ mm 等。小拉杆规格的选用原则：小拉杆直径与复位杆直径相当，在空间不够的情况下，可以偏小一个规格。本例的复位杆直径为 20 mm，如果选用 $\phi20$ mm 的小拉杆，则无足够的空间摆放，故可选用偏小一个规格（$\phi16$ mm）的小拉杆。

**2. 小拉杆摆放位置及数量的确定**

小拉杆一般摆放在长、短导柱之间，且其长度应尽量大，取出流道时就不会挡住手或者机械手。如果没有特殊情况，小拉杆的数量为 4，且对称分布，以确保受力平衡。本例小拉杆的摆放位置尺寸如图 3-8-1 所示。

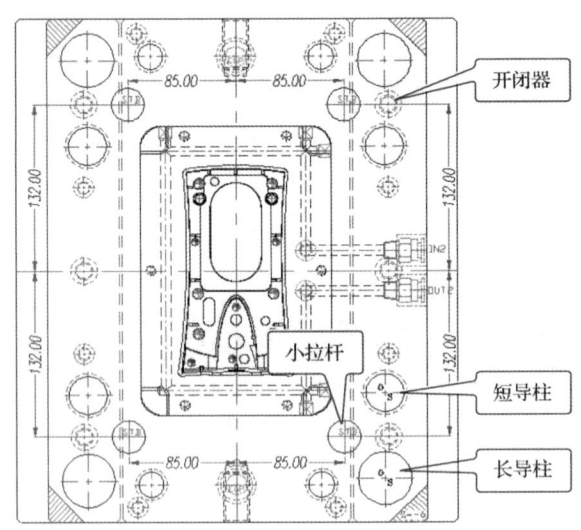

图 3-8-1 小拉杆的摆放位置尺寸

**3. 小拉杆限位距离的确定**

(1) 推料板与定模座板的打开距离

推料板与定模座板的打开距离一般取 6～10 mm，本例取 10 mm。

(2) 推料板与定模板的打开距离

推料板与定模板的打开距离 $L=$ 流道总长 $+(20\sim30)$ mm $\geqslant 120$ mm。

本例的流道总长为 94.16 mm，故推料板与定模板的打开距离 $L=94.16$ mm $+(20\sim30)$ mm $=114.16\sim124.16$ mm，取 120 mm。小拉杆的限位距离如图 3-8-2 所示。

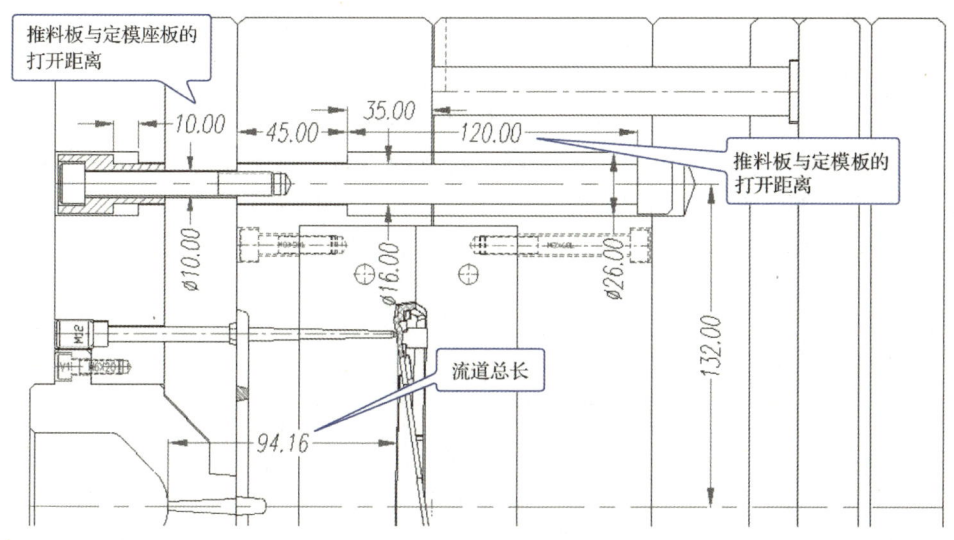

图 3-8-2 小拉杆的限位距离

### 4. 小拉杆的添加

利用"HB_MOULD M6.8"外挂添加小拉杆。具体操作参看微课视频。小拉杆设计参数及添加结果如图 3-8-3 所示。

将 4 套小拉杆移动至第 103 层。

小拉杆的添加

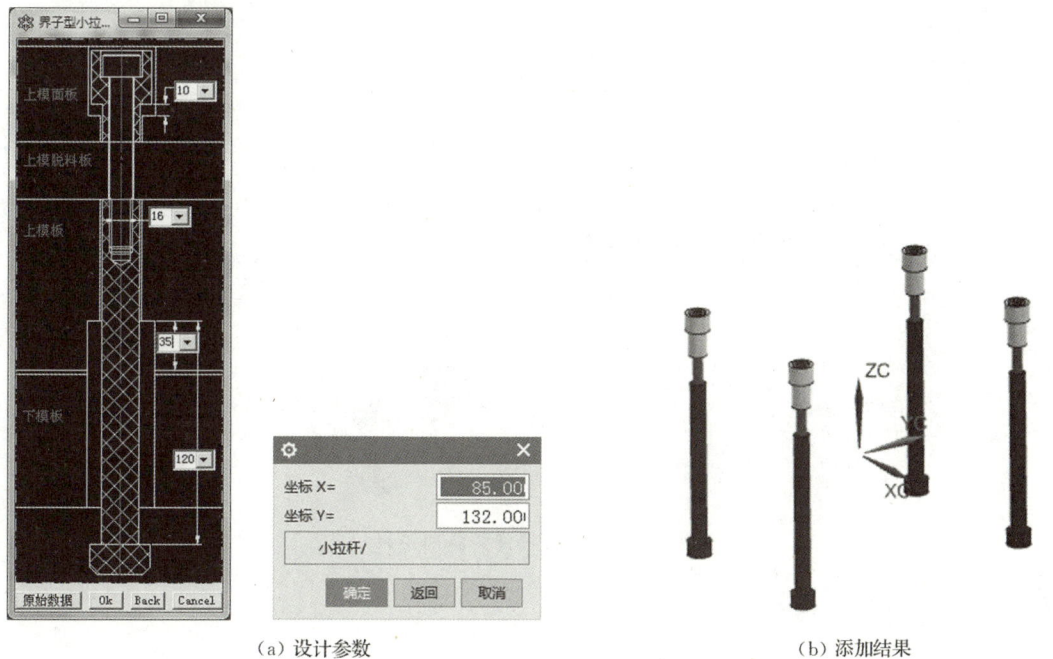

(a) 设计参数　　　　　　　　(b) 添加结果

图 3-8-3 小拉杆设计参数及添加结果

## 二、小拉杆弹簧的设计

小拉杆弹簧的作用是确保三板模在开模时首先从推料板和定模板之间打开,从而保证开模顺序正确。

**1. 小拉杆弹簧的规格及安装位置**

小拉杆弹簧需直接套在小拉杆上,故其内径应略大于小拉杆直径。假设弹簧行程取 10 mm,预压量取 6 mm,压缩比取 0.4,则可计算弹簧自由长度为 $L=(10+6)\text{mm}/0.4=40$ mm。根据弹簧标准,可选择的弹簧类型为轻载荷(蓝),规格为 TL 35×17.5×40,其安装尺寸如图 3-8-4 所示,弹簧伸入定模板的长度为 24 mm,该长度也是弹簧压缩状态的长度。

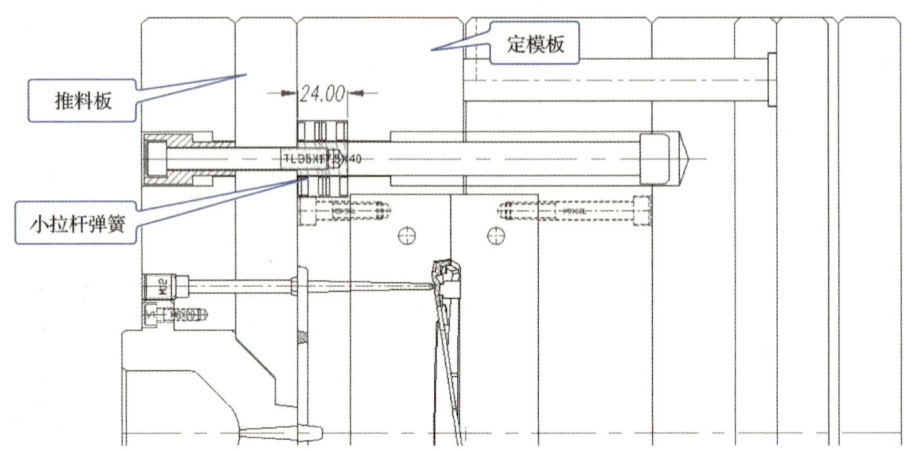

图 3-8-4 小拉杆弹簧的安装尺寸

**2. 小拉杆弹簧的添加**

添加小拉杆弹簧的具体操作参看微课视频。小拉杆弹簧添加结果如图 3-8-5 所示。

小拉杆弹簧已默认归入第 109 层,需将第 109 层打开才能使小拉杆弹簧可见。将 4 个小拉杆弹簧移动至第 103 层,使其与小拉杆在同一图层。

小拉杆弹簧的添加

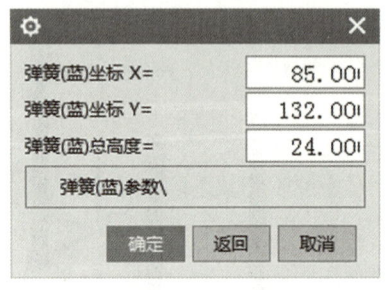 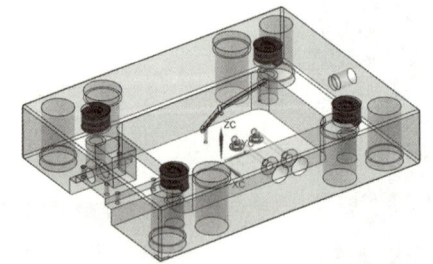

图 3-8-5 小拉杆弹簧添加结果

## 三、开闭器的设计

三板模都要设计开闭器,其作用是保证其开模的先后顺序。设计开闭器包括确定开闭器的规格、摆放位置及数量。

**1. 开闭器规格的确定**

常用的开闭器规格有 $\phi$10 mm、$\phi$13 mm、$\phi$16 mm、$\phi$20 mm 等。其顶部常开设 $\phi$5 mm 的

孔排气。开闭器规格的选用原则：开闭器直径与复位杆直径相同，在空间不够的情况下，可以偏小一个规格。

本例的复位杆直径为 20 mm，如果选用 $\phi$20 mm 的开闭器，则无足够的摆放空间，故可选用偏小一个规格（$\phi$16 mm）的开闭器。

**2. 开闭器摆放位置及数量的确定**

开闭器一般摆放在长、短导柱之间，且常排布在小拉杆附近。通常情况下，开闭器的数量与小拉杆的数量相同且一一对应，以确保受力平衡。开闭器的位置及相关尺寸如图 3-8-6 所示，靠近基准角处的开闭器位置坐标为(120，−130)。

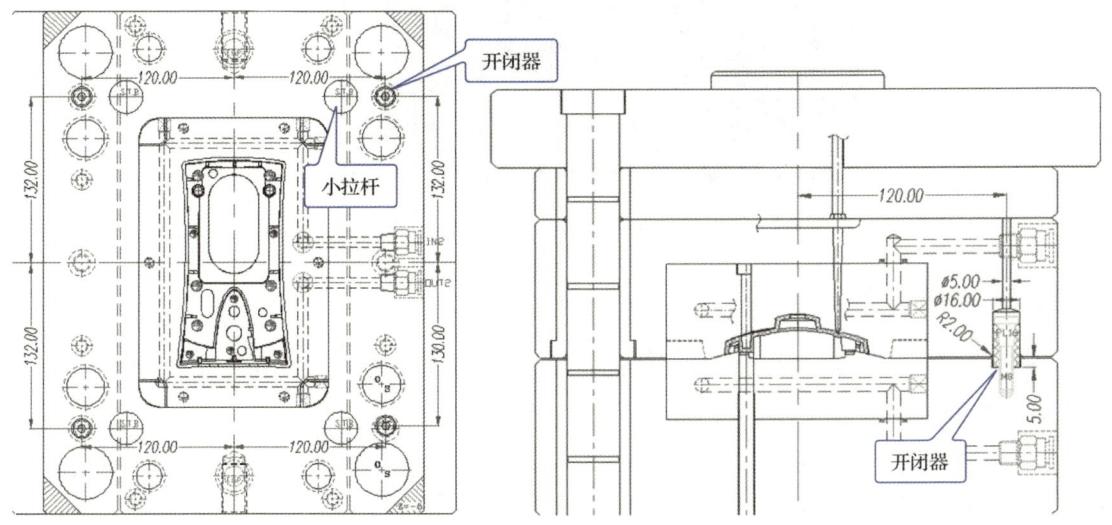

图 3-8-6　开闭器的位置及相关尺寸

**3. 开闭器的添加**

利用"HB_MOULD M6.8"外挂添加开闭器。具体操作参看微课视频。开闭器设计参数及添加结果如图 3-8-7 所示。

开闭器已默认移动至第 115 层，需将第 115 层打开才能使开闭器可见。

开闭器的添加

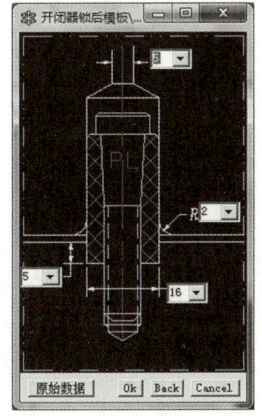

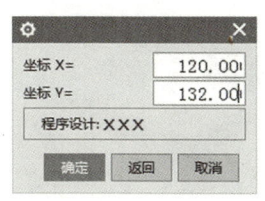

（a）设计参数　　　　　　　　　　（b）添加结果

图 3-8-7　开闭器设计参数及添加结果

靠近基准角处的开闭器沿＋YC方向移动2 mm，如图3-8-8所示。具体操作参看微课视频。

将4个开闭器移动至第116层。

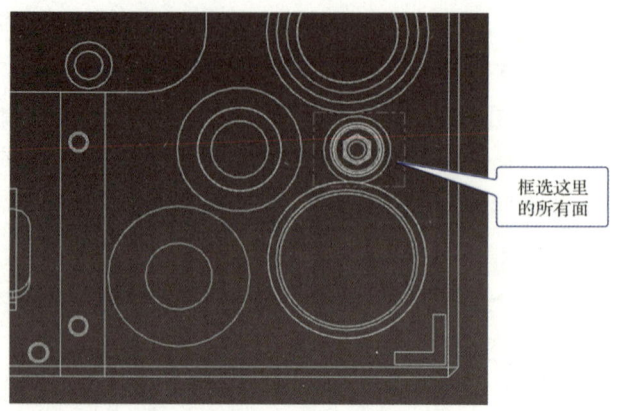

图 3-8-8　靠近基准角处的开闭器沿＋YC方向移动2 mm

## 四、支撑柱的设计

支撑柱俗称撑头，其作用是防止动模板在注射压力作用下发生弯曲变形。

### 1. 支撑柱的规格及布置

支撑柱一般为圆柱体，常用规格有 $\phi25$ mm、$\phi30$ mm、$\phi35$ mm、$\phi40$ mm、$\phi45$ mm、$\phi50$ mm等，在空间足够时，支撑柱直径应尽量大，且尽量取相同直径。支撑柱的布置应尽量靠近模具中心，并注意避开顶棍孔、推杆、弹簧、推板导柱、斜顶座等，且布置要匀称。支撑柱的避空孔边与推板边的间距应最小为8 mm。支撑柱应高出垫块 0.1～0.2 mm。

### 2. 支撑柱的添加

本例根据模具的空间大小，可布置4根 $\phi40$ mm的支撑柱。设计时可利用"HB_MOULD M6.8"外挂进行调用，支撑柱的紧固螺钉规格选用M10。具体操作参看微课视频。支撑柱的设计参数及设计结果如图3-8-9所示。

支撑柱的设计

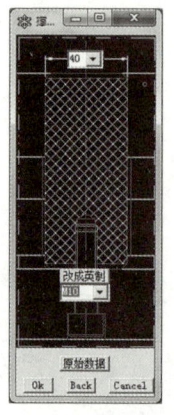
(a) 设计参数

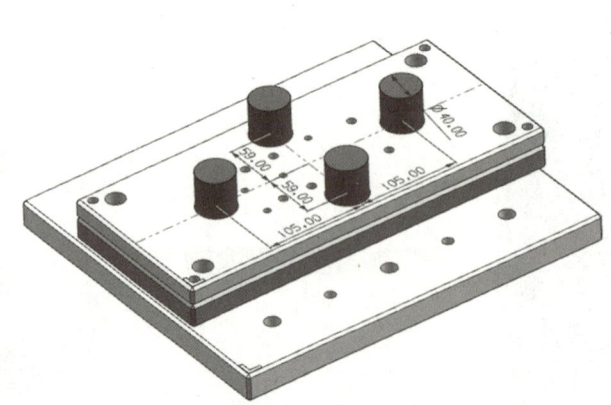
(b) 设计结果

图 3-8-9　支撑柱的设计参数及设计结果

## 五、限位块的设计

限位块的作用是限制顶出行程。顶出行程＝产品总高度＋(10～15)mm。本例产品的总高度为 25.73 mm，则顶出行程＝25.73 mm＋(10～15)mm＝35.73 mm～40.73 mm，取 38 mm。本例模架的顶出空间长度为 40 mm，与顶出行程 38 mm 相差不多，模具无斜顶杆机构，故可不加限位块。

## 六、复位弹簧的设计

复位弹簧的作用是使顶出平稳，并使顶出机构复位。

### 1. 复位弹簧的规格及安装位置

复位弹簧的内径应等于或略大于复位杆的直径。模具尺寸较小时，一般可将复位弹簧安装在复位杆上。本例复位杆直径为 20 mm，根据复位弹簧的标准，应选用内径为 20 mm 的复位弹簧。前面已确定本例产品顶出行程为 38 mm，假设复位弹簧的预压量为 10 mm，复位弹簧的压缩比取 0.48，则复位弹簧自由长度＝(38＋10)mm/0.48＝100 mm。

复位弹簧的设计

根据复位弹簧标准，选择复位弹簧类型为轻载荷(蓝)，规格为 TL40×20×100。由于本例模架的顶出空间长度为 40 mm，复位弹簧预压量为 10 mm，因此复位弹簧伸入动模板长度＝(100－40－10)mm＝50 mm，如图 3-8-10 所示。

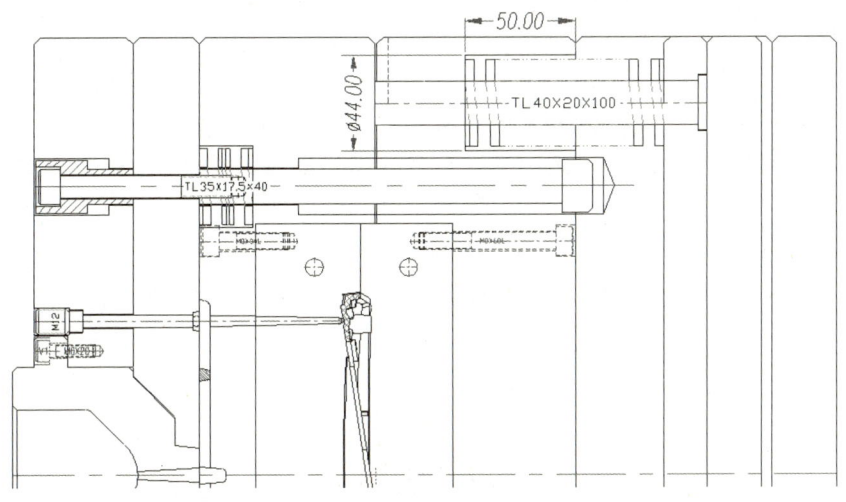

图 3-8-10　复位弹簧伸入动模板的长度

### 2. 复位弹簧的添加

利用"HB_MOULD M6.8"外挂添加复位弹簧，其设计参数及添加结果如图 3-8-11 所示。具体操作参看微课视频。

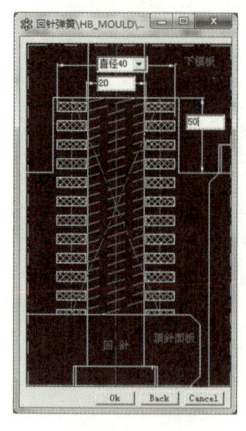 

　　　　(a) 设计参数　　　　　　　　　　(b) 添加结果

图 3-8-11　复位弹簧的设计参数及添加结果

## 七、限位钉的设计

### 1. 限位钉的规格及数量的确定

限位钉的常用规格有 $\phi16$ mm、$\phi20$ mm、$\phi30$ mm 等,具体选用规格由模具的大小确定。本例为中小型模具,故选用 $\phi20$ mm 的限位钉。

限位钉的数量也由模具的大小确定,通常相邻限位钉的间距为 100 mm 左右。本例的模架规格为 3040,可布置 8 个限位钉。限位钉用 M6 的平头螺钉锁紧在模具动模座板上。

限位钉的设计

### 2. 限位钉位置的确定

当限位钉数量为 4 时,限位钉都布置在复位杆的正下方;当限位钉数量超过 4 时,4 个限位钉布置在复位杆正下方,其余几个尽量布置在推板的下面,要注意避开支撑柱、推管型芯、推板导柱等。

### 3. 限位钉的添加

利用"HB_MOULD M6.8"外挂调用限位钉。具体操作参看微课视频。限位钉的位置尺寸及调用结果如图 3-8-12 所示。

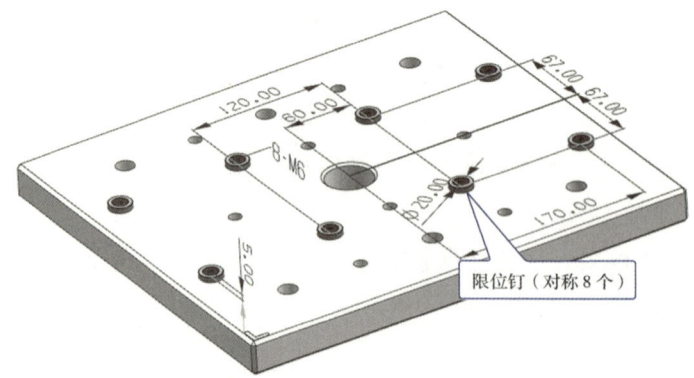

图 3-8-12　限位钉的位置尺寸及调用结果

## 八、型腔、型芯紧固螺钉设计

### 1. 紧固螺钉大小和位置的确定

紧固螺钉的大小依据型腔、型芯的大小而定。当型腔、型芯尺寸小于 150 mm 时,一般用 M6 或 M8 的紧固螺钉。当型腔、型芯尺寸为 150~300 mm 时,一般用 M8 或 M10 的紧固螺钉。当型腔、型芯尺寸大于 300 mm 时,一般用 M12 的紧固螺钉。锁定型腔、型芯的紧固螺钉规格至少要用 M6。紧固螺钉的数量也是依据型腔、型芯的大小来确定的,一般螺钉中心距为 100 mm 左右。在确定紧固螺钉位置时,要注意避开冷却系统,冷却水道边与螺钉孔边的间距最小为 4 mm,以防钻穿冷却水道。螺钉孔边与型腔、型芯边的间距最小为螺钉孔直径的 1/2,以保证型腔、型芯的强度。螺钉孔中心与型腔、型芯边的间距通常取整数,以方便模具的加工。

本例型腔、型芯的尺寸为 150 mm×230 mm,所以紧固螺钉规格选用 M8,数量为 6。紧固螺钉应首先考虑布置在型腔、型芯的 4 个角方向,使锁紧力平衡。本例型腔、型芯长度超过 200 mm,故中间再布置 2 个紧固螺钉。

型腔与型芯紧固螺钉的设计

### 2. 型腔紧固螺钉的设计

用"HB_MOULD M6.8"的"快速螺丝"或"定位螺丝"命令调用型腔的紧固螺钉。具体操作参看微课视频。型腔紧固螺钉的排位距离及调用结果如图 3-8-13 所示。

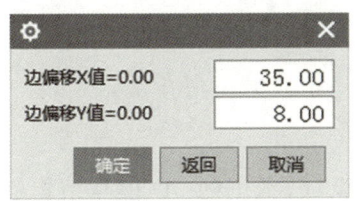 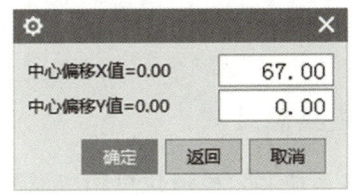

(a) 排位距离

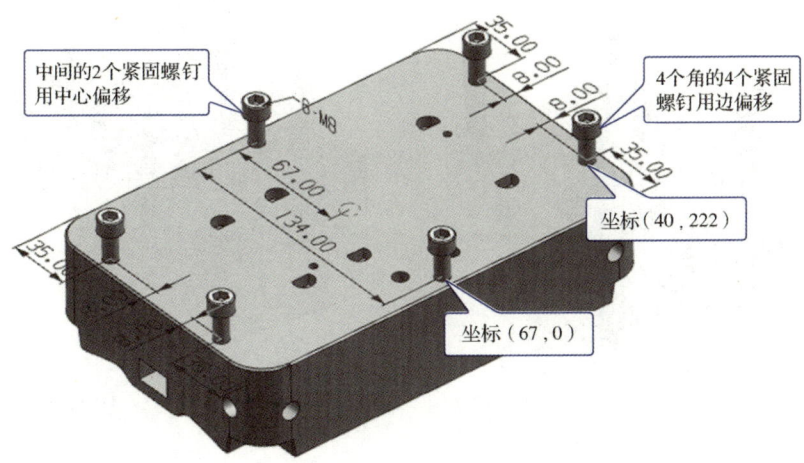

(b) 调用结果

图 3-8-13 型腔紧固螺钉的排位距离及调用结果

### 3. 型芯紧固螺钉的设计

用"HB_MOULD M6.8"的"快速螺丝"或"定位螺丝"命令调用型芯的紧固螺钉。具体操作参看微课视频。紧固螺钉的位置坐标与型腔的紧固螺钉相同,调用结果如图 3-8-14 所示。

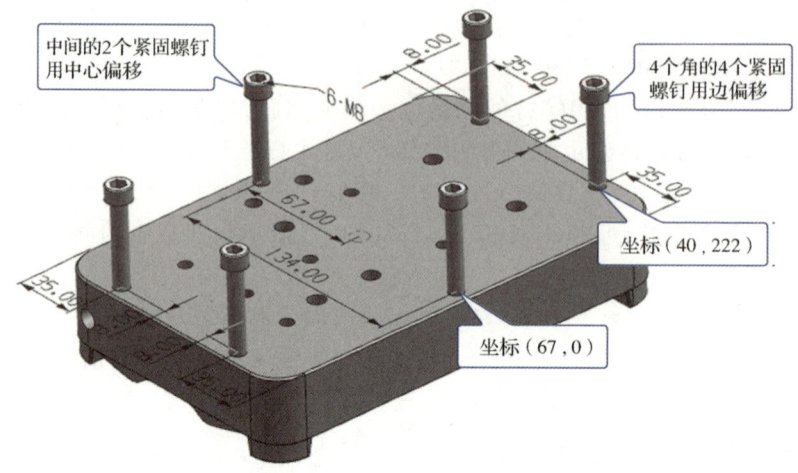

图 3-8-14　型芯紧固螺钉的调用结果

## 3.9　模具总装图设计

### 一、3D 模具总装图

经过模具各系统和定模滑块机构等结构的设计,本例的 3D 模具结构已设计完成。整套模具的 3D 效果如图 3-9-1、图 3-9-2 和图 3-9-3 所示。

 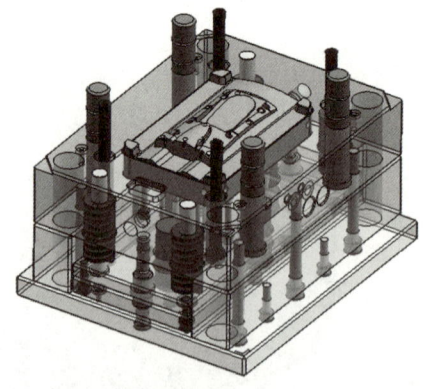

图 3-9-1　定模部分 3D 效果　　　　图 3-9-2　动模部分 3D 效果

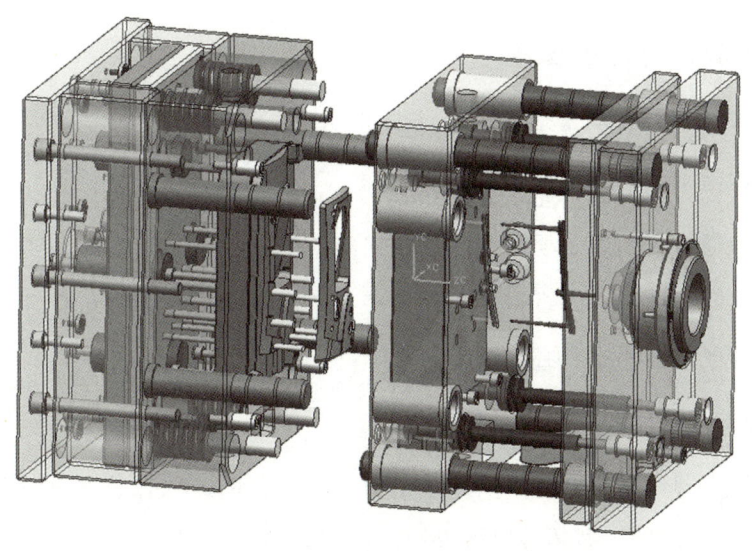

图 3-9-3 模具开模状态下的 3D 效果

三板模开模动作原理、三板模开模行程动画详见本书配套的数字化资源。

## 二、2D 模具总装图的绘制

参照实例 1 的 2D 模具总装图的绘制方法,可在 UG 的"制图"模块初步绘制本例的 2D 模具总装图,如图 3-9-4 所示。

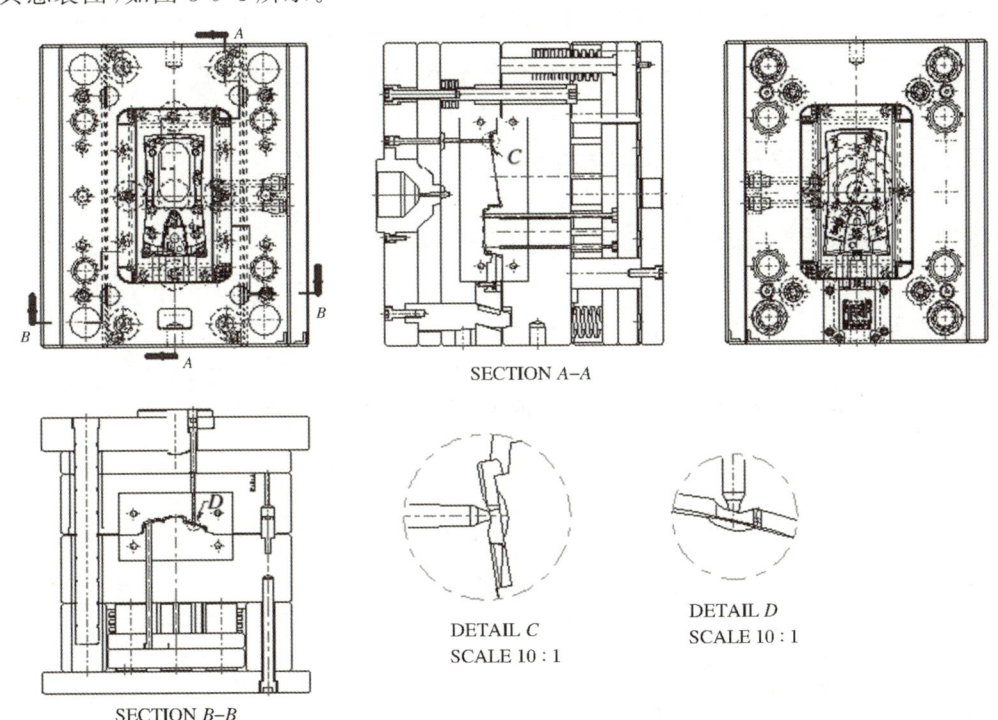

图 3-9-4 初步绘制 2D 模具总装图

### 三、2D 模具总装图的标注

此小节主要说明 2D 模具总装图的标注要求。

#### 1. 动、定模视图中的尺寸标注

按行业习惯,通常分别以定模视图和动模视图的中心为坐标系原点,采用坐标标注的方式,分别对定模视图和动模视图进行尺寸标注。重点标注设计的结构元素,除模架的外形尺寸,模架原有的其他结构元素不必标注。

#### 2. 剖视图中的尺寸标注

按行业习惯,正剖视图和侧剖视图通常采用线性标注的方式进行尺寸标注。主要标注各模板的厚度、型腔的厚度、型芯的厚度、滑块机构相关尺寸、斜顶杆机构相关尺寸、浇口套尺寸、浇口尺寸、顶出行程、弹簧相关尺寸、限位尺寸、冷却水道的大小及位置尺寸等。

各视图的尺寸标注结果可参看最终的 2D 模具总装图。

#### 3. 浇口局部放大图及尺寸标注

为了清晰地表达浇口的形状,也为了便于浇口尺寸的标注,通常对浇口部位单独绘制一个局部放大图,并在局部放大图上标注浇口的尺寸。

本例浇口局部放大图及尺寸标注结果可参看最终的 2D 模具总装图。

### 四、明细表、标题栏、技术要求的编写

本例明细表、标题栏、技术要求的编写可参看最终的 2D 模具总装图。

### 五、完整的 2D 模具总装图

经编辑、修改和整理后,整套模具设计完成的 2D 模具总装图如图 3-9-5 所示。

## 实例3 一模一腔点浇口定模抽芯三板模设计

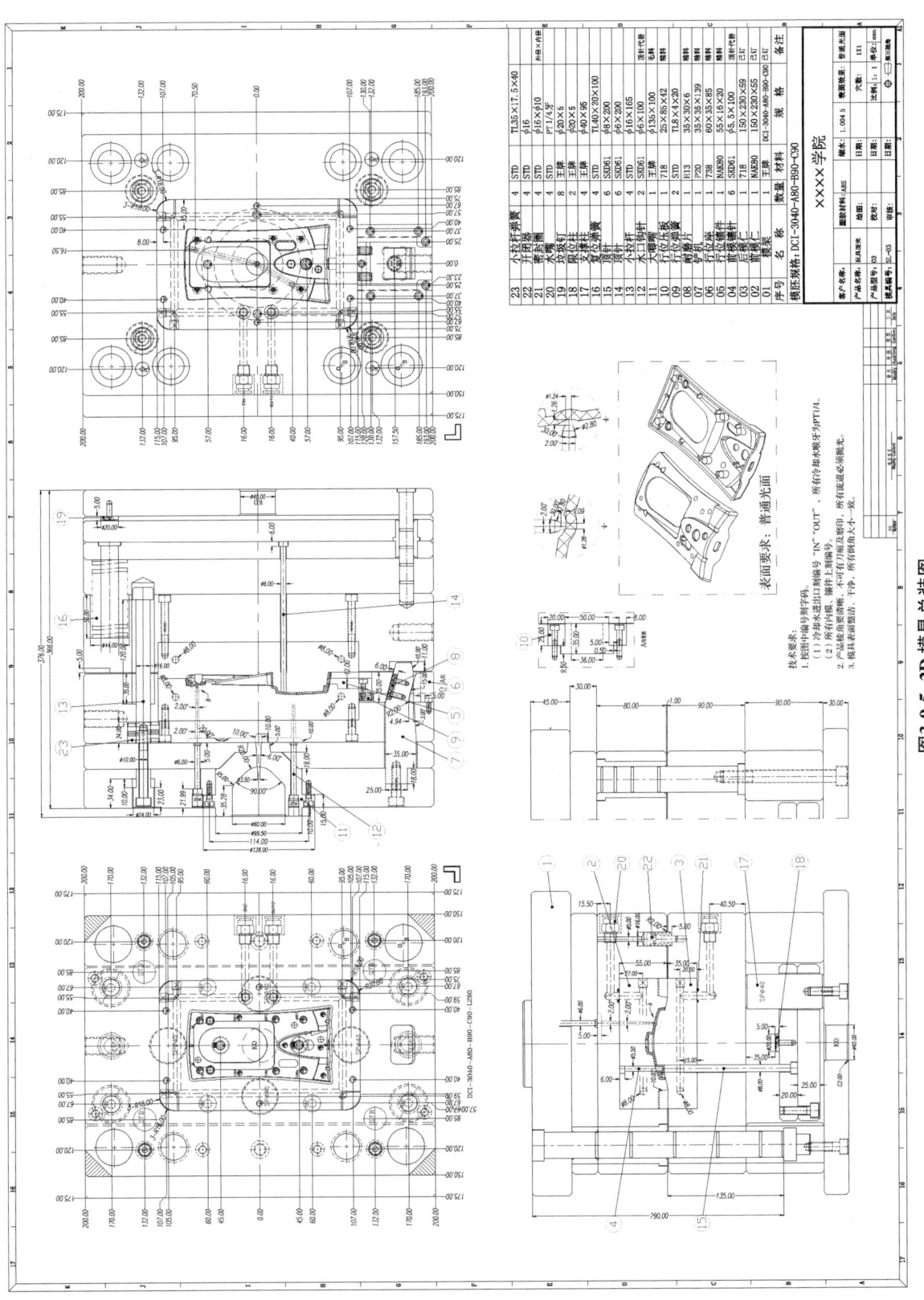

图3-9-5 2D模具总装图

## 3.10 模具零件图设计

完成 3D 模具设计后,即可出模具零件图,出图方法参照实例 1。图 3-10-1～图 3-10-6 所示为本例部分具有代表性的模具零件图,供参考。全部零件的零件图及线割图可参看配套资源中关于本例的完整文件。

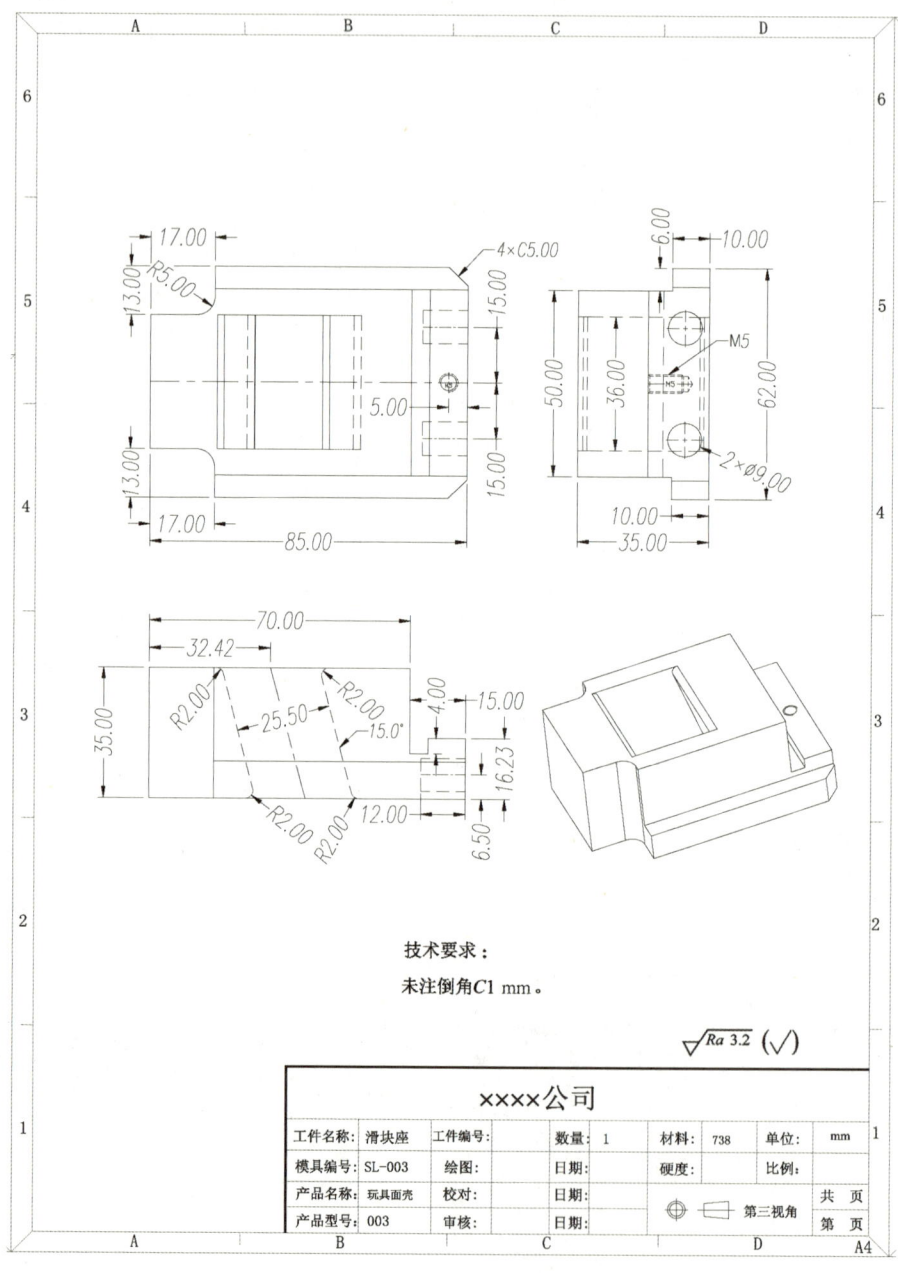

图 3-10-1 滑块座零件图

## 实例3 一模一腔点浇口定模抽芯三板模设计

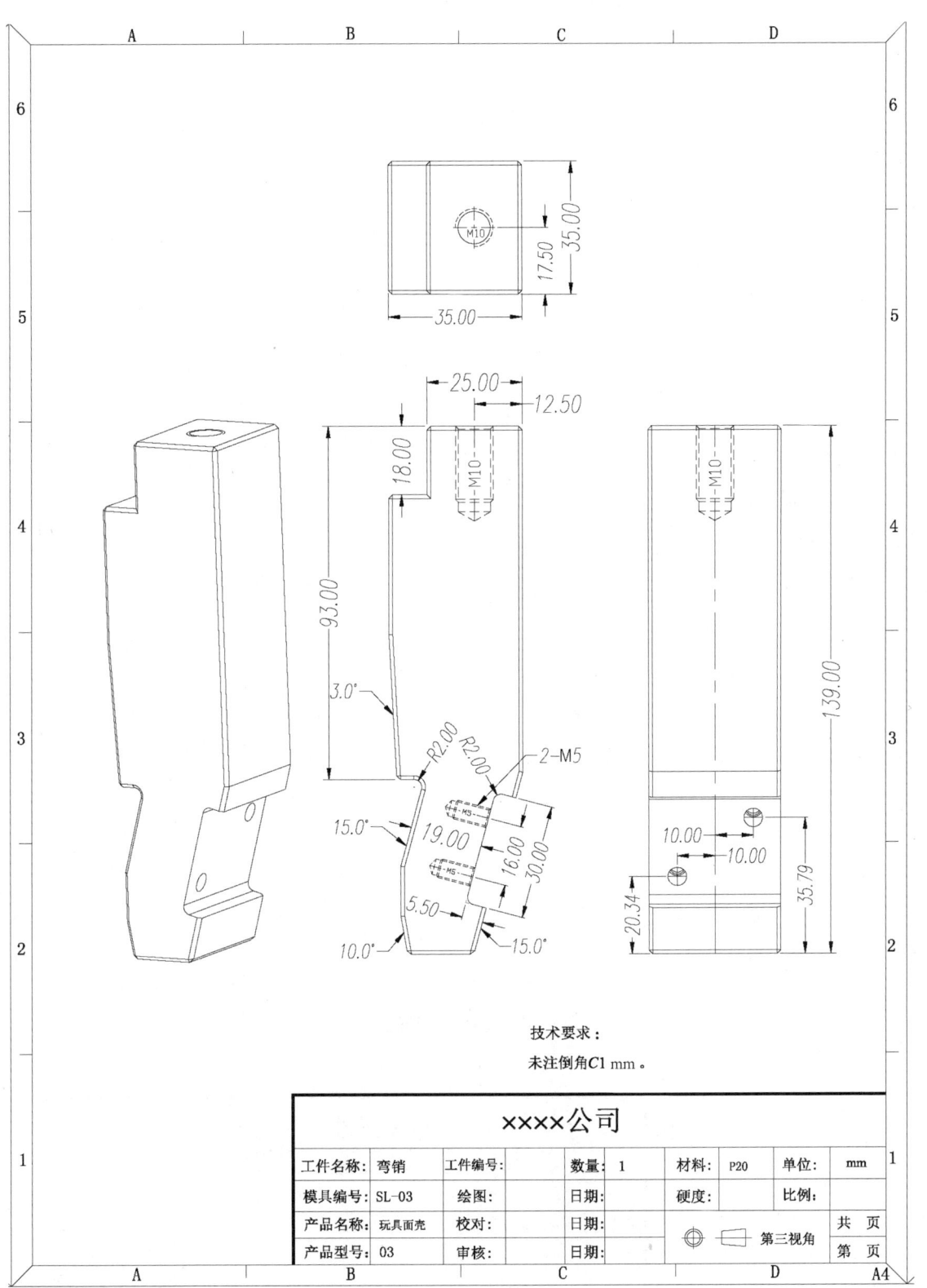

图 3-10-2 弯销零件图

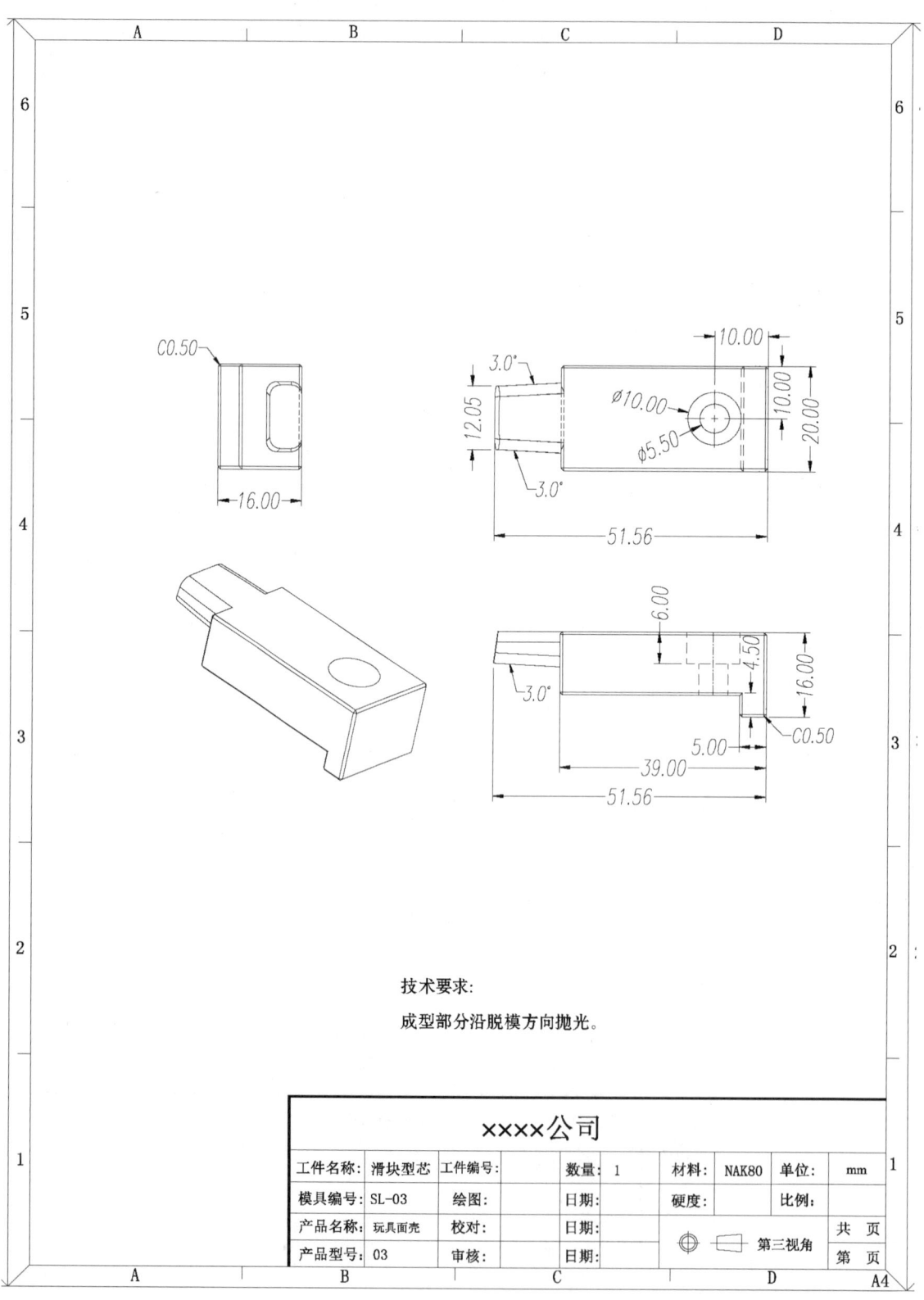

图 3-10-3 滑块型芯零件图

实例3 一模一腔点浇口定模抽芯三板模设计

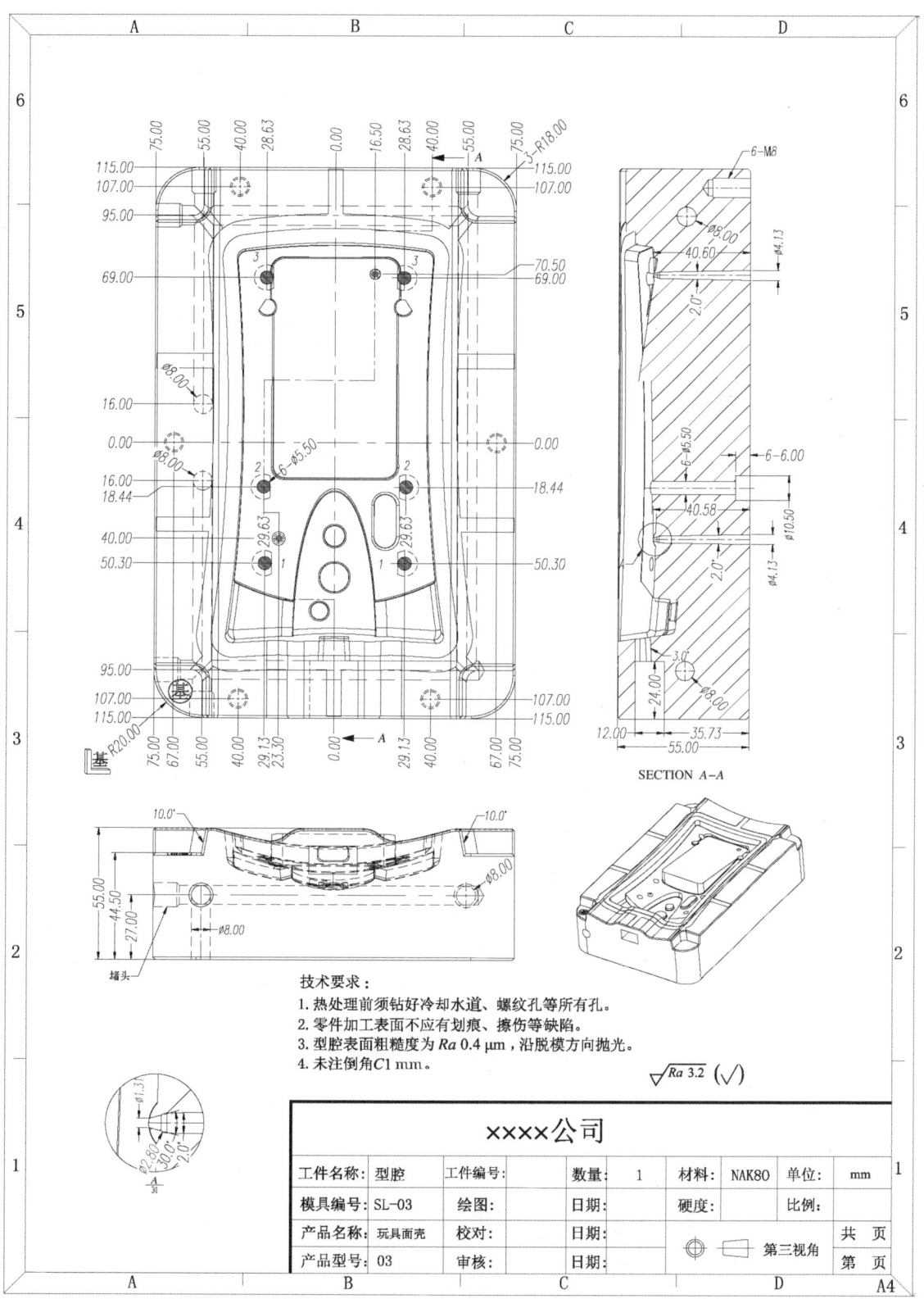

图 3-10-4 型腔零件图

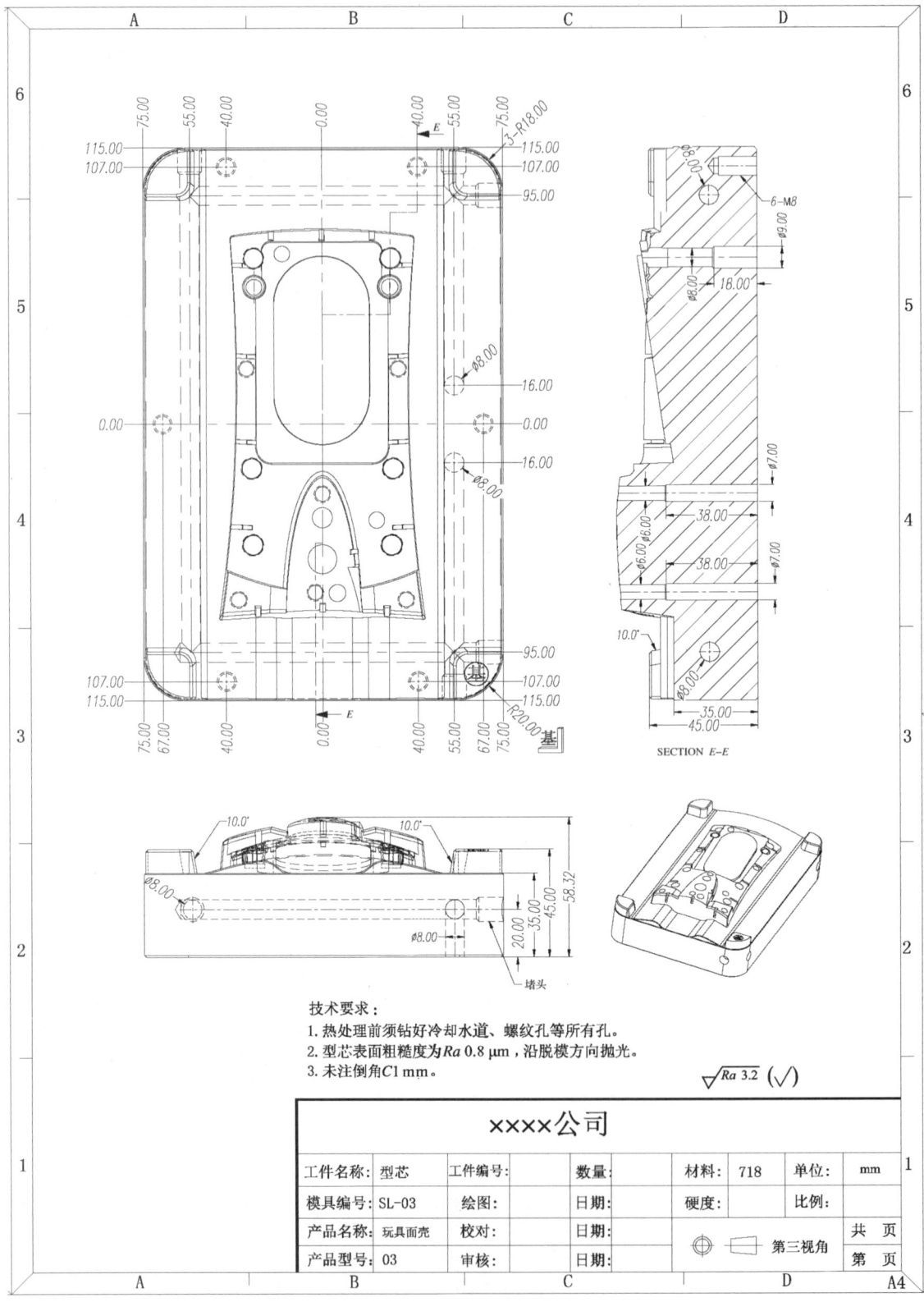

图 3-10-5 型芯零件图

实例3 一模一腔点浇口定模抽芯三板模设计

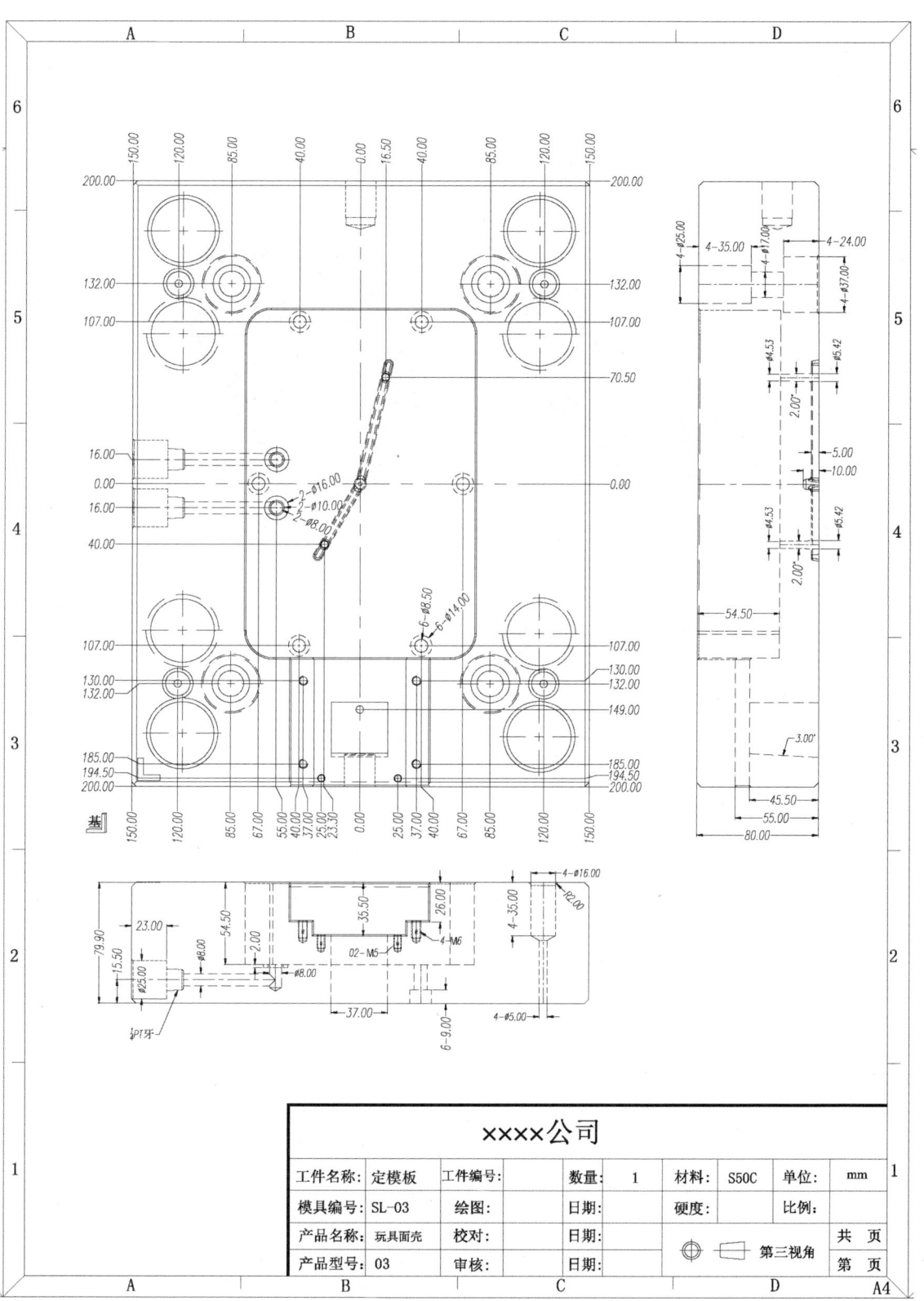

图 3-10-6 定模板零件图

## 技能训练

完成训练题图所示鼠标底壳 3D 模具设计(文件路径:配套资源\XL-Part\XL03.stp),并创建型腔、型芯和斜顶杆的零件图。

产品材料为 ABS,收缩率为 1.004 5,表面要求细纹。

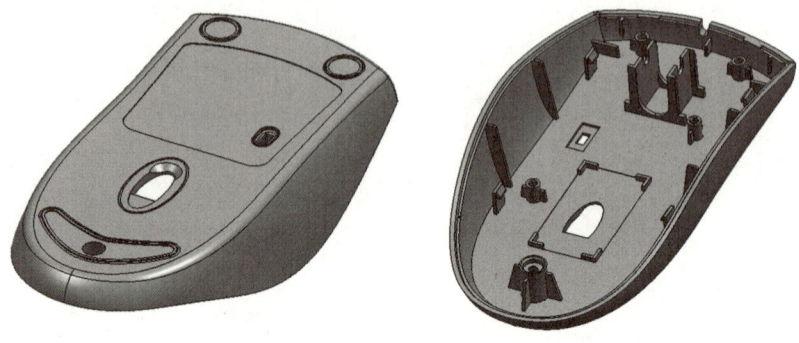

训练题图　鼠标底壳 3D 图

# 实例4 一模一腔直浇口斜顶杆机构热流道模设计

### 知识目标 >>>

1. 掌握曲面补缺口的原理和分模方法。
2. 掌握热流道模的结构设计和参数确定原则。
3. 掌握热流道浇注系统的注塑成型特点和设计方法。
4. 掌握斜顶杆机构的动作原理和设计方法。
5. 掌握排气系统的设计方法。
6. 掌握2D图导入3D软件的设计方法。
7. 掌握模具总装图的出图方法。
8. 掌握模具零件图的出图方法。

### 能力目标 >>>

1. 能够正确拆分复杂产品的型腔与型芯。
2. 能够根据用户要求和产品的结构特点,选择和设计合适的热流道系统。
3. 能够设计合理的斜顶杆机构。
4. 能够设计合理的排气系统。
5. 能够将2D图导入3D软件并进行相关设计。
6. 能够绘制符合行业规范的模具总装图。
7. 能够绘制符合行业规范的模具零件图。

### 素质目标 >>>

1. 了解国内外热流道模具的发展现状,开阔国际视野。
2. 了解热流道的订购方法,培养良好的职业道德和契约精神。
3. 培养吃苦耐劳、爱岗敬业的奉献精神。
4. 了解排气系统的作用,具备安全生产意识。
5. 善用模具标准件,培养安全、适用、经济、环保等工程质量意识。

## 4.1 成型系统设计

### 一、产品模具设计分析

在进行模具设计前,模具设计人员必须对产品结构、塑料性能、成型加工工艺进行分析,以使设计出来的模具便于加工,利于生产,寿命更长。

**1. 用户对产品的要求**

用 UG 打开配套资源中的"SL-Part\SL04\SL04.stp"文件,如图 4-1-1 所示。

用户对产品的要求如下:
(1)产品材料:PC2805。
(2)产品收缩率:1.005。
(3)产品表面要求:喷油,不允许有毛边,不允许出现明显的段差、收缩凹陷、银纹等。
(4)未标注公差,按企业标准执行。
(5)产品批量:30 万件。

**2. 产品拔模分析**

图 4-1-1 产品 3D 图

用 UG 打开配套资源中的"SL-Part\SL04\SL04.stp"文件,然后以"另存为"的方式,将文件另存到本例的 3D 文件夹中,并改名为"SL04-3D.prt",如图 4-1-1 所示。此产品为平板电脑保护壳。对此产品进行拔模分析,具体操作参看微课视频。产品分析结果如图 4-1-2 所示,粉红色面为型腔部分,蓝色面为型芯部分,绿色面为直身面,未经拔模。经分析,用户提供的产品图已完成拔模,有几处倒扣,需做斜顶杆机构。

图 4-1-2 产品拔模分析结果

**3. 模具型腔数的确定**

模具型腔数可以由用户指定,如果用户没有指定,则由模具设计人员来确定。本例用户指定型腔数为一模一腔。

#### 4. 产品分型面的分析

产品分型面一般在产品的最大截面位置处。本例的主分型面如图 4-1-3 所示,主分型面为平面,其余分型面留在型腔或做枕位,具体分析将在 3D 分模时详细讲解。

#### 5. 产品结构的分析

此产品结构相对简单,型芯侧有 5 处倒扣,需做 5 支较大的斜顶杆,如图 4-1-4 所示。

#### 6. 产品进浇方式及位置的选择

在进行模具设计前,要充分考虑浇口形式、最佳浇口位置及浇口的数量。浇口形式首先要满足用户对产品的设计要求。

本例产品尺寸比较大,且用户指定用热流道进浇。根据产品的形状及外观要求,浇口位置应选择在贴商标的位置,如图 4-1-5 所示。

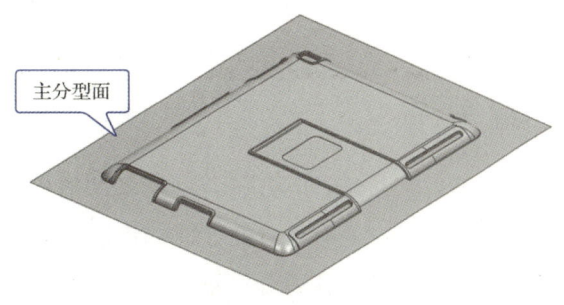

图 4-1-3 产品的主分型面

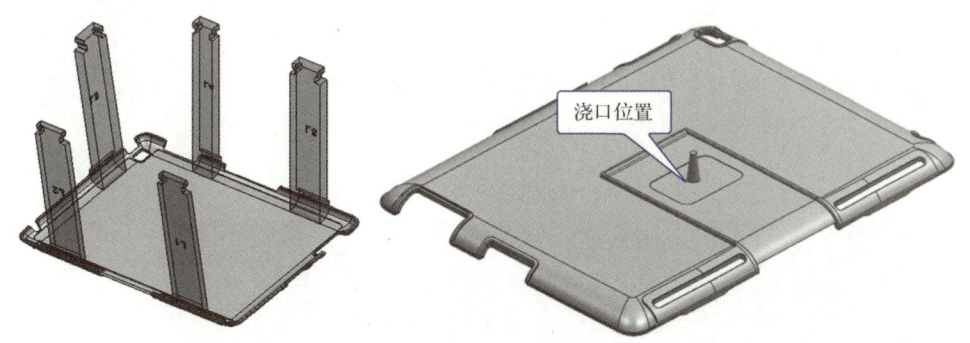

图 4-1-4 斜顶杆　　　图 4-1-5 浇口位置

#### 7. 产品排位方案的确定

在确定产品的进浇位置及模具型腔数后,即可确定产品的排位方案。考虑是一模一腔,根据产品的结构,以产品较长的一边沿 Y 轴方向进行排位,如图 4-1-6 所示。

### 二、产品分模前的处理

#### 1. 产品拔模处理

由前面的拔模分析可知,用户提供的产品图已完成拔模,无须再做拔模处理。

#### 2. 产品收缩率的设置

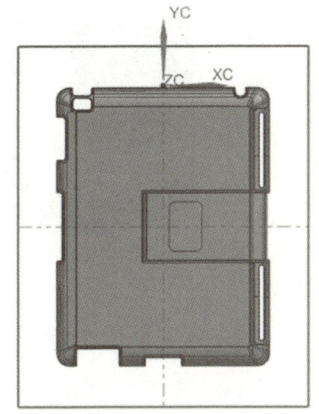

图 4-1-6 排位方案

调用"缩放体"命令,收缩率为 1.005,完成产品收缩率的设置。具体操作参看微课视频。

### 3. 产品的位置调整

产品在 X、Y、Z 轴的方向刚好对应模具的 X、Y、Z 轴方向，所以将产品的中心点移动到绝对坐标系原点即可。具体操作参看微课视频。

产品拔模分析、设置收缩率、产品位置调整

## 三、补孔

调整好产品后，即可进行型腔、型芯的拆分。如果产品上有通孔，则在分模前必须把孔补好。补孔的方法有面补孔、实体补孔、面加实体补孔。本例采用的方法为面加实体补孔。补孔时要注意各个孔的分型位置。本例有 3 个通孔，其中 2 个截面近似为长方形的通孔的料位必须设在型腔，斜顶杆才能顶出；剩下的 1 个截面近似为正方形的通孔从中间分，使型腔、型芯对碰。具体操作参看微课视频。

## 四、主分型面的创建

本例的主分型面是在产品的最大截面上。通过拔模分析可知，产品的主分型面处于粉红色面和蓝色面的交汇处，如图 4-1-7 所示。

补孔

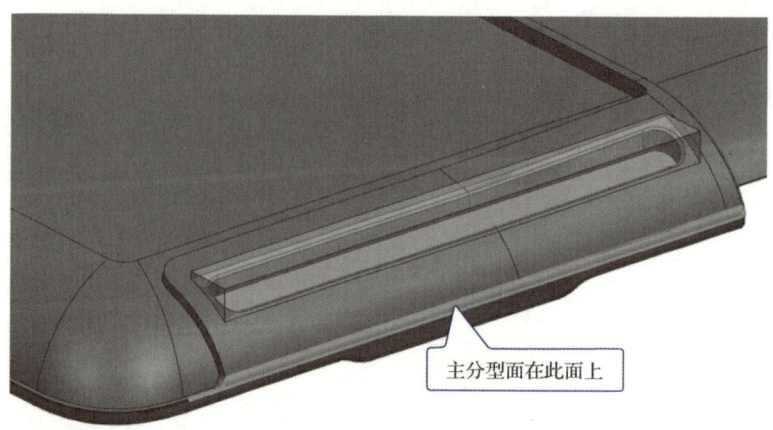

主分型面在此面上

图 4-1-7　主分型面所在位置

### 1. 主分型面的初步创建

调用"等斜度曲线"命令抽取主分型线，如图 4-1-8 所示，然后对其进行拉伸，初步创建主分型面，如图 4-1-9 所示。具体操作参看微课视频。

主分型面的创建

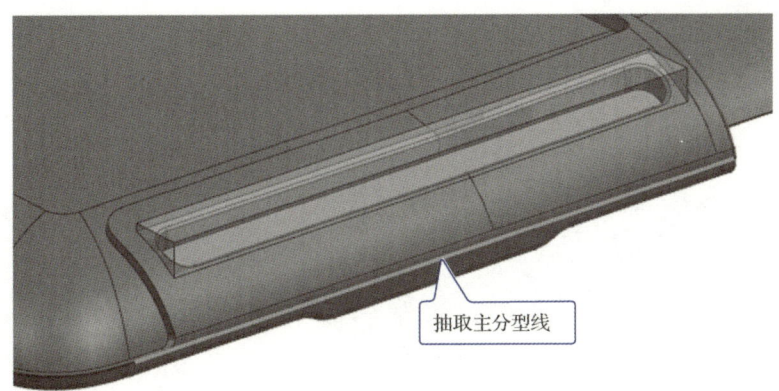

图 4-1-8　抽取主分型线

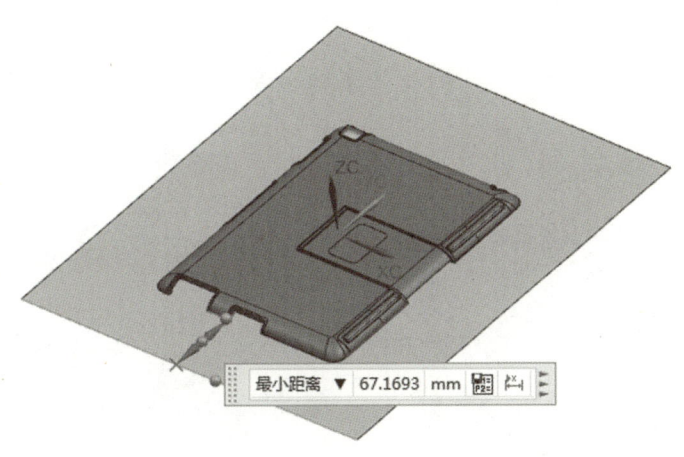

图 4-1-9　初步创建主分型面

**2. 主分型面和包容体位置的调整**

主分型面初步创建后,需将其调整到与 $X-Y$ 面重合的位置。具体操作参看微课视频。

### 五、缺口分型面的创建(补缺口)

产品共有 7 个缺口需要修补,注意各缺口的分型位置。创建缺口分型面的操作参看微课视频。

缺口分型面的创建

### 六、分型面的处理

**1. 主分型面的修剪**

修剪主分型面的具体操作参看微课视频。

**2. 分型面的缝合**

调用"缝合"命令将主分型面和所有缺口分型面缝合在一起。具体操作参看微课视频。缝合后的分型面如图 4-1-10 所示。

分型面的处理

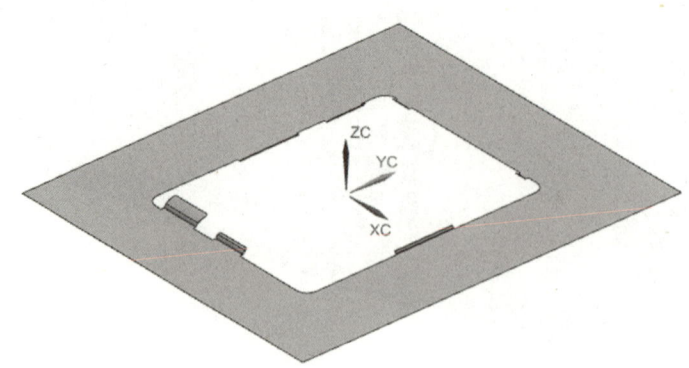

图 4-1-10　缝合后的分型面

## 七、型腔和型芯的拆分

型腔和型芯拆分的具体操作参看微课视频。拆分后的型腔、型芯如图 4-1-11 所示。

将型芯移动至第 7 层,将型腔移动至第 8 层,将产品移动至第 150 层。

型腔与型芯的拆分

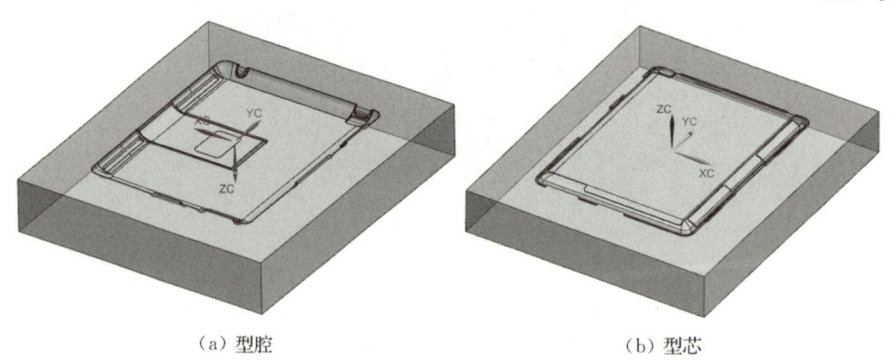

（a）型腔　　　　　　　　　　（b）型芯

图 4-1-11　拆分后的型腔、型芯

## 八、产品排位及型腔和型芯尺寸的确定

产品排位是模具设计的重要步骤,通过产品排位可确定型腔、型芯尺寸,进而确定模架的规格。型腔、型芯的尺寸一般由产品的尺寸确定。

本例产品最大外形尺寸为 246.8 mm×191 mm,总高度为 13.9 mm。此产品外形尺寸比较大,产品边与型芯边的间距取 35 mm 左右,以保证型芯的强度,同时为螺钉、冷却水道的布置留下足够的空间。

### 1. 型腔、型芯长度的确定

对照图 4-1-6 所示的排位方案,根据大件产品排位经验值,可以计算型腔、型芯的长度。型腔、型芯的长度＝产品长度＋2×产品边与型腔、型芯边的间距(35 mm 左右)＝246.8 mm＋2×35 mm 左右＝316.8 mm 左右。依据型腔、型芯长度的取整原则,将型腔、型芯长度取为 320 mm,如图 4-1-12 所示。

## 2. 型腔、型芯宽度的确定

对照图 4-1-6 所示的排位方案,根据大件产品排位经验值,可以计算型腔、型芯的宽度。型腔、型芯的宽度＝产品宽度＋2×产品边与型腔、型芯边的间距(35 mm 左右)＝191 mm＋2×35 mm 左右＝261 mm 左右。依据型腔、型芯宽度的取整原则,将型腔、型芯宽度取为 260 mm,如图 4-1-12 所示。

产品排位及型腔和型芯尺寸的确定

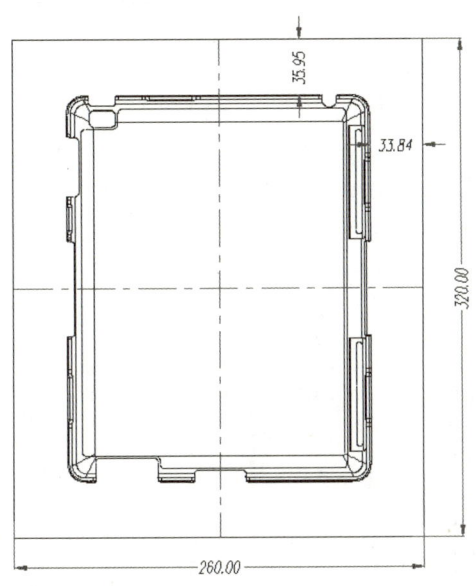

图 4-1-12　型腔和型芯的长度和宽度

## 3. 型腔、型芯高度的确定

型腔、型芯高度一般由产品的结构和高度来确定。本例有斜顶杆机构,型芯高度应比常规结构的模具适当加大,以增加型芯的强度。设计型腔、型芯的高度时,先确定产品的主分型面。本例的主分型面在产品的最大外形位置处,已在拆分型腔、型芯时确定。

(1) 型腔的高度

本例产品属大件产品,为节省贵重的模具钢材料,产品最高点与型腔顶面的间距按 35 mm 左右取值。据此可以确定,型腔高度＝产品总高＋35 mm 左右＝13.9 mm＋35 mm 左右＝48.9 mm 左右,取为 45 mm,如图 4-1-13 所示。

(2) 型芯的高度

型芯承受较大的注射压力,且有斜顶杆机构,故产品最低点与型芯底面的间距按 40 mm 左右取值。本例产品最低点与分型面的间距为 3.20 mm,所以,型芯高度＝产品最低点与分型面的间距＋40 mm 左右＝3.20 mm＋40 mm 左右＝43.20 mm 左右,取为 45 mm,如图 4-1-13 所示。

综上所述,确定的型腔、型芯的高度如图 4-1-13 所示,此处的型芯高度仅指分型面与型芯底面的间距。

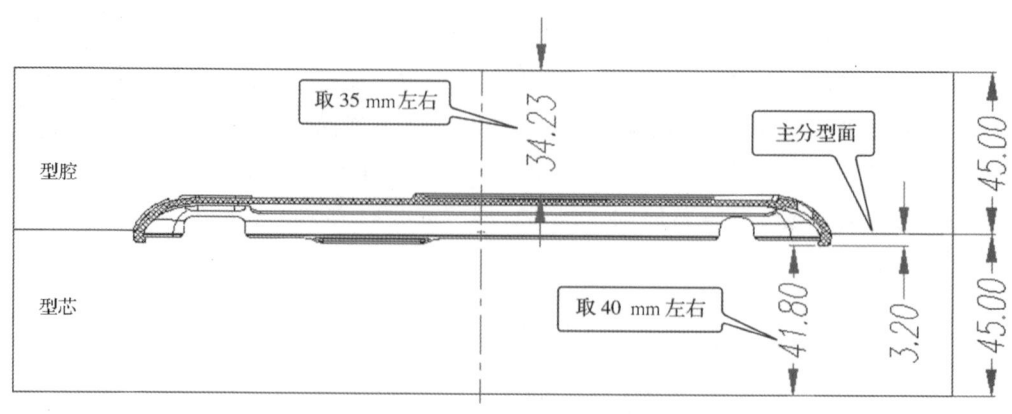

**图 4-1-13　型腔、型芯的高度**

型腔、型芯的长、宽、高尺寸确定后,最终的产品排位图如图 4-1-14 所示,其中各视图的名称依本书的规定。

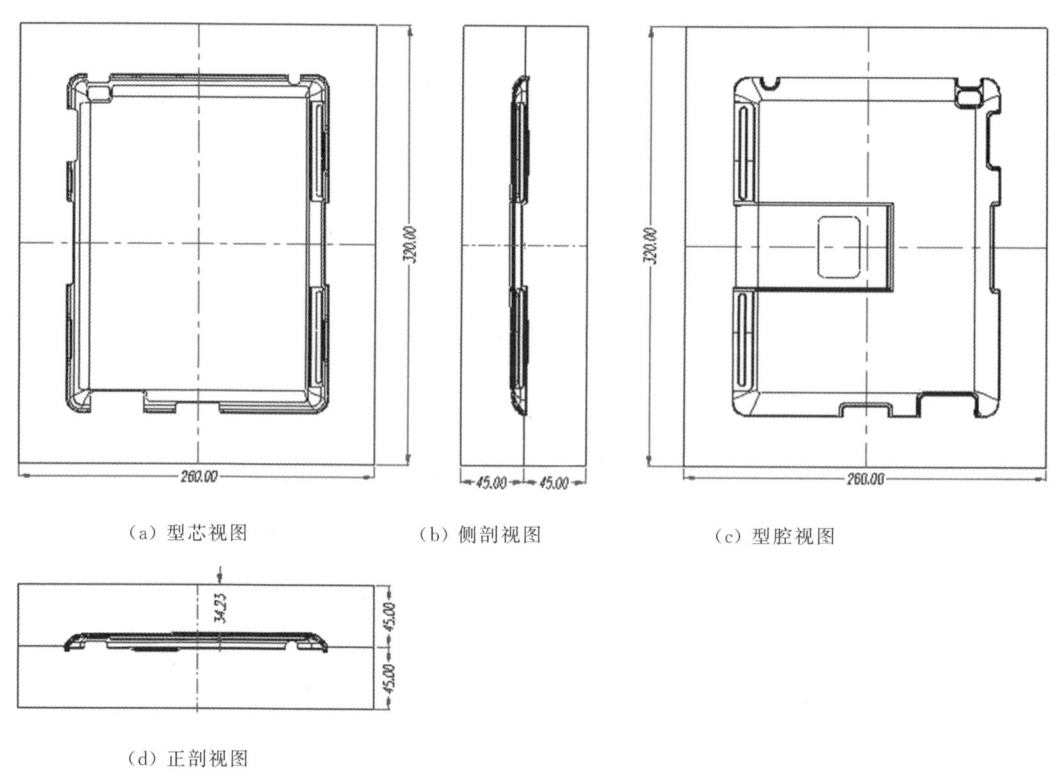

**图 4-1-14　产品排位图**

### 4. 将型腔、型芯做到设计尺寸

如前所述,型腔、型芯的尺寸已确定为长度 320 mm,宽度 260 mm,型腔高度 45 mm,型芯高度45 mm。参照微课视频,调用 UG 的"修剪体"命令,将型腔、型芯的长、宽、高做到设计尺寸。型腔、型芯的设计尺寸如图 4-1-15 所示。

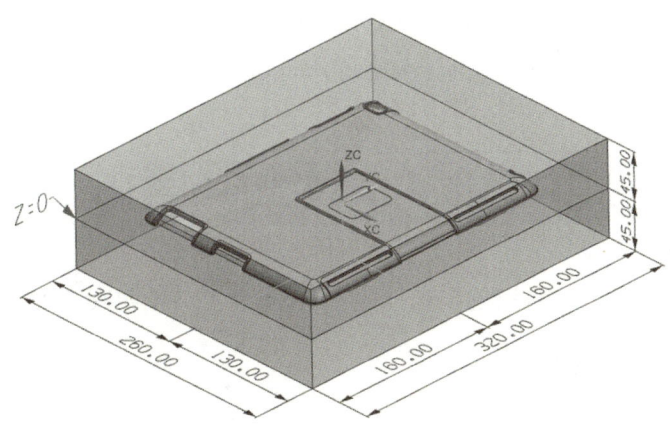

图 4-1-15　型腔、型芯的设计尺寸

## 九、型腔与型芯结构设计

### 1. 精定位装置的设计

为了型腔与型芯在合模时能够精确定位,通常在型腔、型芯的 4 个角处设计精定位装置。精定位装置的大小一般根据型腔、型芯尺寸的大小由经验值确定。按照型腔、型芯的整体比例,本例的精定位装置尺寸取 30 mm×30 mm×10 mm 较匀称。具体操作参看微课视频。精定位装置创建数据及创建结果如图 4-1-16 所示。

精定位装置的设计

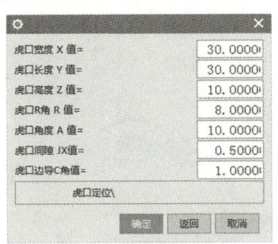 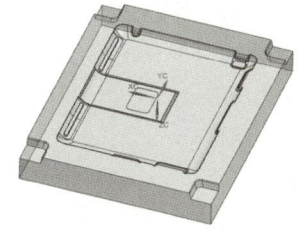

（a）创建数据　　　　　　　　　（b）创建结果

图 4-1-16　精定位装置创建数据及创建结果

在型腔、型芯创建基准符号。基准符号位置数据及创建结果如图 4-1-17 所示。

（a）位置数据　　　　　　　　　（b）创建结果

图 4-1-17　基准符号位置数据及创建结果

### 2. 型腔和型芯倒圆角

对型腔和型芯的 3 个非基准角倒圆角,圆角取为 $R20$ mm。

**3. 型腔和型芯倒斜角**

对型腔和型芯上所有棱边倒斜角,倒角为 C1 mm。

# 4.2 热流道模模架系统设计

型腔、型芯尺寸确定后,可以确定模架的规格,进而可订购模架和型腔、型芯材料。

## 一、模架规格的选用

**1. 模架规格的确定**

通过模具设计分析,确定了产品的排位形式及浇口的进浇方式,拟选用二板模。

(1)模架尺寸的确定

本例的模具结构没有滑块,有 5 支斜顶杆,所以型芯边与模架边的间距取 70 mm 左右。本例型芯尺寸为 260 mm×320 mm,则模架宽度为 260 mm+70 mm×2=400 mm,根据模架标准规格,取模架宽度为 400 mm。模架长度为 320 mm+70 mm×2=460 mm,根据模架标准规格,取模架长度为 450 mm。因此,选用龙记标准模架 CI-4045。

(2)定模座板厚度的确定

常规模具定模座板的厚度一般取标准模架的默认值。本例采用 1 个热流道进浇,所以不用考虑使用分流板,热流道的出线槽在定模座板的顶面开出,如图 4-2-1 所示。

为保证定模座板的强度,定模座板厚度通常会在标准模架定模座板厚度的基础上增加 10 mm 左右。CI-4045 标准模架定模座板的厚度为 35 mm,故本例的定模座板厚度取为 35 mm+10 mm=45 mm。

图 4-2-1 热流道的出线槽在定模座板顶面开出

(3)定模板和动模板厚度的确定

本例的型腔、型芯尺寸较大,型腔厚度为 45 mm,因为定模板和动模板之间通常要保留 1 mm 的间隙,所以定模板开框深度为 44.5 mm。对于 4045 的模架,型腔顶部与定模板顶部的间距应取 35 mm 左右。因此可确定定模板的厚度为 44.5 mm+35 mm=79.5 mm,取为 80 mm。

型芯厚度为 45 mm,所以动模板开框深度为 44.5 mm。由于本例有斜顶杆,为了保证动模板的强度,型芯底部与动模板底部的间距应比常规模具适当加大,本例取 60 mm 左右。因此可确定动模板的厚度为 44.5 mm+60 mm=104.5 mm,取为 110 mm。

(4)垫块高度的确定

在模架规格和定模板、动模板厚度确定之后,垫块的高度取相应规格模架对应的垫块高度默认值。本例的垫块高度默认值为 120 mm,已为产品顶出和斜顶杆的设计留出足够空间。

综上所述，本例的模架规格为 CI-4045-A80-B110-C120，如图 4-2-2 所示。

图 4-2-2　模架规格

**2. 标准模架的调用**

调用规格为 CI-4045-A80-B110-C120 的标准模架，如图 4-2-3 所示。具体操作参看微课视频。

标准模架的调用

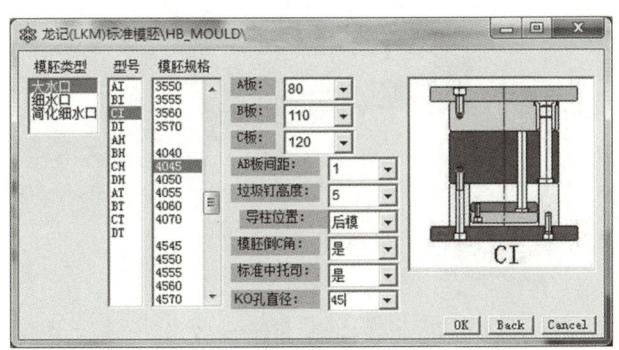 

图 4-2-3　龙记 CI-4045-A80-B110-C120 标准模架

## 二、模架的处理

**1. 定模座板厚度及码模位置的处理**

（1）定模座板厚度的处理

定模座板加厚 10 mm，具体操作参看微课视频。

（2）码模位置的处理

因定模座板加厚 10 mm（厚度变为 45 mm），不易码模，故将定模座板的码模位置处厚度减至 30 mm。具体操作参看微课视频。定模座板码模位置的处理结果如图 4-2-4 所示。

定模座板厚度及码模位置的处理

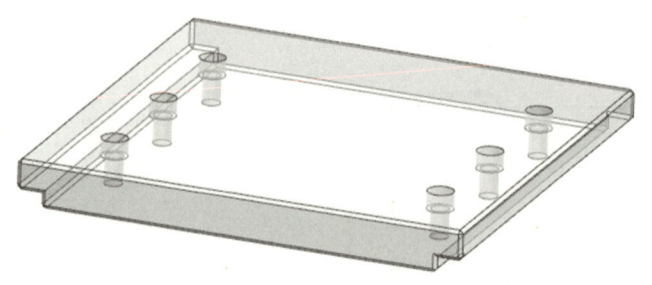

图 4-2-4　定模座板码模位置的处理结果

**2. 定模板和动模板开框**

为了模具安装及加工方便，通常在模架开框的 4 个角做出避空角或腔角。

本例开框形式选用基准角清角式，基准角清角取为 R15 mm，3 个非基准角圆角取为 R18 mm。具体操作参看微课视频。定模板、动模板开框结果如图 4-2-5 所示。

定模板和动模板开框

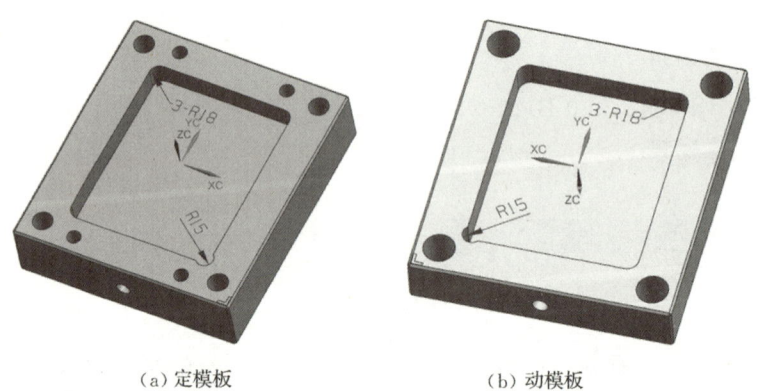

(a) 定模板　　　　　　　　(b) 动模板

图 4-2-5　定模板、动模板开框结果

**3. 撬模角的创建**

创建撬模角的具体操作参看微课视频。动模板上撬模角设计参数及创建结果如图 4-2-6 所示。

**4. 顶棍孔的处理**

顶棍孔是注塑机顶棍穿过模具动模座板的通孔。顶棍孔通常处于模具中心，如果模具浇口套偏心，则顶棍孔也要跟着一起偏移。本例的浇口套沿 X 轴方向偏心 20 mm，故顶棍孔也要相应偏移 20 mm，这一点要特别注意。

撬模角的创建和顶棍孔的处理

(a) 设计参数

(b) 创建结果

图 4-2-6　动模板上撬模角设计参数及创建结果

本例模架规格为 4045，故顶棍孔选用规格为 $\phi 45$ mm，数量为 1。调用标准模架时顶棍孔处于动模座板的中心，需做相应的调整。

## 三、标准模架及型腔、型芯材料的订购

### 1. 标准模架的订购

订购标准模架需绘制模架订购图，将其发给模架加工厂，以便按图加工。一般开框、加边锁、创建撬模角等均由模架加工厂完成。本例的产品要求不高，为了降低成本，可以不加边锁。本例模架订购图如图 4-2-7 所示。

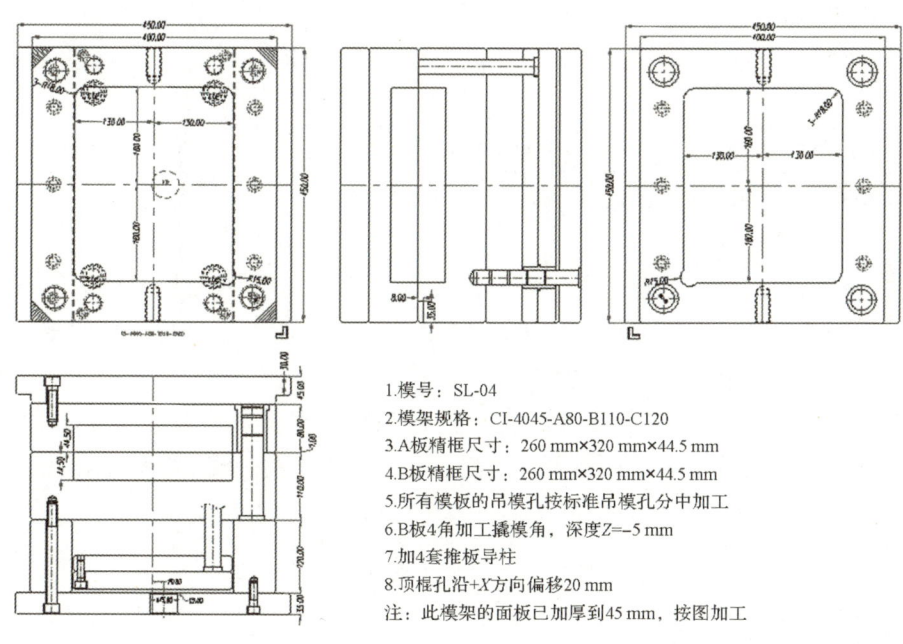

1. 模号：SL-04
2. 模架规格：CI-4045-A80-B110-C120
3. A 板精框尺寸：260 mm×320 mm×44.5 mm
4. B 板精框尺寸：260 mm×320 mm×44.5 mm
5. 所有模板的吊模孔按标准吊模孔分中加工
6. B 板 4 角加工撬模角，深度 $Z=-5$ mm
7. 加 4 套推板导柱
8. 顶棍孔沿 +$X$ 方向偏移 20 mm

注：此模架的面板已加厚到 45 mm，按图加工

图 4-2-7　模架订购图

### 2. 型腔、型芯材料的订购

本例的产品表面要求为普通光面，故型腔材料选用 NAK80，型芯材料选用 718，这两种材料均无须热处理，所以要订购精料。

型腔订料尺寸为 260 mm×320 mm×45 mm。型芯订料尺寸为 260 mm×320 mm×55 mm。

## 4.3 热流道系统设计

热流道系统通过对流道的加热，使塑料在成型前始终保持熔融状态。热流道系统一般由 4 个部分组成：热射嘴、分流板、加热元件和温控器。

热流道应用非常广泛，从日常用品、家用电器，到医疗产品、汽车配件等工业产品，几乎都可见热流道的应用。各种不同塑料原料都可使用热流道加工。产品质量适用范围小到 0.1 g，大到 15 kg。特别是对于多型腔模具成型薄壁化产品或加工工艺严格的工程塑料，必须使用热流道系统来加工。

热流道模具的结构特点可参考其他资料。

本例采用热流道直接进浇，所以浇注系统只有主流道。

### 一、热流道的特点与设计要求

**1. 热流道的优点**

(1) 无流道凝料，节约塑料原料。在纯热流道模具中，因没有冷流道，故无废料产生，这对于塑料价格较高的应用项目而言，意义尤其重大。

(2) 缩短生产周期，提高生产率。因为无需流道系统冷却时间，产品成型固化后便可及时顶出。许多用热流道模具生产的薄壁零件成型周期可在 5 s 以内。

(3) 减小压力、热量损耗。

(4) 减少废品，提高产品质量。在热流道模具成型过程中，塑料熔体温度在流道系统内得到准确的控制。塑料可以更为均匀的状态流入各模腔，从而得到品质一致的零件。热流道成型的产品浇口质量好，脱模后残余应力小，产品变形小。

(5) 省去后续工序，有利于生产自动化。产品经热流道模具成型后即为成品，省去修剪浇口及回收加工冷流道等工序。许多先进的塑料成型工艺是在热流道技术基础上发展起来的，如 PET 预成型制作、在模具中多色共注与多种材料共注工艺等。

(6) 热浇口套已标准化，互换性好。

**2. 热流道的缺点**

尽管热流道模具有许多显著的优点，模具用户仍需了解其缺点：

(1) 模具成本高。热流道元件价格比较高，导致热流道模具成本大幅度提高。如果产品产量小，则模具工具成本比例相对较高，经济上不划算。

(2) 对设备要求高。热流道模具的制作工艺对设备要求高，需要精密加工机械作保证。热流道系统与模具的集成和配合要求极为严格，否则模具在生产过程中会出现严重问题，如塑料密封性不好导致塑料溢出,损坏热流道元件而中断生产;喷嘴镶件与浇口相对位置有误差,导致制品质量严重下降等。

(3)操作和维修复杂。与冷流道模具相比,热流道模具操作和维修复杂,专业性强。热流道的安装、接线及维修都需要专业的技术人员。如操作不当,热流道零件极易损坏,使生产无法进行,造成巨大的经济损失。热流道模具的新用户需要较长时间来积累使用经验。

(4)对塑料要求较高。可用于热流道的塑料有 PE、ABS、POM、PC、HIPS、PS 等。

### 3. 热流道设计要求

热流道的设计图一般由热流道供应商提供。模具设计人员将整个前模(定模)部分的模具图发给热流道供应商,然后供应商回传一份热流道设计图文件,提请模具设计人员确认,并根据确认的图文件进行制作。

热流道设计图文件包含的内容:
(1)进胶点和热射嘴的位置。
(2)产品的材质、大小、质量。
(3)前模所有的结构图。
(4)热流道类型和换色情况。

热流道设计需确认的内容:
(1)模具的基准方向和出线盒的位置。
(2)热射嘴的长度。
(3)热射嘴的位置。
(4)分流板的定位和定位螺钉位置与其他结构有无干涉。若存在干涉,能否避免。
(5)是否有加热膨胀系数。

热流道系统模具动画详见本书配套的数字化资源。

## 二、热流道的选用与订购

### 1. 热流道的种类

热流道主要分为尖嘴(咀)、通嘴(咀)、针阀嘴(咀)等类型。按照数量来划分,可以分为单嘴(咀)和多嘴(咀),多嘴热流道需要设计分流板。每一种热流道都有其各自的特点。借助于搭载在 AutoCAD 上的"燕秀工具箱",可以找到有关热流道的资料。

启动装有"燕秀工具箱"的 AutoCAD,单击"燕秀工具箱"→"模具标准件"→"热流道",启动热流道命令,弹出如图 4-3-1 所示的热流道对话框。此对话框对热流道进行了分类,分别阐述每种热流道类型的特点、应用范围、适用塑料等。

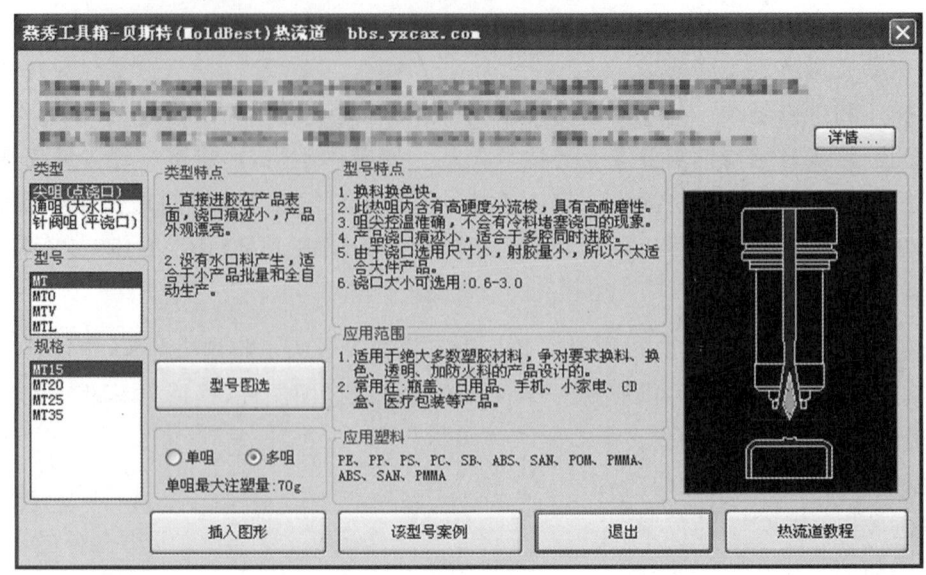

图 4-3-1 热流道对话框

**2. 热流道的选用**

前面已确定了产品的进浇方式为热流道直接进浇,所以热流道选用类型为通嘴,类型为 MO,如图 4-3-2 所示。

确定热流道的规格时,应先测量产品的质量。通过 UG 测出产品的质量为 100.7 g,所以选用单咀的规格最大注塑量必须大于 100.7 g。符合要求的规格有 MO15 和 MO20,本例选择的规格为 MO20,如图 4-3-2 所示。可用"燕秀工具箱"调用选定类型及规格的热流道,如图 4-3-3 所示。

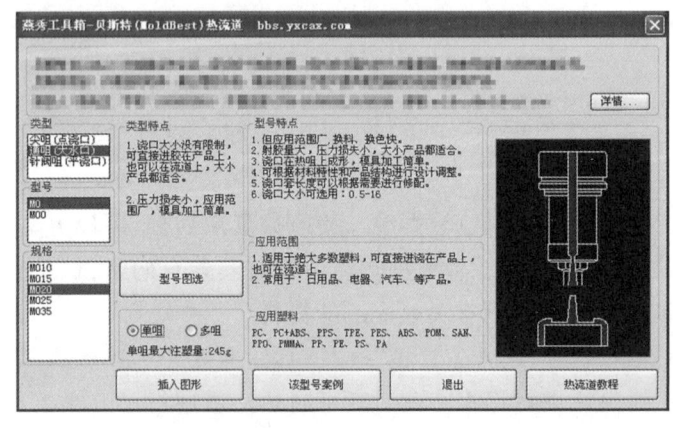

图 4-3-2 本例选择的热流道类型及规格　　图 4-3-3 用"燕秀工具箱"调用的热流道

**3. 热流道的 2D 结构图**

热流道的 2D 结构图如图 4-3-4 所示,点浇口的坐标为(20,0),图中需含有定位环、出线槽、压线板、温控器等,其中温控器在订购热流道时由供应商提供。

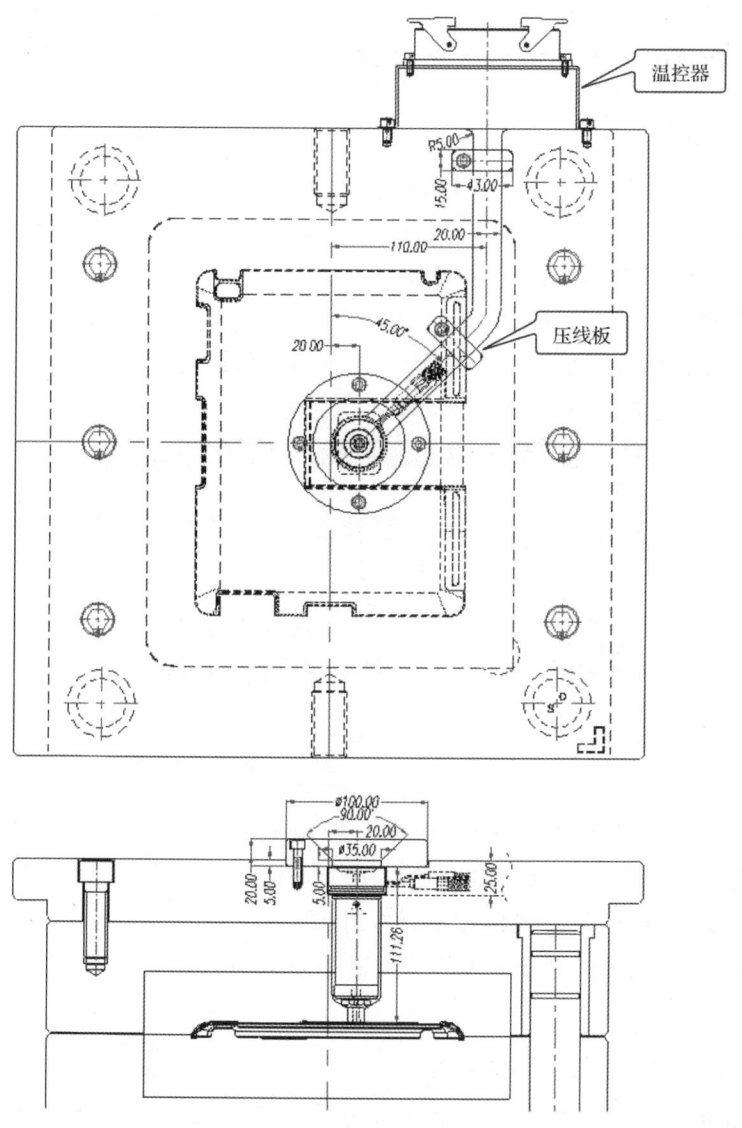

图 4-3-4 热流道的 2D 结构图

### 4. 热流道的订购

完成热流道的 2D 结构图绘制后,即可向热流道供应商订购热流道。如果模具加工工期比较长,可先绘制完整的 2D 模具总装图。

订购热流道需要提供 3D 产品图、流道及 2D 模具总装图等资料给热流道供应商,热流道供应商会按照提供的资料,选出合理的热流道类型和规格。本例的热流道已经模具设计人员确认,选用的类型和规格合理。

## 三、热流道 2D 结构图的导入及处理

**1. 将热流道 2D 结构图导入 UG**

(1)在 UG 中打开本例 3D 文件夹中的"SL04-3D.prt"文件。

(2)调用"文件"→"导入"→"AutoCAD DXF/DWG"命令,在弹出的"AutoCAD DXF/DWG 导入向导"对话框中单击"浏览"按钮,找到存放在配套资源中的"SL-Part\SL04\SL04-热流道 2D 结构图.dwg"文件,将"导入至部件"选项设为"工作部件",如图 4-3-5 所示,其他选项默认,然后单击"完成"按钮,稍待片刻,即可将"SL04-热流道 2D 结构图.dwg"文件导入"SL04-3D.prt"文件。

热流道 2D 结构图的导入及处理

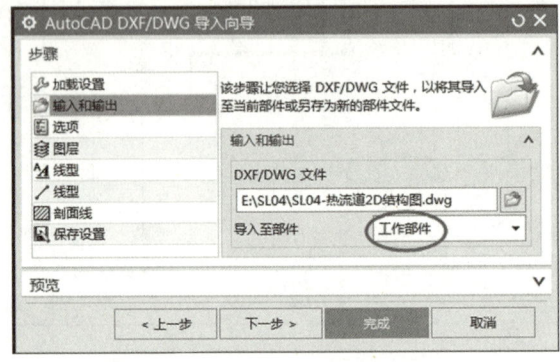

图 4-3-5 "AutoCAD DXF/DWG 导入向导"对话框

(3)执行"图层设置"命令,在弹出的对话框中勾选所有含有对象的图层。

(4)按"Ctrl+Shift+U"组合键,显示所有对象。

(5)按"Ctrl+F"组合键,显示导入的热流道 2D 结构图,必要时可将 UG 的背景色设为黑色。

**2. 热流道 2D 结构图在 UG 中的处理**

在 UG 中处理热流道 2D 结构图的具体操作参看微课视频。其处理结果如图 4-3-6 所示。

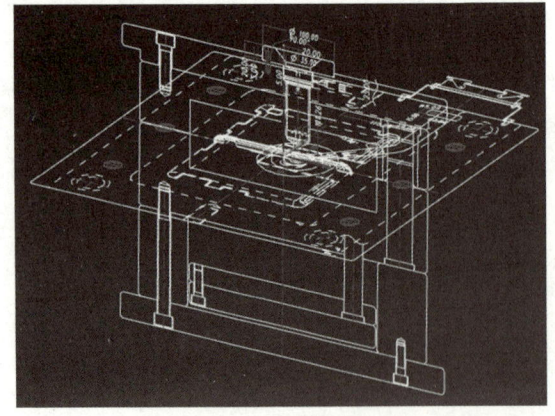

图 4-3-6 UG 中热流道 2D 结构图的处理结果

## 四、热流道系统的 3D 设计

### 1. 热流道的创建

创建热流道的具体操作参看微课视频。热流道参数及创建结果如图 4-3-7 所示。

热流道的创建

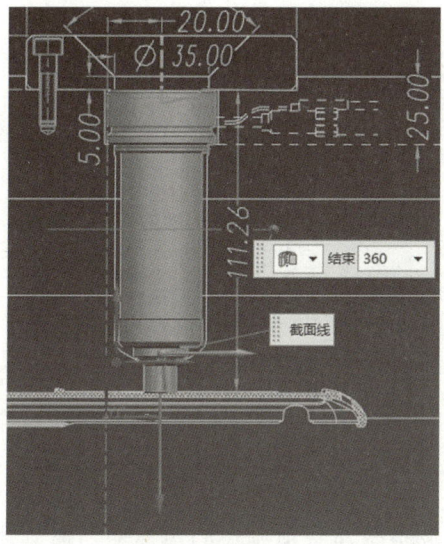

(a) 参数

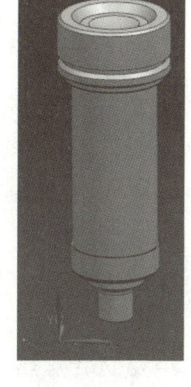

(b) 创建结果

图 4-3-7　热流道参数及创建结果

### 2. 定位环的添加

添加定位环的具体操作参看微课视频。定位环的设计参数和位置坐标如图 4-3-8 所示。

将热流道和定位环(含 2 个紧固螺钉)移动至第 20 层。

定位环的添加

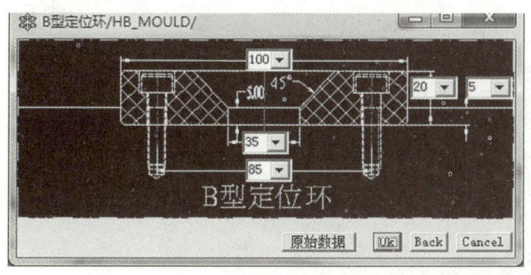

(a) 设计参数

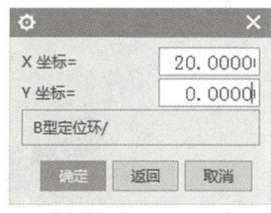

(b) 位置坐标

图 4-3-8　定位环的设计参数和位置坐标

### 3. 热流道出线槽及压线板的创建

创建热流道出线槽及压线板的具体操作参看微课视频。创建完成的出线槽和压线板

（含紧固螺钉）如图 4-3-9 所示。

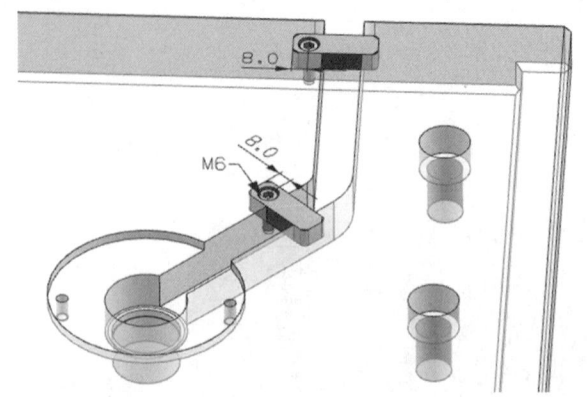

热流道出线槽
和压线板的创建

图 4-3-9　出线槽和压线板（含紧固螺钉）

### 4. 温控器的安装

温控器的规格及型号由热流道供应商选定。如果热流道供应商提供温控器的 3D 图，可将其导入 UG 进行安装；如果热流道供应商只提供 2D 图，则在 UG 中绘制固定温控器的紧固螺钉孔即可（本例忽略）。

### 5. 隔热板的设计

通常热流道进浇要安装隔热板，分别装在定模座板的顶部和动模座板的底部，并使用平头螺钉固定。隔热板的常用厚度为 5 mm、8 mm 和 10 mm。本例选用的厚度为 8 mm，使用 8 个 M8 的平头螺钉固定。具体操作参看微课视频。定模隔热板紧固螺钉规格和位置尺寸如图 4-3-10 所示。动模隔热板紧固螺钉规格和位置尺寸与定模隔热板对应相同。

隔热板的设计

将定、动模隔热板（含平头螺钉）和压线板（含紧固螺钉）移动至第 102 层。

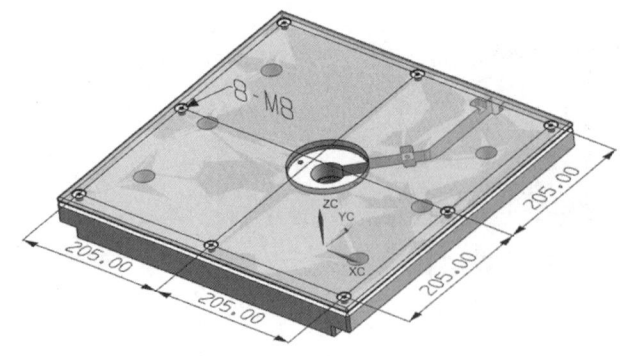

图 4-3-10　定模隔热板紧固螺钉规格和位置尺寸

## 4.4 斜顶杆机构设计

斜顶杆机构的设计包括斜顶杆、斜顶座和斜顶导向块等的设计。

### 一、斜顶杆的设计

#### 1. 斜顶杆的设计形式

本例的斜顶杆可设计成 3 种形式,如图 4-4-1 所示。各种形式的优缺点在前面的实例中已作介绍。本例的斜顶杆选择图 4-4-1(b) 和图 4-4-1(c) 所示的设计形式。

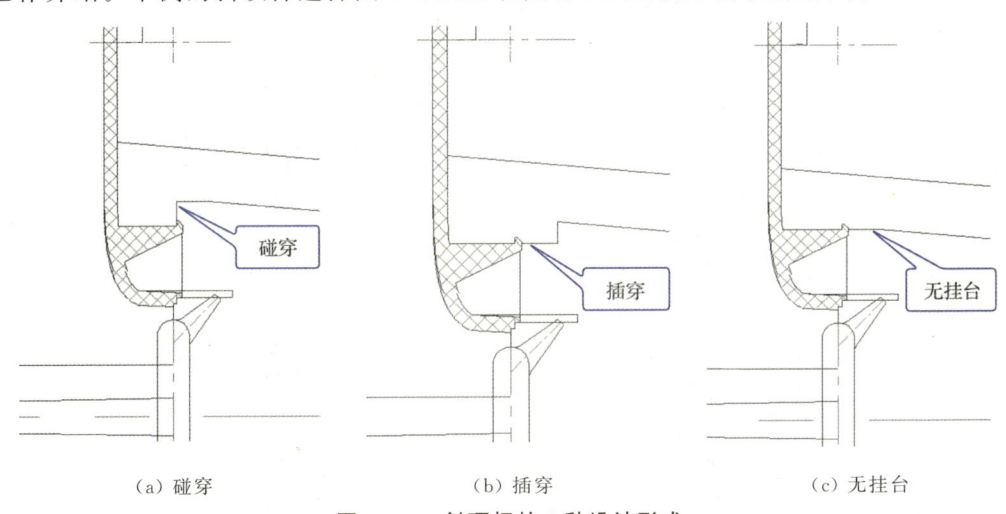

图 4-4-1　斜顶杆的 3 种设计形式

#### 2. 斜顶杆厚度的确定

为了保证斜顶杆的强度,一般在空间足够且没有干涉的情况下,将斜顶杆厚度做到 6～10 mm。本例的斜顶杆比较大,其厚度可做到 10 mm。其中的 2 支斜顶杆因顶出空间不足,只能做到 6 mm,如图 4-4-2 所示。

#### 3. 斜顶杆宽度的确定

斜顶杆宽度按扣位宽度单边延伸 1 mm 左右取整确定。

测量可知,在本例产品的扣位宽度中,有 4 个为 32.33 mm,有 1 个为 20.04 mm,如图 4-4-3 所示,所以斜顶杆宽度取整为 4 个 34 mm 和 1 个 22 mm。

5 个斜顶杆的宽度和位置尺寸如图 4-4-4 所示。为后面叙述方便,此处从右下角(基准角)起,沿逆时针方向给 5 个斜顶杆编号。

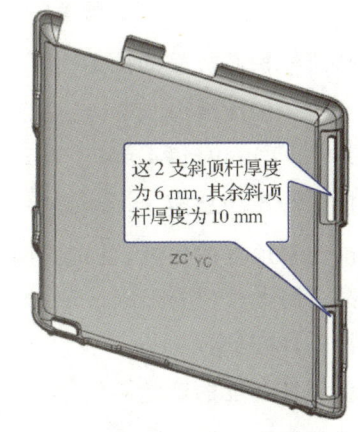

图 4-4-2　厚度为 6 mm 的 2 支斜顶杆所在位置

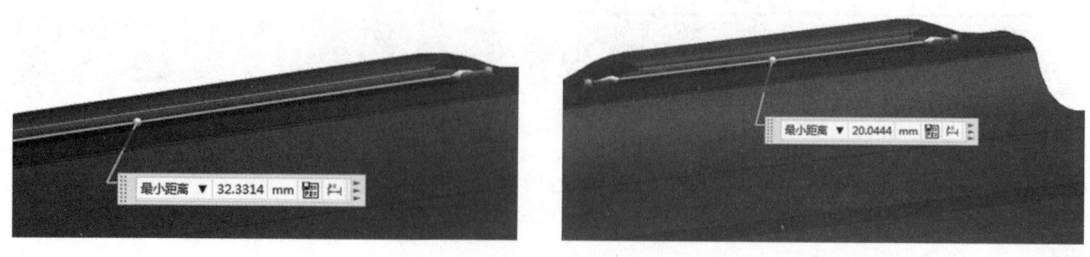

图 4-4-3 产品的两种扣位宽度

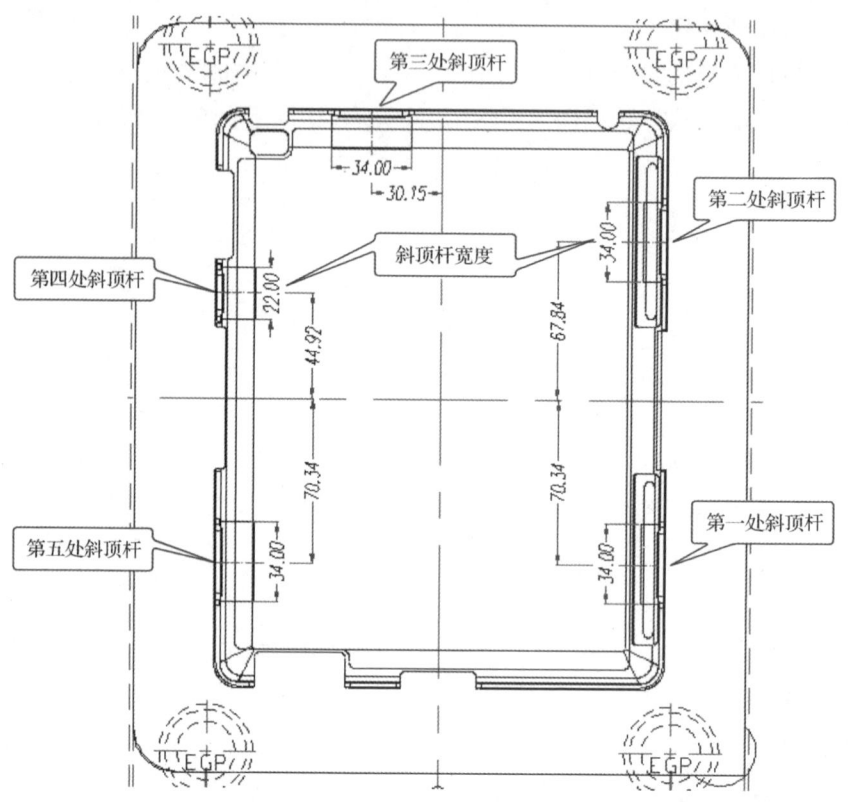

图 4-4-4 5个斜顶杆的宽度和位置尺寸

**4. 斜顶杆抽芯行程的确定**

本例的扣位深度为 0.75 mm,斜顶杆抽芯行程=扣位深度+2 mm 左右,故斜顶杆抽芯行程做到 2.75 mm(0.75 mm+2 mm)左右即可。

**5. 顶出行程的确定**

要确定斜顶杆的角度,首先要确定顶出行程。本例产品的总高度为 13.9 mm,顶出行程=产品总高度+(10~15)mm=13.9 mm+(10~15)mm=23.9~28.9 mm,取整确定本例的顶出行程为 30 mm。

**6. 斜顶杆角度的确定**

斜顶杆角度选取范围为 3°~15°,常用的角度有 3°、4°、5°、6°、8°、10°、12°等。斜顶杆角度的确定方法如图 4-4-5 所示。本例的斜顶杆抽芯行程为 2.75 mm 左右,顶出行程为 30 mm,

故斜顶杆角度可选用 5°，实际获得的斜顶杆抽芯行程为 2.62 mm，符合要求。

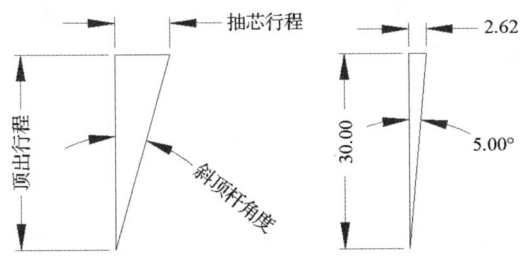

图 4-4-5　斜顶杆角度的确定方法

**7. 斜顶杆在各个视图中的尺寸**

根据经验值，结合以上确定的数据，斜顶杆在侧剖视图中的尺寸如图 4-4-6 所示，在正剖视图中的尺寸如图 4-4-7 所示。

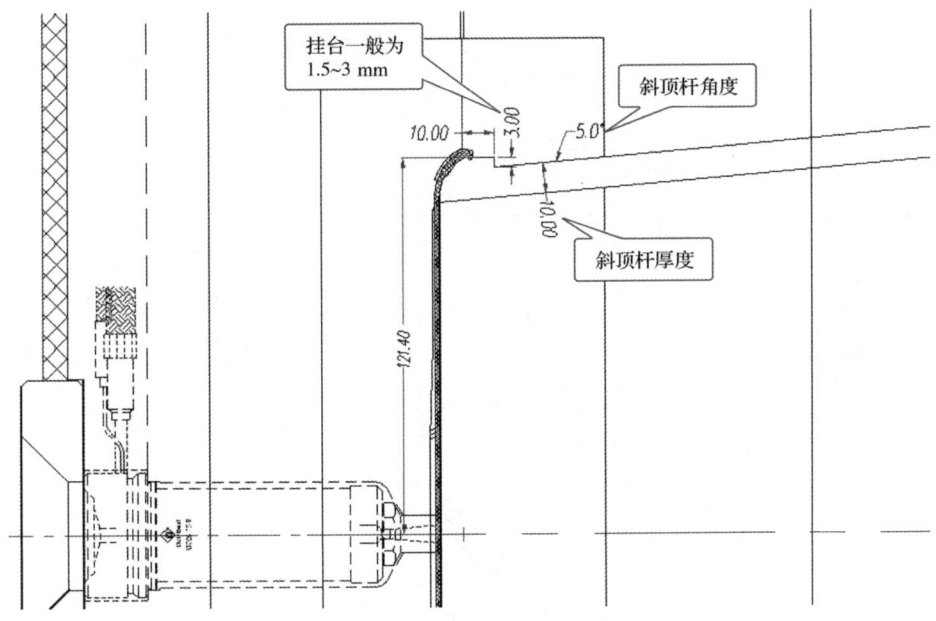

图 4-4-6　斜顶杆在侧剖视图中的尺寸

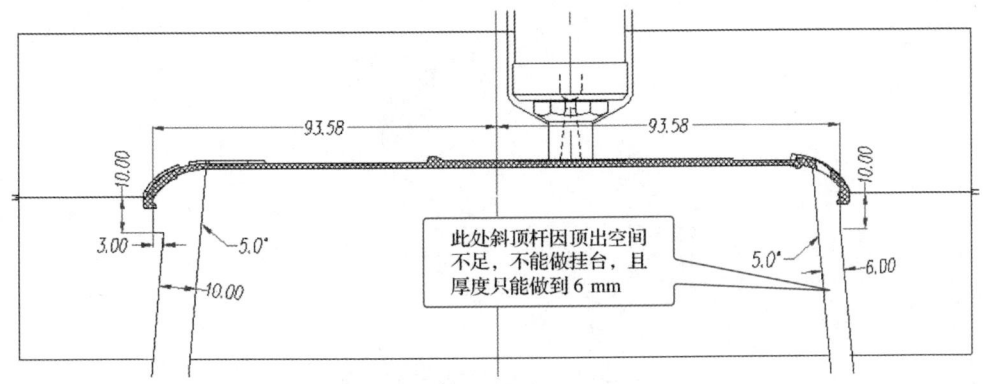

图 4-4-7　斜顶杆在正剖视图中的尺寸

**8. 斜顶头包容体的创建**

确定了斜顶杆(含斜顶头)的形状和尺寸,可先画出各处斜顶头包容体,其操作步骤参看微课视频。图 4-4-8 所示是第五处斜顶头包容体的尺寸和修剪结果。

斜顶头包容体的创建

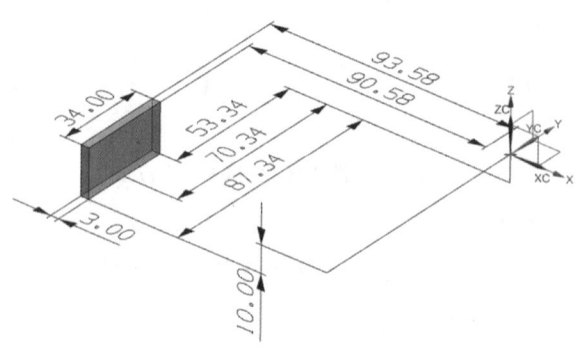

**图 4-4-8  第五处斜顶头包容体的尺寸和修剪结果**

镜像、移动、复制得到的斜顶头包容体如图 4-4-9 所示。

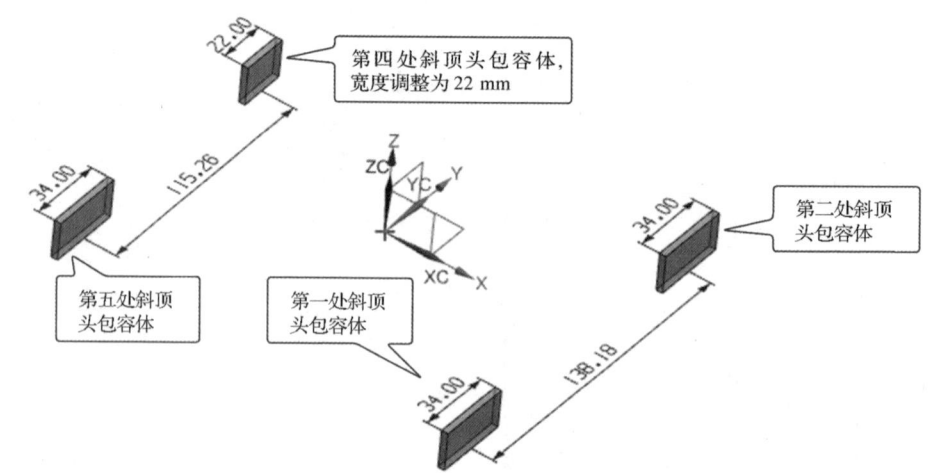

**图 4-4-9  镜像、移动、复制得到的斜顶头包容体**

第三处斜顶头包容体如图 4-4-10 所示。

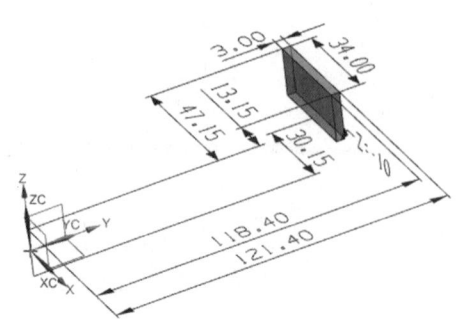

**图 4-4-10  第三处斜顶头包容体**

最终创建完成的 5 个斜顶头包容体如图 4-4-11 所示。各斜顶头包容体的下表面位置均为 $Z=-10$ mm。

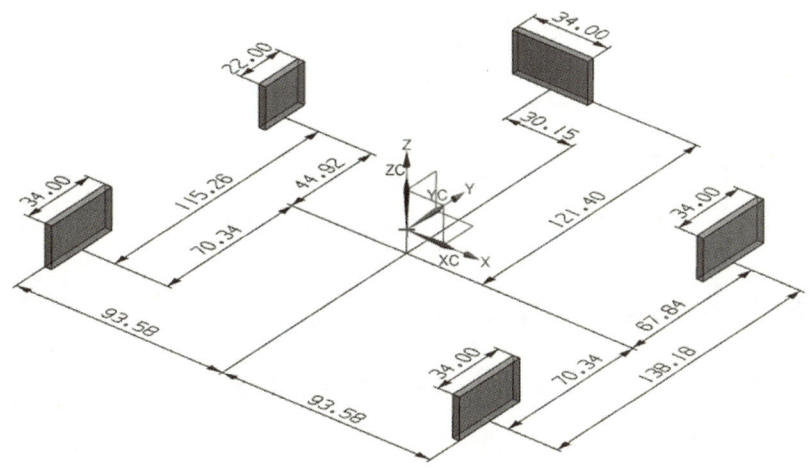

图 4-4-11　创建完成的 5 个斜顶头包容体

## 二、斜顶座的设计

### 1. 斜顶座的形式

斜顶座常用的形式有单边挂台式和双边挂台式。双边挂台式主要适用于斜顶杆宽度不小于 10 mm 的情况。本例斜顶杆宽度均大于 10 mm，故选用双边挂台式，如图 4-4-12 所示。

### 2. 斜顶座尺寸的确定

斜顶座的尺寸一般由斜顶杆的大小来确定。本例宽度为 34 mm 的 4 支斜顶杆（第一、二、三、五处）

图 4-4-12　双边挂台式斜顶座

的斜顶座尺寸设计为 20 mm×40 mm×53 mm 较合适；而宽度为 22 mm 的斜顶杆（第四处）的斜顶座尺寸设计为 20 mm×34 mm×53 mm 较合适。挂台高度均设计为 6 mm，挂台凹槽深度均设计为 3 mm。斜顶座选用规格为 M8 的紧固螺钉锁紧。斜顶座在正剖视图中的尺寸如图 4-4-13 所示，在侧剖视图中的尺寸如图 4-4-14 所示，在动模视图中的尺寸如图 4-4-15 所示。

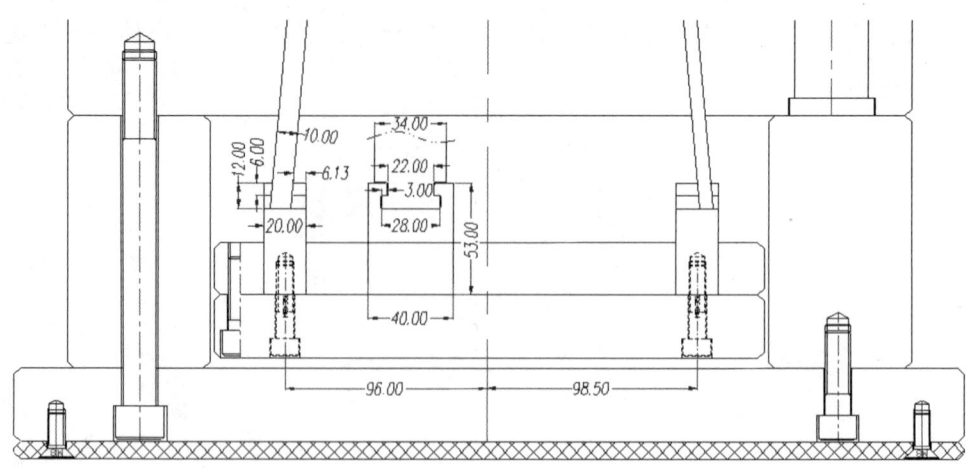

图 4-4-13　斜顶座在正剖视图中的尺寸

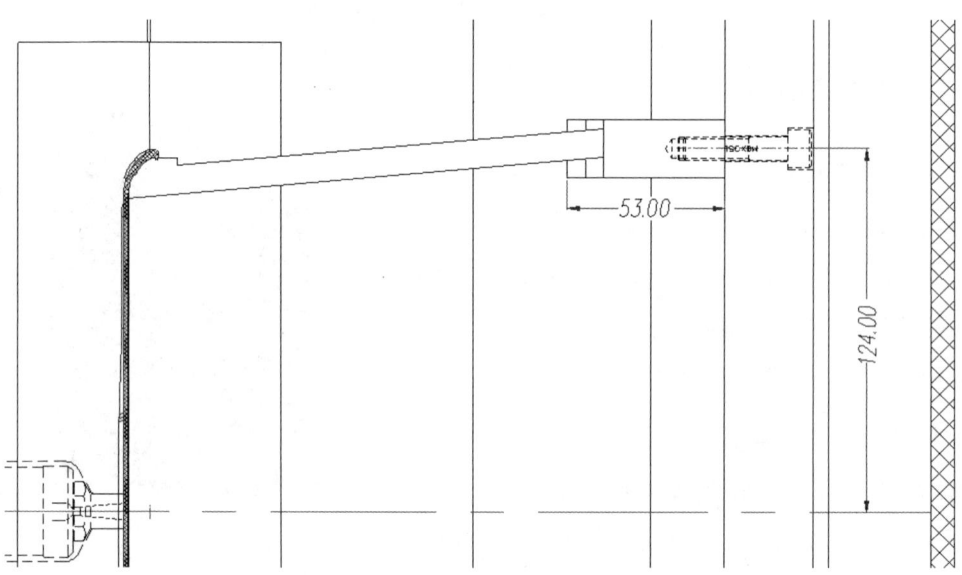

图 4-4-14　斜顶座在侧剖视图中的尺寸

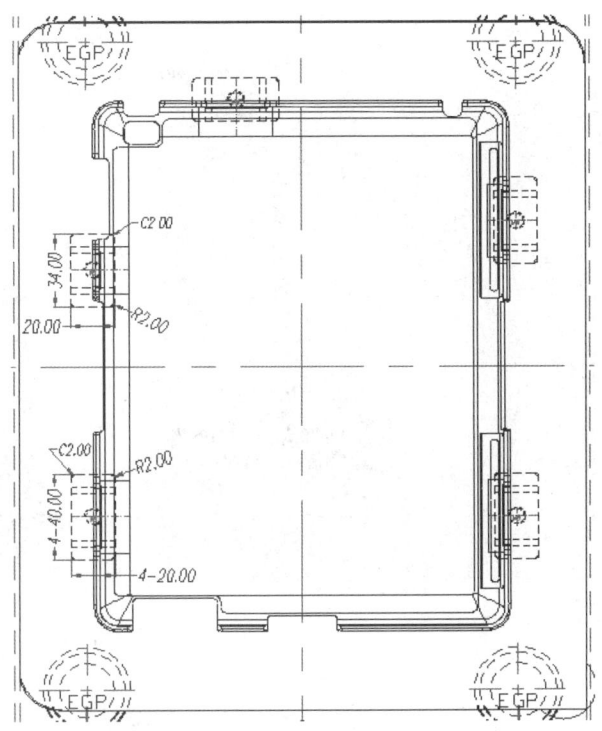

图 4-4-15　斜顶座在动模视图中的尺寸

### 3. 斜顶杆与斜顶座的调用

初步创建了斜顶杆，确定了斜顶杆与斜顶座形状和尺寸后，可用"HB_MOULD"外挂调用斜顶杆与斜顶座。具体操作参看微课视频。第五处斜顶杆与斜顶座的相关参数和调用结果如图 4-4-16 所示。

斜顶杆与斜顶座的调用

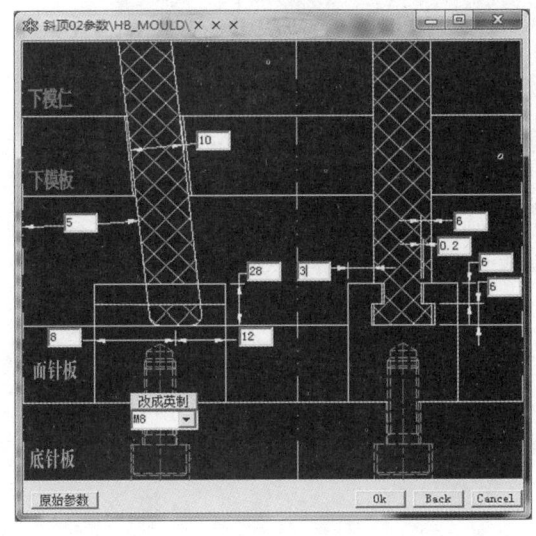
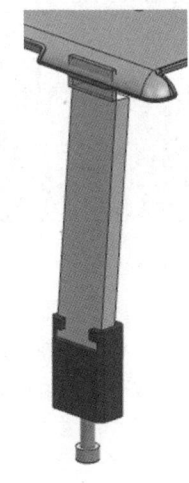

（a）相关参数　　　　　　（b）调用结果

图 4-4-16　第五处斜顶杆与斜顶座的相关参数和调用结果

第四处斜顶杆与斜顶座的相关参数和调用结果如图 4-4-17 所示。

(a) 相关参数　　　　　　　　(b) 调用结果

图 4-4-17　第四处斜顶杆与斜顶座相关参数和调用结果

第三处斜顶杆与斜顶座的相关参数和调用结果如图 4-4-18 所示。

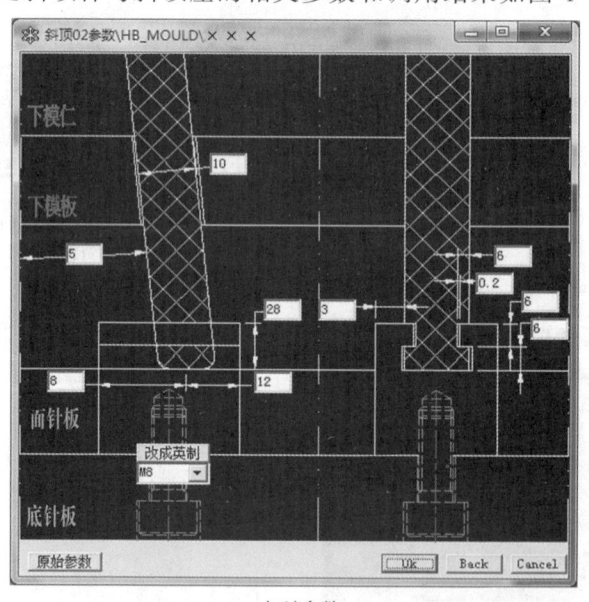

(a) 相关参数　　　　　　　　(b) 调用结果

图 4-4-18　第三处斜顶杆与斜顶座的相关参数和调用结果

第一处和第二处斜顶杆与斜顶座的相关参数和调用结果如图 4-4-19 所示。

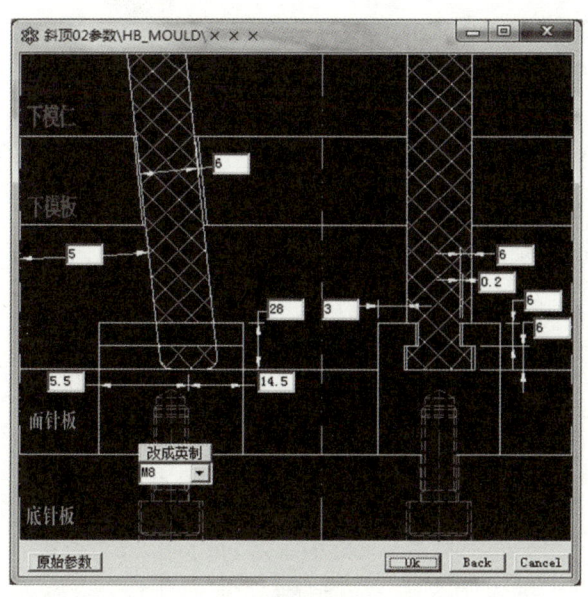 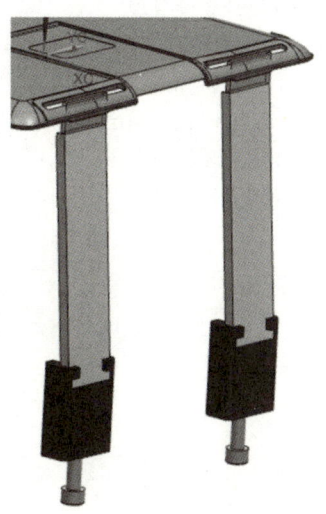

(a)相关参数　　　　　　　　　(b)调用结果

图 4-4-19　第一处和第二处斜顶杆与斜顶座的相关参数和调用结果

**4. 斜顶杆的处理**

本例将斜顶头和斜顶杆设计为一个整体,前面只做了初步设计,现在要将其完善。具体操作参看微课视频。5 处斜顶杆处理结果如图 4-4-20 所示。

斜顶杆与斜顶座的处理

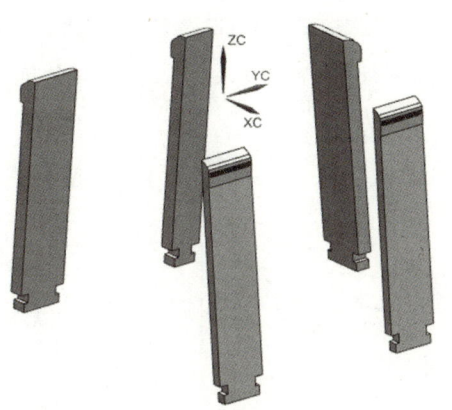

图 4-4-20　5 处斜顶杆处理结果

**5. 斜顶座的处理**

处理斜顶座的具体操作参看微课视频。

## 三、斜顶导向块的设计

斜顶导向块的作用是加强斜顶杆的强度和刚度,并对斜顶杆进行支撑和导向。

**1. 斜顶导向块相关尺寸的确定**

斜顶导向块的厚度一般为 10～15 mm,长度和宽度一般由斜顶杆的大小来确定。

本例导向块的厚度取 15 mm。对于宽度为 34 mm 的 4 支斜顶杆,其导向块的长度和宽度分别设计为 44 mm、42 mm;对于宽度为 22 mm 的 1 支斜顶杆,其导向块的长度和宽度分别设计为 42 mm、34 mm。所有导向块均选用 4 个规格为 M5 的紧固螺钉锁紧在动模板上。

斜顶导向块在正剖视图中的尺寸如图 4-4-21 所示。因为斜顶杆比较大,动模板与斜顶杆之间不宜钻圆孔做避空,只能顺着斜顶杆的斜度线割避空 1 mm。斜顶导向块在侧剖视图中的尺寸如图 4-4-22 所示。斜顶导向块在动模视图中的尺寸如图 4-4-23 所示。

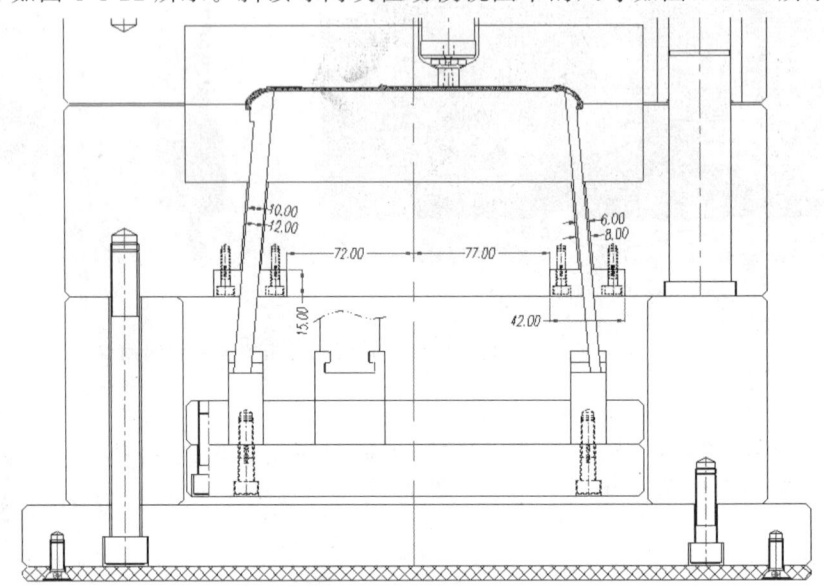

图 4-4-21　斜顶导向块在正剖视图中的尺寸

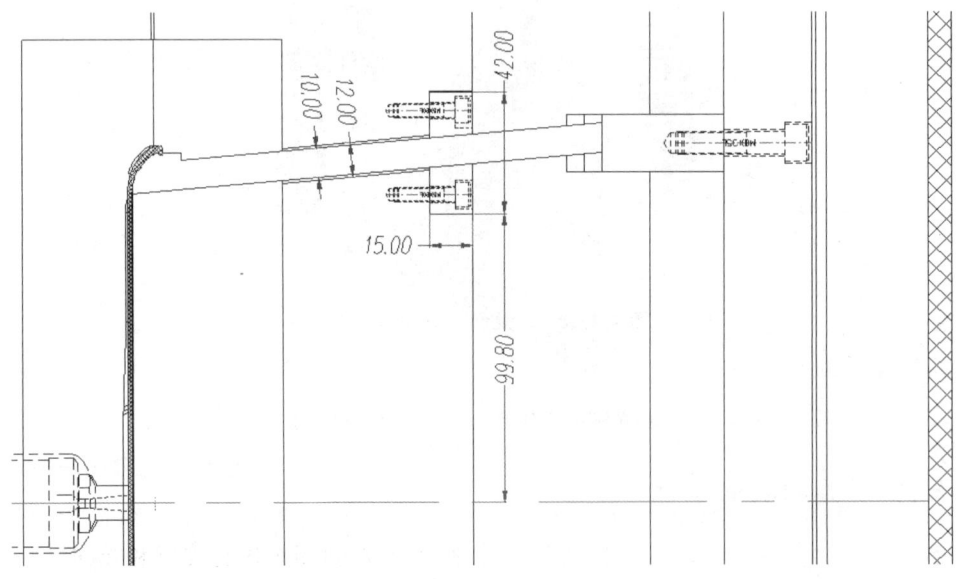

图 4-4-22　斜顶导向块在侧剖视图中的尺寸

实例4 一模一腔直浇口斜顶杆机构热流道模设计

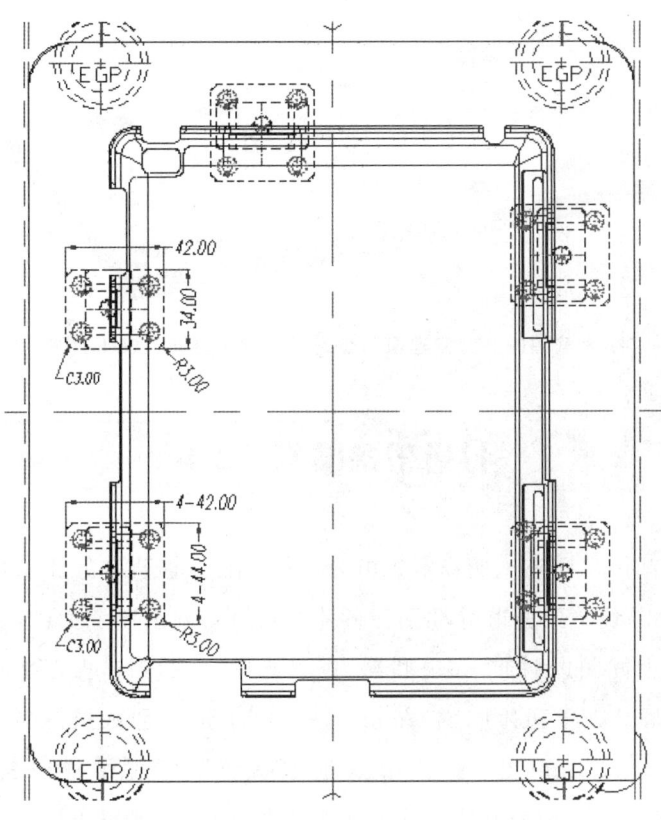

图 4-4-23 斜顶导向块在动模视图中的尺寸

**2. 第一处斜顶导向块的创建**

创建斜顶导向块的具体操作参看微课视频。图 4-4-24 所示为第一处斜顶导向块的插入点。图 4-4-25 所示为第一处斜顶导向块的参数及位置坐标。

斜顶导向块的设计

图 4-4-24 第一处斜顶导向块的插入点

253

> **注意**
>
> 斜顶导向块的 2 个紧固螺钉默认归入第 119 层,需将第 119 层打开,紧固螺钉才可见。

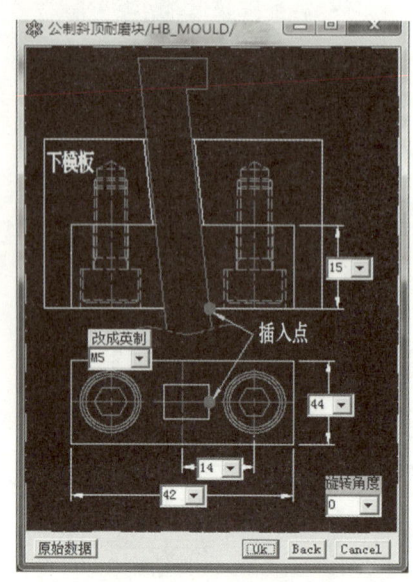
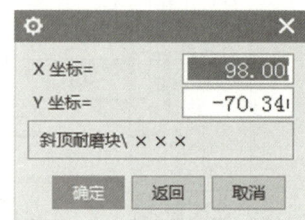

(a) 参数　　　　　　　　　　(b) 位置坐标

图 4-4-25　第一处斜顶导向块的参数及位置坐标

**3. 其他斜顶导向块的创建**

参照第一处斜顶导向块的创建方法,创建其他各处的斜顶导向块。具体操作参看微课视频。注意各处斜顶导向块的插入点和旋转角度,有关参数及位置坐标参看图 4-4-26～图 4-4-29。

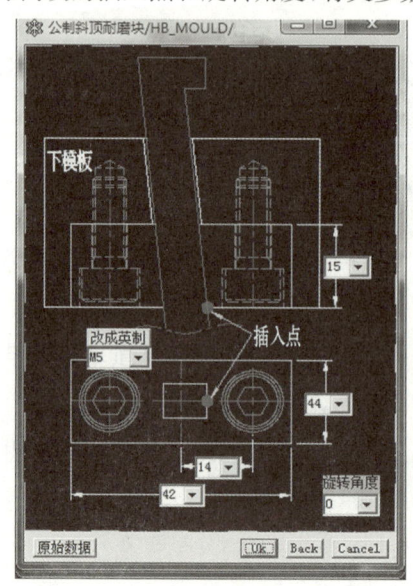
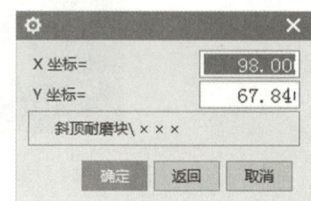

(a) 参数　　　　　　　　　　(b) 位置坐标

图 4-4-26　第二处斜顶导向块的参数及位置坐标

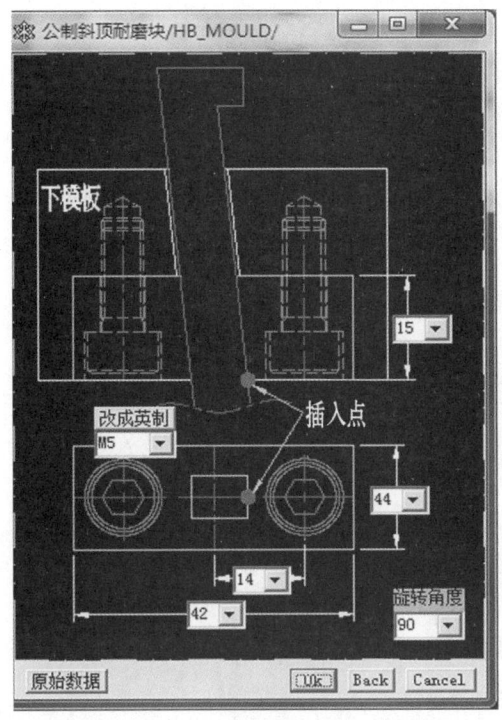
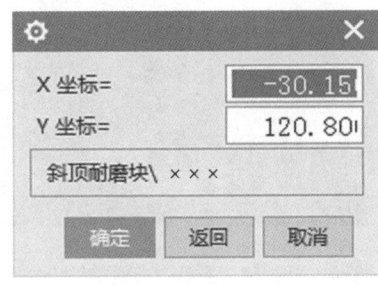

(a) 参数　　　　　　　　　　　　(b) 位置坐标

图 4-4-27　第三处斜顶导向块的参数及位置坐标

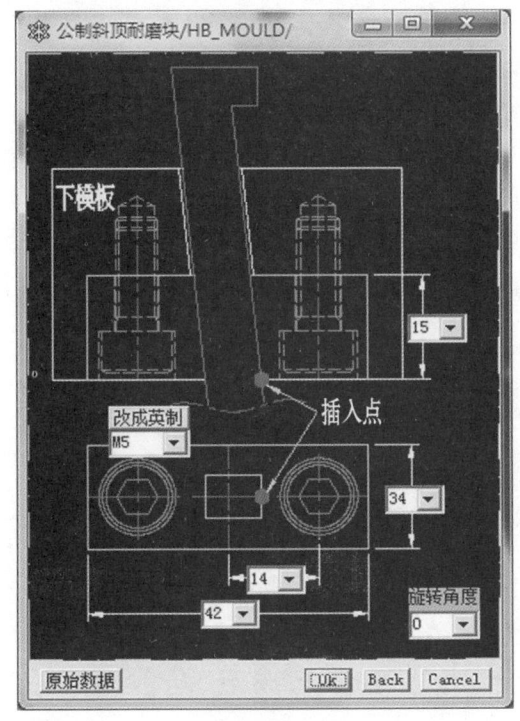
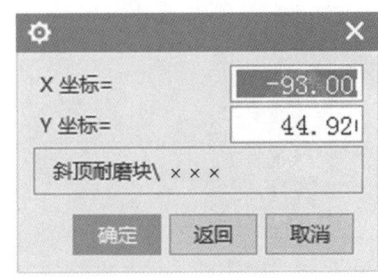

(a) 参数　　　　　　　　　　　　(b) 位置坐标

图 4-4-28　第四处斜顶导向块的参数及位置坐标

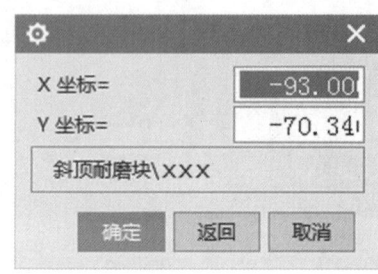

(a) 参数　　　　　　　　　　　　　(b) 位置坐标

图 4-4-29　第五处斜顶导向块的参数及位置坐标

**4. 紧固螺钉数量和位置的调整**

利用"HB_MOULD M6.8"外挂创建的斜顶导向块只有 2 个紧固螺钉,需对紧固螺钉的数量和位置做调整,方法如下(以第一处斜顶导向块为例):

(1) 单独显示动模板、第一处斜顶导向块和 2 个紧固螺钉,切换到"仰视图",用"移动面"命令,框选 2 个紧固螺钉和螺钉孔的所有面,将"运动"选项设为"距离",沿+YC 方向(第三处移动方向为+XC)移动 15 mm(第四处移动距离为 10 mm),如图 4-4-30 所示。

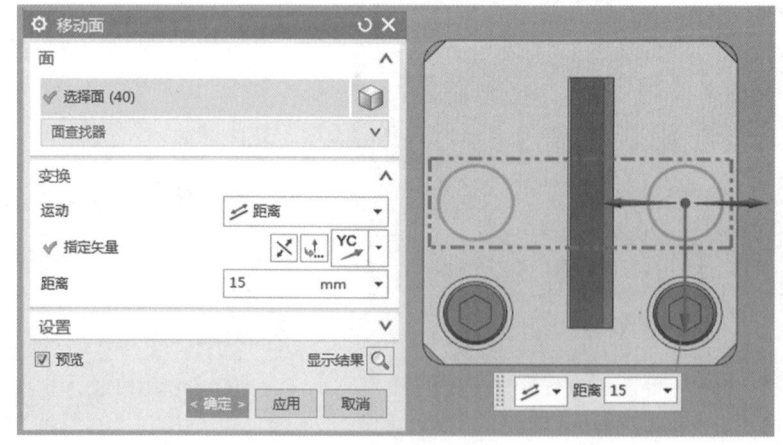

图 4-4-30　移动 2 个紧固螺钉和螺钉孔的所有面

(2) 单独显示斜顶导向块,调用"镜像面"命令,将斜顶导向块上 2 个紧固螺钉的沉孔面镜像到另一侧,镜像面为斜顶导向块的中间面,如图 4-4-31 所示。

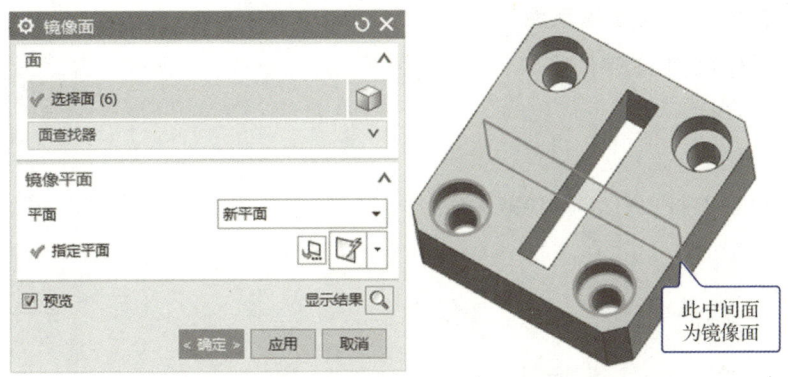

图 4-4-31　镜像斜顶导向块上的紧固螺钉的沉孔面

(3)单独显示动模板,调用"镜像面"命令,将动模板上的 2 个螺钉孔面镜像到另一侧,镜像面为斜顶导向块的中间面,如图 4-4-32 所示。

(4)单独显示斜顶导向块和 2 个紧固螺钉,调用"镜像几何体"命令,将 2 个紧固螺钉镜像到另一侧,镜像面为斜顶导向块的中间面,如图 4-4-33 所示。

其他各处斜顶导向块的紧固螺钉数量均为 4,参照上述方法做位置调整。

图 4-4-32　镜像动模板上的螺钉孔面

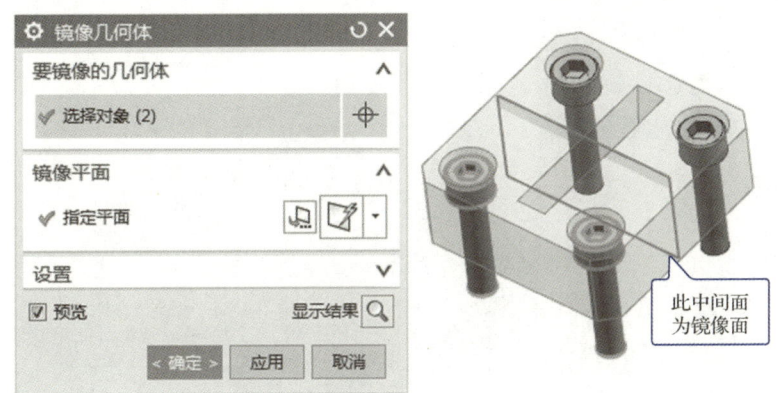

图 4-4-33　镜像斜顶导向块的紧固螺钉

## 四、斜顶杆机构与相关模板的处理

### 1. 斜顶杆编号

斜顶杆要刻字码编号,以便装配。具体操作参看微课视频。从靠近基准角的斜顶杆开始,沿逆时针方向编排斜顶杆字码,分别为 L1、L2、L3、L4、L5,字码位置应在型芯底面以下,大小根据具体情况自行调整,结果如图 4-4-34 所示。

**2. 将斜顶杆机构移动至指定图层**

将 5 套斜顶杆机构的所有零部件(包括斜顶杆、斜顶座、斜顶导向块、紧固螺钉等)移动至第 60 层。

斜顶杆机构与相关模板的处理

**3. 型芯的处理**

显示型芯和 5 支斜顶杆,调用"减去"命令,将型芯与 5 支斜顶杆相减,减出斜顶杆的安装孔,如图 4-4-35 所示。

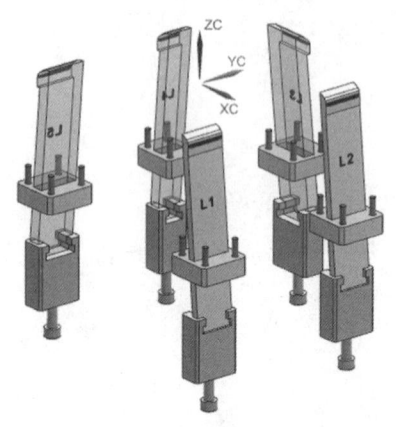

图 4-4-34　斜顶杆编号结果　　图 4-4-35　型芯与 5 支斜顶杆相减得到斜顶杆安装孔

**4. 动模板的处理**

斜顶杆穿过动模板,需在动模板上创建斜顶杆的避空孔。在创建斜顶导向块时,动模板已与斜顶杆相减。现在调用"偏置面"命令将斜顶杆穿过动模板的孔的 4 个侧面均偏置 $-1$ mm,如图 4-4-36 所示。

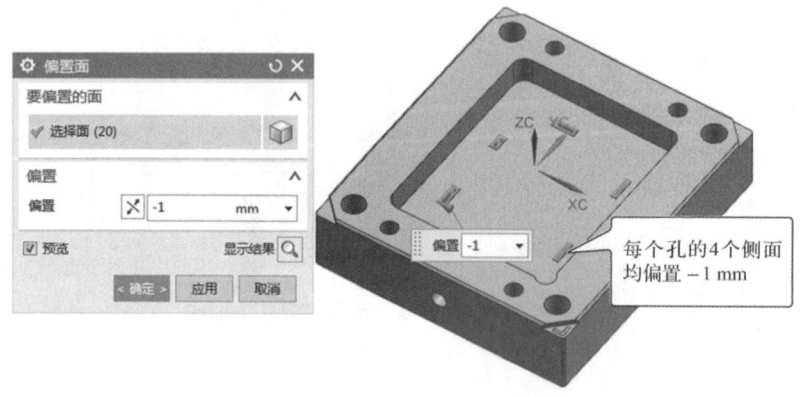

图 4-4-36　在动模板上创建斜顶杆的避空孔

**5. 推杆固定板的处理**

将推杆固定板上所有斜顶座安装孔的 4 个圆角大小由 $R3$ mm 调整为 $R2$ mm,如图 4-4-37 所示。具体操作参看微课视频。

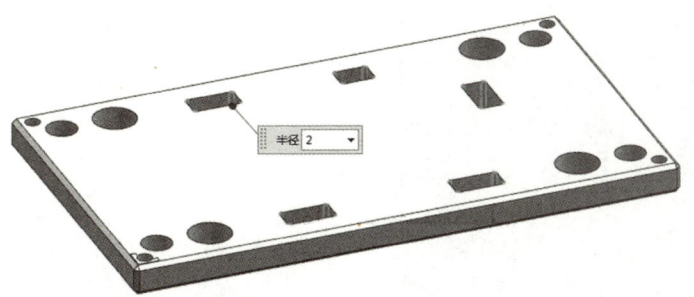

图 4-4-37　调整推杆固定板上斜顶座安装孔的圆角大小

## 4.5　冷却系统设计

冷却系统的冷却形式有直通式、循环式、水井式等多种。本例采用循环式冷却系统。因本例产品尺寸较大,为使冷却充分、均匀,故本例定模部分和动模部分均设计 2 组循环式冷却水道。通常冷却水道边与镶件边、斜顶杆边、螺钉孔边、推杆边的间距最小为 4 mm。冷却水道边不能与产品料位太近,一般取 10～15 mm。冷却水道中心与型腔、型芯边的间距不小于 12 mm,常取整数。常用冷却水道规格有 $\phi 6.0$ mm、$\phi 8.0$ mm、$\phi 10.0$ mm、$\phi 12.0$ mm,具体选用可根据型腔、型芯的大小来确定。本例选用 $\phi 10.0$ mm 的冷却水道。

> 冷却水道的进出口尽量设计在非操作侧,尽量避免设计在天侧和地侧。

### 一、定模循环式冷却系统设计

**1. 定模冷却水道的调用与处理**

本例定模采用 2 组循环式冷却水道。根据冷却水道的设计原则,可以确定定模冷却系统的形状和相关尺寸,如图 4-5-1 所示。

利用"HB_MOULD M6.8"外挂调用定模冷却系统,然后进行适当的处理,具体操作参看微课视频。定模冷却系统处理结果如图 4-5-2 所示。

**定模循环式冷却系统的设计**

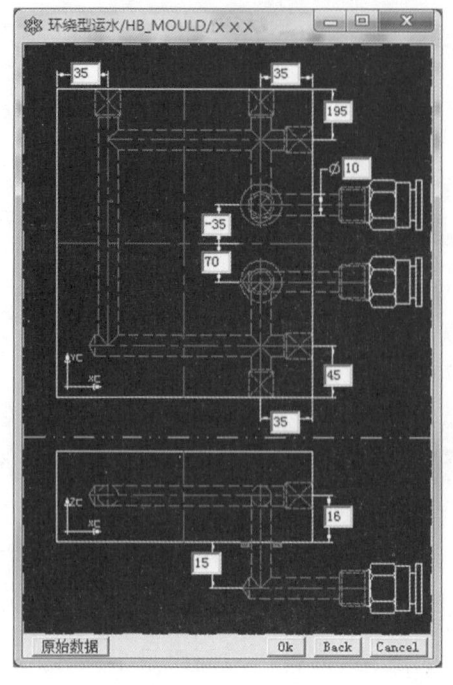
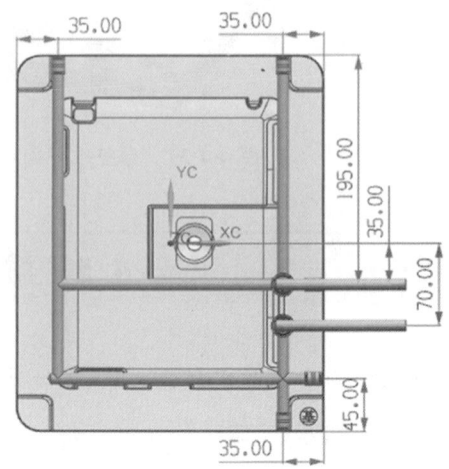
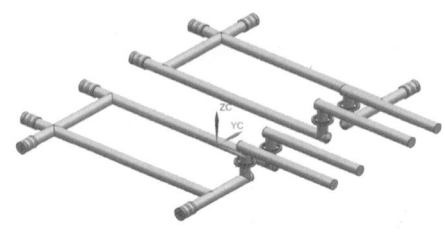

图 4-5-1  定模冷却系统的形状和相关尺寸

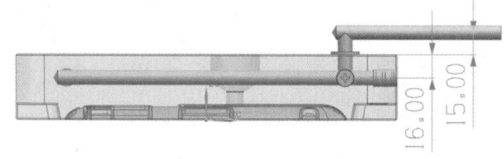

图 4-5-2  定模冷却系统处理结果

**2. 型腔与冷却水道相减**

型腔与冷却水道相减的具体操作参看微课视频。

**3. 定模板与冷却水道相减**

定模板与冷却水道相减的具体操作参看微课视频。

**4. 在定模板上添加水管接头**

水管接头规格选为 3/8″,具体操作参看微课视频。

把定模循环式冷却系统移动至第 19 层。

## 二、动模循环式冷却系统设计

### 1. 动模冷却水道的调用与处理

本例动模也采用 2 组循环式冷却水道。根据冷却水道的设计原则,可以确定动模冷却系统的形状和相关尺寸,如图 4-5-3 所示。

动模冷却系统的设计

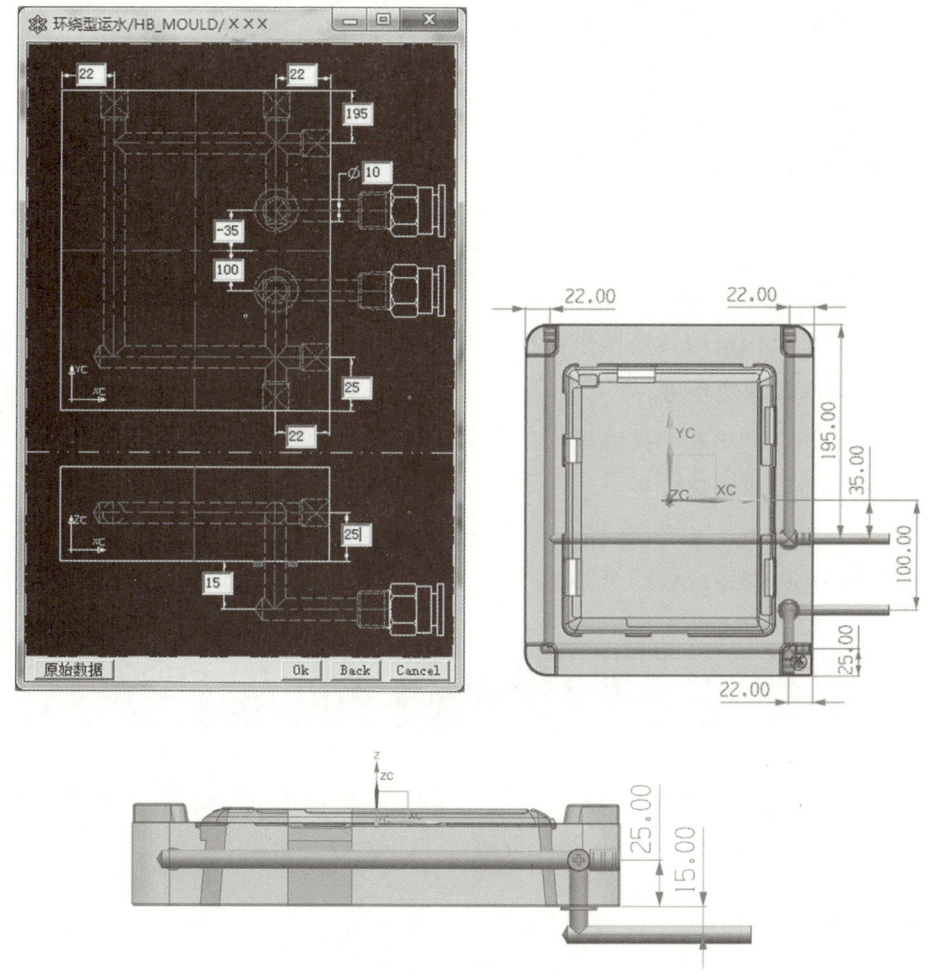

图 4-5-3　动模冷却系统的形状和相关尺寸

利用"HB_MOULD M6.8"外挂调用动模冷却系统,然后进行适当的处理,其主要步骤与定模冷却系统的处理类似。具体操作参看微课视频。动模冷却系统处理结果如图 4-5-4 所示(注意 2 组水道并非完全对称)。

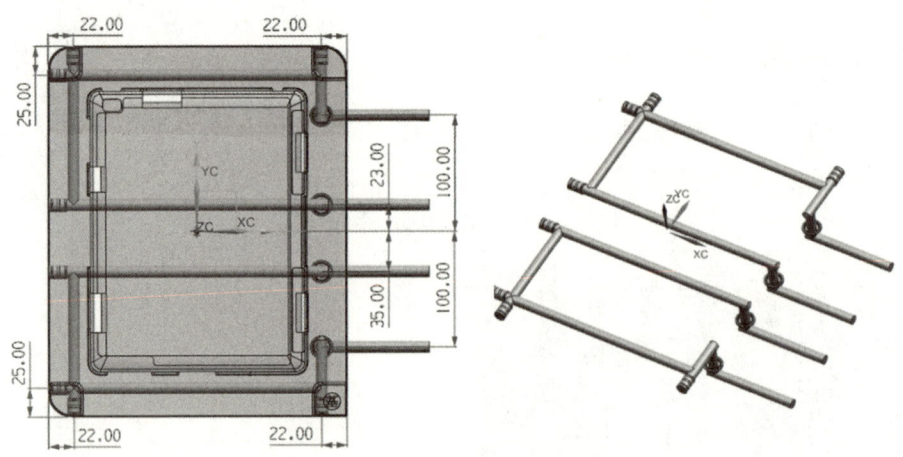

图 4-5-4 动模冷却系统处理结果

**2. 型芯与冷却水道相减**

型芯与冷却水道相减的具体操作参看微课视频。

**3. 动模板与冷却水道相减**

动模板与冷却水道相减的具体操作参看微课视频。

**4. 在动模板上添加水管接头**

水管接头规格选为 3/8″,具体操作参看微课视频。

把动模循环式冷却系统移动至第 29 层。

## 4.6 顶出系统设计

常用的顶出系统有推杆顶出、推管顶出、推块顶出、推板顶出、斜顶杆顶出等。本例斜顶机构已有顶出作用,再在料位处设计推杆即可。

### 一、推杆的设计

**1. 推杆规格的选用**

推杆的规格由产品的大小确定,且推杆的规格应尽量统一。根据产品大小,本例选用 $\phi 8$ mm 的推杆较为合适。

**2. 推杆的排布**

推杆的排布要均匀,以使顶出力均衡。本例产品已有 5 支较大的斜顶杆,再在产品的 4 个角各布置 1 支推杆即可。其余地方的料位大多出在型腔,所以不用布置推杆。推杆中心与模具中心的间距取整数,以便取数加工。本例推杆的排布及位置尺寸如图 4-6-1 所示(只显示 1/4)。确定 1 支推杆位置后,其余 3 支可通过镜像得到。

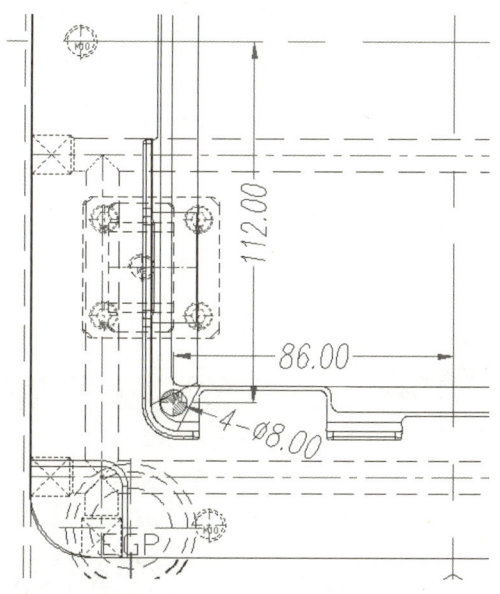

图 4-6-1 推杆的排布及位置尺寸

## 二、推杆的调用与处理

### 1. 推杆的调用

对照推杆的排布位置,利用"HB_MOULD M6.8"外挂调用 $\phi 8$ mm 的推杆。具体操作参看微课视频。图 4-6-2(a)所示是调用 1 支推杆的相关参数。其余 3 支推杆通过镜像获得,4 支推杆的调用结果如图 4-6-2(b)所示。

推杆的调用与处理

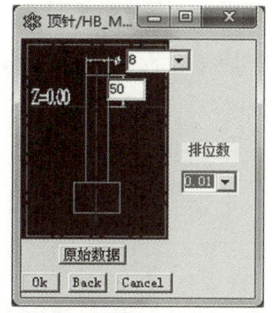

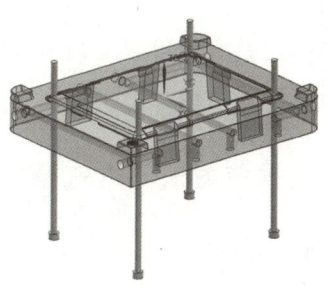

(a) 相关参数　　　　　　(b) 调用结果

图 4-6-2 调用 1 支推杆的相关参数和 4 支推杆的调用结果

### 2. 推杆的处理

处理推杆的具体操作参看微课视频。处理结果如图 4-6-3 所示。

### 3. 推杆避空

推杆避空的具体操作参看微课视频。

### 4. 推杆定位

因为本例的 4 支推杆均顶在产品的曲面上,所以需做管位,以防止推杆转动。具体操作参看微课视频。

### 5. 推杆孔的创建

调用"减去"命令在型芯上减出 4 个推杆孔。

### 6. 推杆在型芯中避空的创建

创建推杆在型芯中的避空的具体操作参看微课视频。图 4-6-4 所示是避空的相关参数。

推杆与相关零件的处理

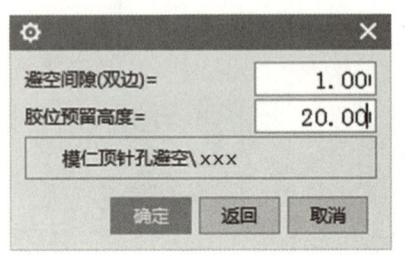

图 4-6-3 推杆处理结果　　图 4-6-4 避空的相关参数

### 7. 推杆归入图层

将所有推杆移动至第 70 层。

## 4.7 排气系统设计

模具内气体不仅包括型腔里的空气,还包括流道里的空气和塑料熔体分解产生的气体。在注塑时,这些气体都应顺利地排出。如果气体不能顺利排出,模具将会充填困难或局部飞边,严重时产品表面会产生焦痕。本例产品较大,需设计排气系统。

### 一、排气方法与排气槽尺寸

#### 1. 排气方法

常用的排气方法有利用分型面排气、利用推杆排气、利用镶拼间隙排气等。若以上方法不能将模具内的气体顺利排出,则要开排气槽。排气槽一般开设在型腔一侧。若分型面为平面,模具结构图上一般无须绘出排气槽,钳工师傅会凭借经验自行磨出。如果用户指定设计排气槽,则必须按用户要求进行设计。

#### 2. 排气槽尺寸

排气槽的宽度常取 6 mm、8 mm 和 10 mm,具体选取规格依据型腔、型芯的大小。本例排气槽的宽度取为 8 mm。排气槽边与产品料位边间距一般为 8 mm 左右。排气槽的深度与塑料品种有关,一般为 0.3～0.5 mm。本例的排气槽深度取为 0.3 mm。

## 二、排气槽的设计

### 1. 绘制排气槽草图

单独显示型腔,单击"菜单"→"插入"→"在任务环境中绘制草图",选择型腔的底面为绘图面,绘制如图 4-7-1 所示排气槽草图。

排气系统的设计

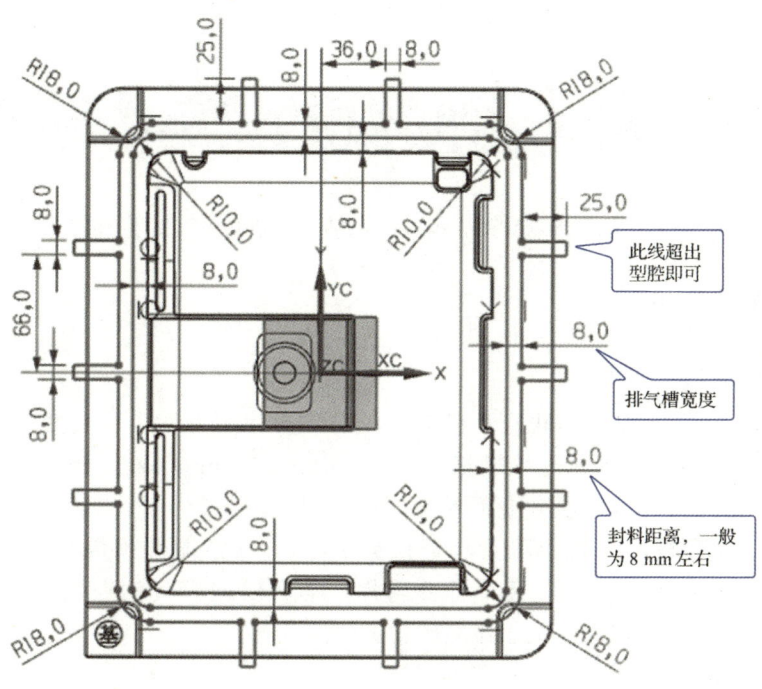

图 4-7-1　排气槽草图

### 2. 初步创建排气槽

单独显示上一步创建的排气槽草图,调用"拉伸"命令,选择整个草图,拉伸参数如图 4-7-2(a)所示,然后单击"确定"按钮,得到如图 4-7-2(b)所示实体(0.3 为排气槽深度),完成排气槽的初步创建。

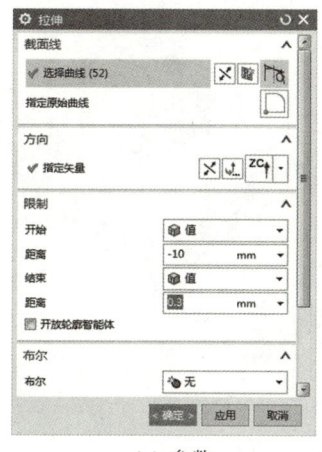

(a)参数

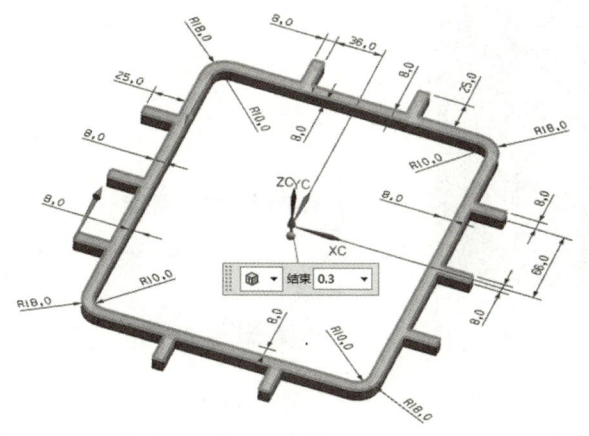

(b)实体

图 4-7-2　初步创建排气槽

### 3. 处理排气槽

单独显示初步创建的排气槽，执行"减去"命令，选择型腔为"目标体"，选择初步创建的排气槽为"工具体"，取消勾选"保存工具"选项，然后单击"确定"按钮，完成型腔与初步创建的排气槽相减，得到最终的排气槽，如图 4-7-3 所示。显示并框选所有对象，执行"移除参数"命令。

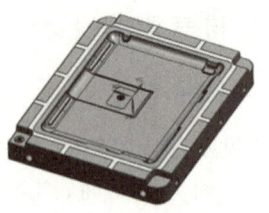

图 4-7-3 最终的排气槽

## 4.8 热流道模标准件设计

本例模具的标准件主要包括支撑柱、限位块、弹簧、限位钉、型腔和型芯的紧固螺钉等。

### 一、支撑柱的设计

#### 1. 支撑柱的规格与布置

支撑柱俗称撑头，其作用是防止动模板在注射压力作用下发生弯曲变形。支撑柱一般为圆柱体，常用规格有 $\phi25$ mm、$\phi30$ mm、$\phi35$ mm、$\phi40$ mm、$\phi45$ mm、$\phi50$ mm 等。在空间足够时，支撑柱直径应尽量大，且尽量取相同直径。支撑柱的布置应尽量靠近模具中心，并注意避开顶棍孔、推杆、弹簧、推板导柱、斜顶座等，且布置要匀称。本例根据模具的空间大小，可布置 4 根 $\phi50$ mm 的支撑柱，紧固螺钉规格选用 M10。

支撑柱的设计

#### 2. 支撑柱的添加

添加支撑柱的具体操作参看微课视频。支撑柱的参数、位置尺寸及设计结果如图 4-8-1 所示。

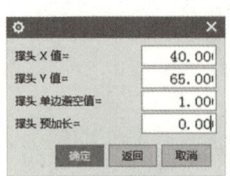

(a) 参数　　　　　　(b) 位置尺寸　　　　　　(c) 设计结果

图 4-8-1 支撑柱的参数、位置尺寸及设计结果

将所有支撑柱(包括紧固螺钉)移动至第 116 层。

## 二、限位块的设计

### 1. 限位块的规格与布置

限位块的作用是限制顶出行程。顶出行程一般为产品总高度加 10～15 mm。本例在设计斜顶杆机构时已经设定顶出行程为 30 mm，顶出空间长度为 60 mm，故限位块的高度为 30 mm(60 mm－30 mm)，也可先适当降低垫块高度再限位。限位块通常为圆柱体，其常用规格有 $\phi$15 mm、$\phi$20 mm、$\phi$30 mm 等，本例选用 $\phi$30 mm。紧固螺钉规格选为 M8。本套模具属于中型模具，布置 2 个限位块即可。设置限位块的位置时，要尽量靠近模具中心，且布置要匀称，避开推杆、支撑柱、斜顶座等。

### 2. 限位块的添加

添加限位块的具体操作参看微课视频。限位块的参数、位置尺寸及设计结果如图 4-8-2 所示。

将所有限位块(包括紧固螺钉)移动至第 117 层。

限位块的设计

(a) 参数　　　　　　　(b) 位置尺寸　　　　　　(c) 设计结果

图 4-8-2　限位块的参数、位置尺寸及设计结果

## 三、复位弹簧的设计

### 1. 复位弹簧的规格及安装位置

复位弹簧的作用是协助顶出机构复位。一般情况下，复位弹簧可安装在复位杆上。复位弹簧的内径应等于或略大于复位杆的直径。

本例复位杆直径为 25 mm，根据复位弹簧的标准，应选用内径为 27.5 mm 的弹簧。前面已确定本例产品顶出行程为 30 mm，假设复位弹簧的预压量为 10 mm，复位弹簧的压缩比取 0.40，则复位弹簧自由长度＝(30 mm＋10 mm)/0.40＝100 mm。根据复位弹簧标准，选择复位弹簧类型为轻载荷(蓝)，规格为 TL50×27.5×100。因为复位弹簧预压量为 10 mm，所以复位弹簧预压状态的长度＝100 mm－10 mm＝90 mm。由于本例模架的顶出空间长度为 60 mm，因此复位弹簧伸入动模板的长度＝90 mm－60 mm＝30 mm。

### 2. 复位弹簧的添加

复位弹簧添加的具体操作参看微课视频。复位弹簧的设计参数及添加结果如图 4-8-3 所示。

复位弹簧的设计

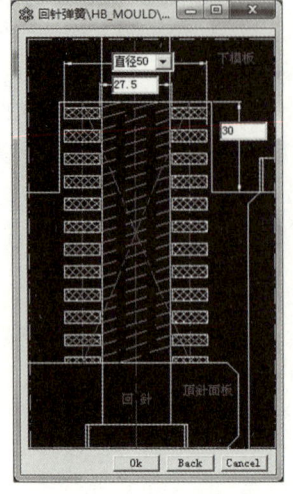

（a）设计参数　　　　　　　　（b）添加结果

图 4-8-3　复位弹簧的设计参数及添加结果

将所有复位弹簧移动至第 118 层。

## 四、限位钉的设计

### 1. 限位钉的规格及数量的确定

限位钉的常用规格有 $\phi 16$ mm、$\phi 20$ mm、$\phi 30$ mm 等，具体选用规格由模具大小确定。本例为中型模具，选用 $\phi 20$ mm 的限位钉。限位钉的数量也是由模具大小确定的，通常相邻限位钉的间距为 100 mm 左右。本例的模架规格为 4045，可布置 10 个限位钉。限位钉用 M6 的平头螺钉锁紧在动模座板上。

### 2. 限位钉的位置确定

当限位钉数量为 4 时，限位钉都布置在复位杆的正下方；当限位钉数量超过 4 时，4 个限位钉布置在复位杆正下方，其余几个尽量均匀布置在推板的下面，要注意避开支撑柱、推管型芯、推板导柱等。

### 3. 限位钉的添加

添加限位钉的具体操作参看微课视频。限位钉的规格为 STA-D20-PTM6，位于第一象限的限位钉的坐标分别为（99,195）、（99,95）、（99,0）。限位钉的位置尺寸及添加结果如图 4-8-4 所示。

将所有限位钉（包括平头螺钉）移动至第 120 层。

限位钉的设计

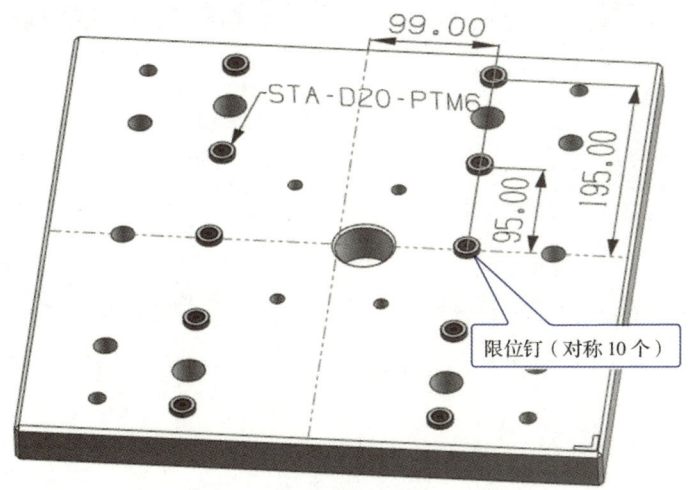

图 4-8-4　限位钉的位置尺寸及添加结果

## 五、型腔与型芯紧固螺钉的设计

### 1. 紧固螺钉大小和位置的确定

紧固螺钉的大小依据型腔、型芯的大小而定。当型腔、型芯尺寸小于 150 mm 时，一般用 M6 或 M8 的紧固螺钉。当型腔、型芯尺寸为 150～300 mm 时，一般用 M8 或 M10 的紧固螺钉。当型腔、型芯尺寸大于 300 mm 时，一般用 M12 的紧固螺钉。锁定型腔、型芯的紧固螺钉规格至少要用 M6。紧固螺钉的数量也是依据型腔、型芯的大小来确定的，一般螺钉中心距为 100 mm 左右。在确定紧固螺钉位置时，要注意避开冷却系统，冷却水道边与螺钉孔边的间距最小为 4 mm，以防钻穿冷却水道。螺钉孔边与型腔、型芯边的间距最小为螺钉孔直径的 1/2，以保证型腔、型芯的强度。螺钉孔中心与型腔、型芯边的间距通常取整数，以方便模具的加工。

### 2. 型腔紧固螺钉的设计

（1）利用"HB_MOULD M6.8"外挂添加型腔 4 个角方向的 4 个紧固螺钉。单独显示型腔和定模板，并将定模板透明化，之后操作要点如下：

"HB_MOULD M6.8"→"螺丝系列"→"正向螺丝"→选择定模板上表面为"螺丝放置实体面"→"以 WCS 原点定位"→选择定模板和型腔为"螺丝过孔实体"→弹出"点"对话框并提示"选择螺丝放置点"，选择定模板上表面的任意一点→再次弹出"点"对话框并提示"选择螺丝孔断点"，选择定模板开框底面上的任意一点为"螺丝孔断点"→"公制"→"M10"→将螺钉的（X, Y）坐标调整为（75, 150），其余参数默认→"确定"→"取消"→"四角镜像"，完成 4 个角上 4 个紧固螺钉的添加。

（2）利用"HB_MOULD M6.8"外挂添加型腔中间位置的 2 个紧固螺钉。操作步骤同上，注意螺钉的（X, Y）坐标为（115, 0），镜像方式为"X 向镜像"。型腔的 6 个紧固螺钉的相关参数及添加结果如图 4-8-5 所示。具体操作参看微课视频。

型腔与型芯紧固螺钉的设计

 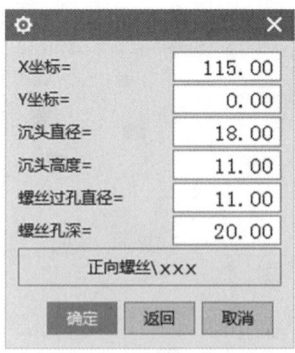

(a) 4个角处4个紧固螺钉的相关参数　　　　(b) 中间2个紧固螺钉的相关参数

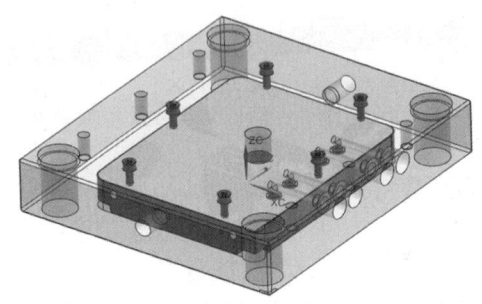

(c) 添加结果

图 4-8-5　型腔 6 个紧固螺钉的相关参数及添加结果

### 3. 型芯紧固螺钉的设计

用同样方法添加型芯的 6 个紧固螺钉,紧固螺钉的位置坐标和相关参数与型腔的紧固螺钉对应相同。注意"螺丝放置实体面"为动模板底面,"螺丝过孔实体"为型芯和动模板,"螺丝孔断点"为动模板开框底面上的任意一点。型芯的 6 个紧固螺钉添加结果如图 4-8-6 所示。具体操作参看微课视频。

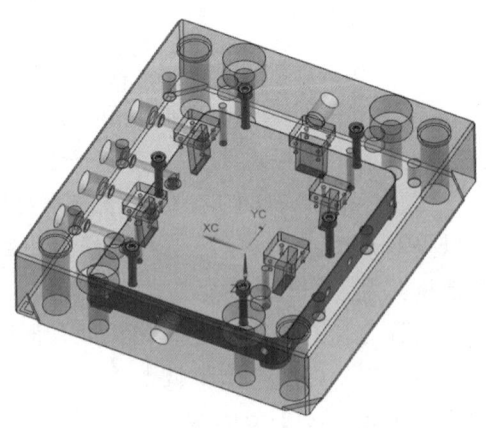

图 4-8-6　型芯 6 个紧固螺钉添加结果

## 4.9 模具总装图设计

### 一、3D 模具总装图

经过各系统和斜顶杆机构等结构的设计,本例的 3D 模具结构已设计完成。整套模具的 3D 效果如图 4-9-1 和图 4-9-2 所示。

图 4-9-1 定模部分 3D 效果　　　　图 4-9-2 动模部分 3D 效果

### 二、2D 模具总装图的绘制

参照实例 1 的 2D 模具总装图的绘制方法,可在 UG 的"制图"模块初步绘制本例的 2D 模具总装图,如图 4-9-3 所示。

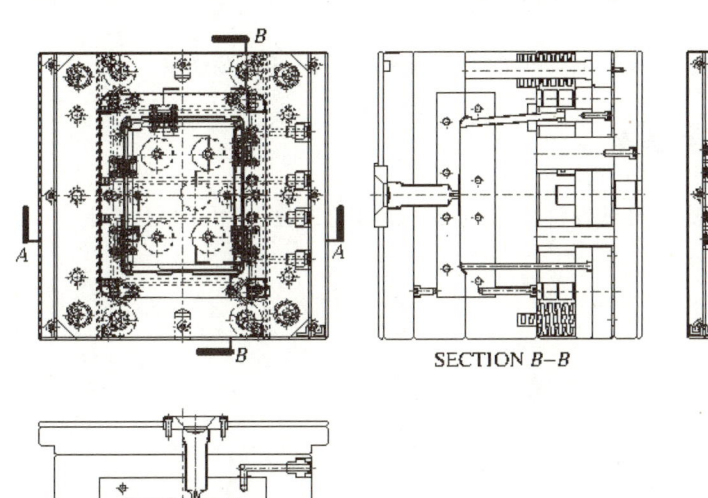
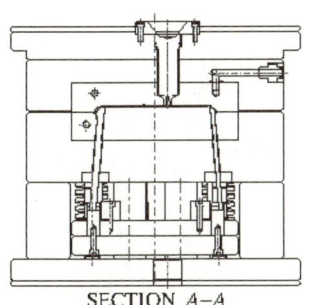

图 4-9-3 初步绘制 2D 模具总装图

## 三、2D 模具总装图的标注

此小节这里主要说明 2D 模具总装图的标注要求。

**1. 动、定模视图中的尺寸标注**

按行业习惯，通常分别以定模视图和动模视图的中心为坐标系原点，采用坐标标注的方式，分别对定模视图和动模视图进行尺寸标注。重点标注设计的结构元素，除模架的外形尺寸，模架原有的其他结构元素不必标注。

**2. 剖视图中的尺寸标注**

按行业习惯，正剖视图和侧剖视图通常采用线性标注的方式进行尺寸标注。主要标注各块模板的厚度、型腔的厚度、型芯的厚度、滑块机构相关尺寸、斜顶杆机构相关尺寸、浇口套尺寸、浇口尺寸、顶出行程、弹簧相关尺寸、限位尺寸、冷却水道的大小及位置尺寸等。

各视图的尺寸标注结果可参看最终的 2D 模具总装图。

**3. 浇口局部放大图及尺寸标注**

为了清晰地表达浇口的形状，同时也为了便于浇口尺寸的标注，通常对浇口部位单独绘制一个局部放大图，并在局部放大图上标注浇口的尺寸。本例浇口局部放大图及其尺寸标注结果可参看最终的 2D 模具总装图。

## 四、明细表、标题栏、技术要求的编写

本例明细表、标题栏、技术要求的编写可参看最终的 2D 模具总装图。

## 五、完整的 2D 模具总装图

经编辑、修改和整理后，整套模具设计完成的 2D 模具总装图如图 4-9-4 所示。

## 实例4 一模一腔直浇口斜顶杆机构热流道模设计

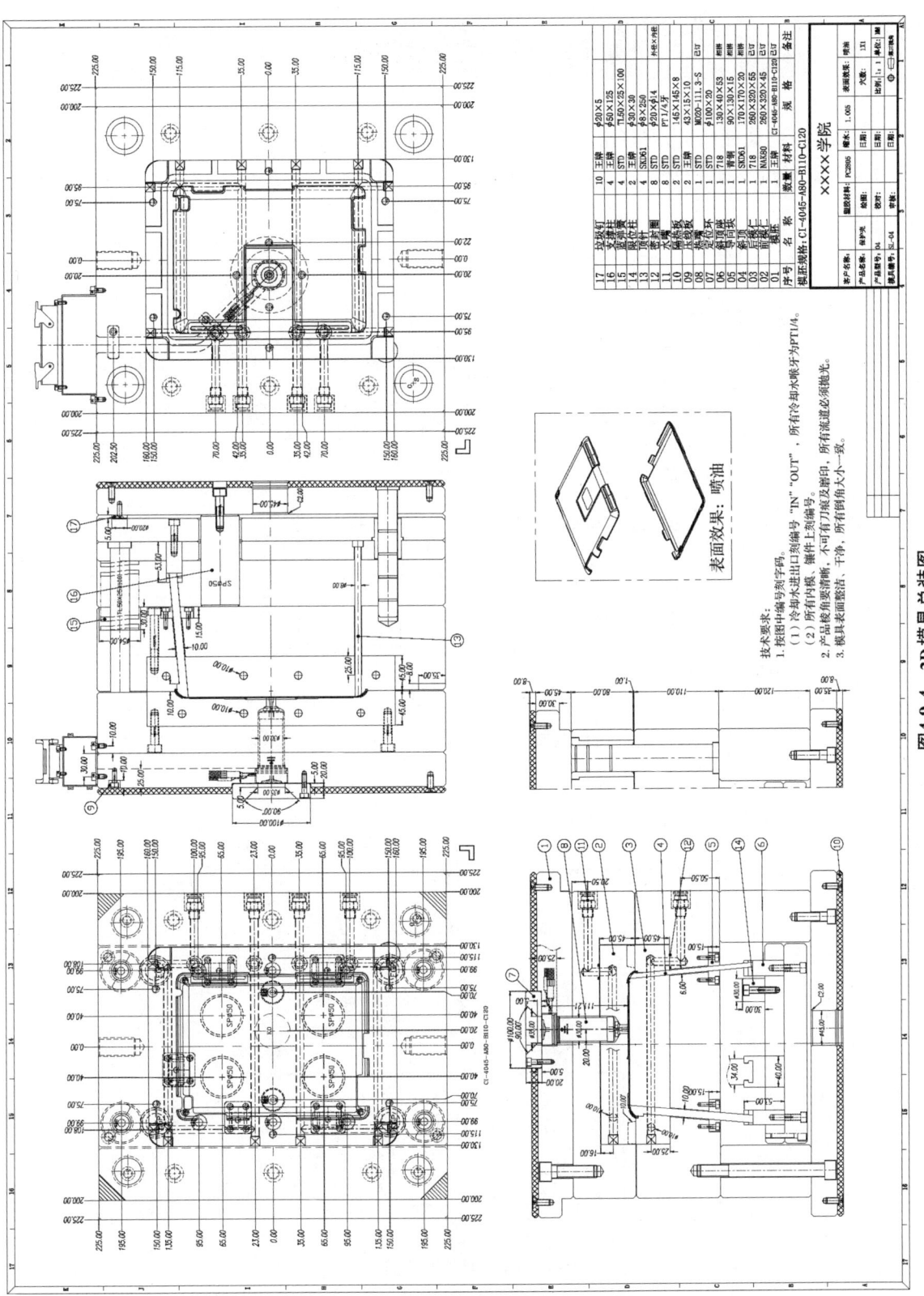

图4-9-4 2D模具总装图

## 4.10 模具零件图设计

完成 3D 模具设计后,即可出模具零件图,出图方法参照实例 1。图 4-10-1、图 4-10-2 分别为本例型腔和型芯零件图。全部零件的零件图及线割图可参看配套资源中关于本例的完整文件。

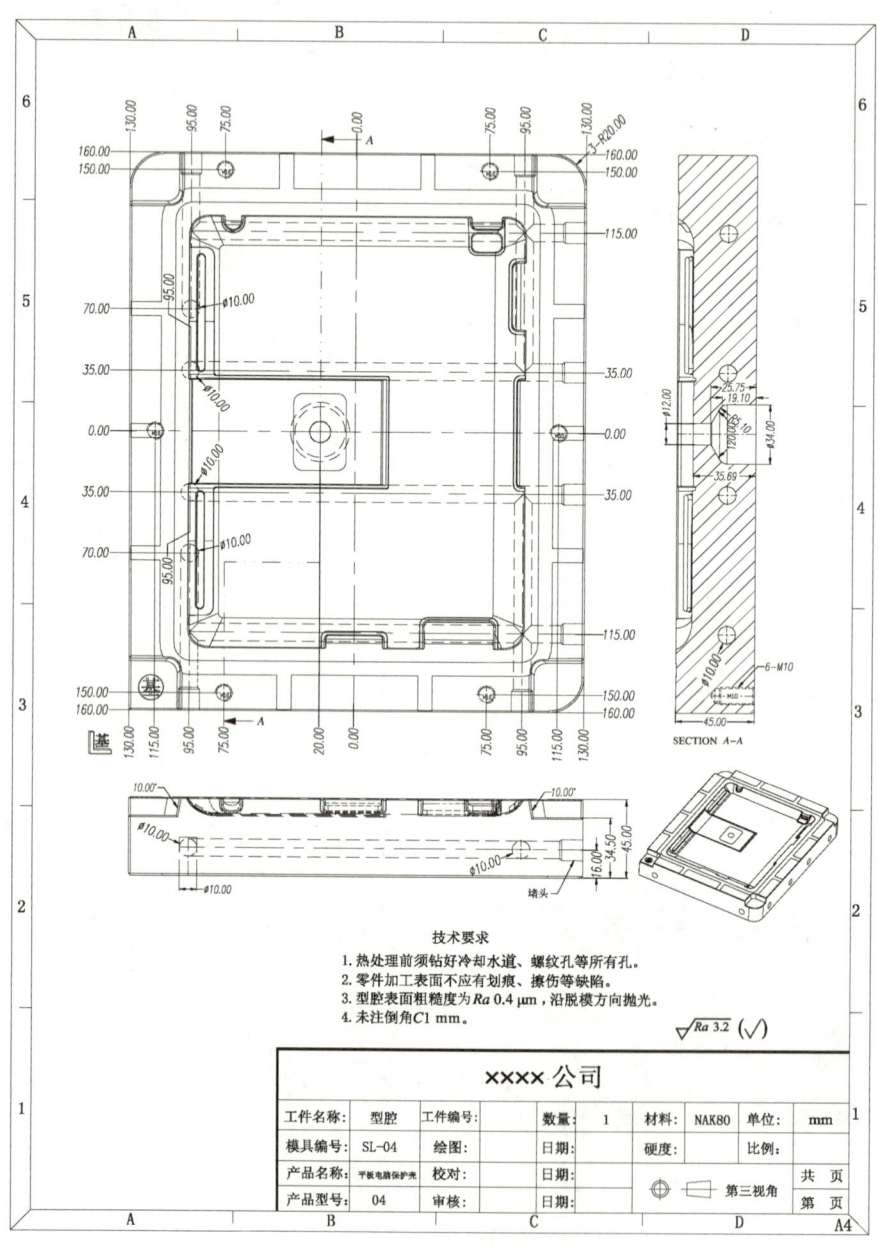

图 4-10-1 型腔零件图

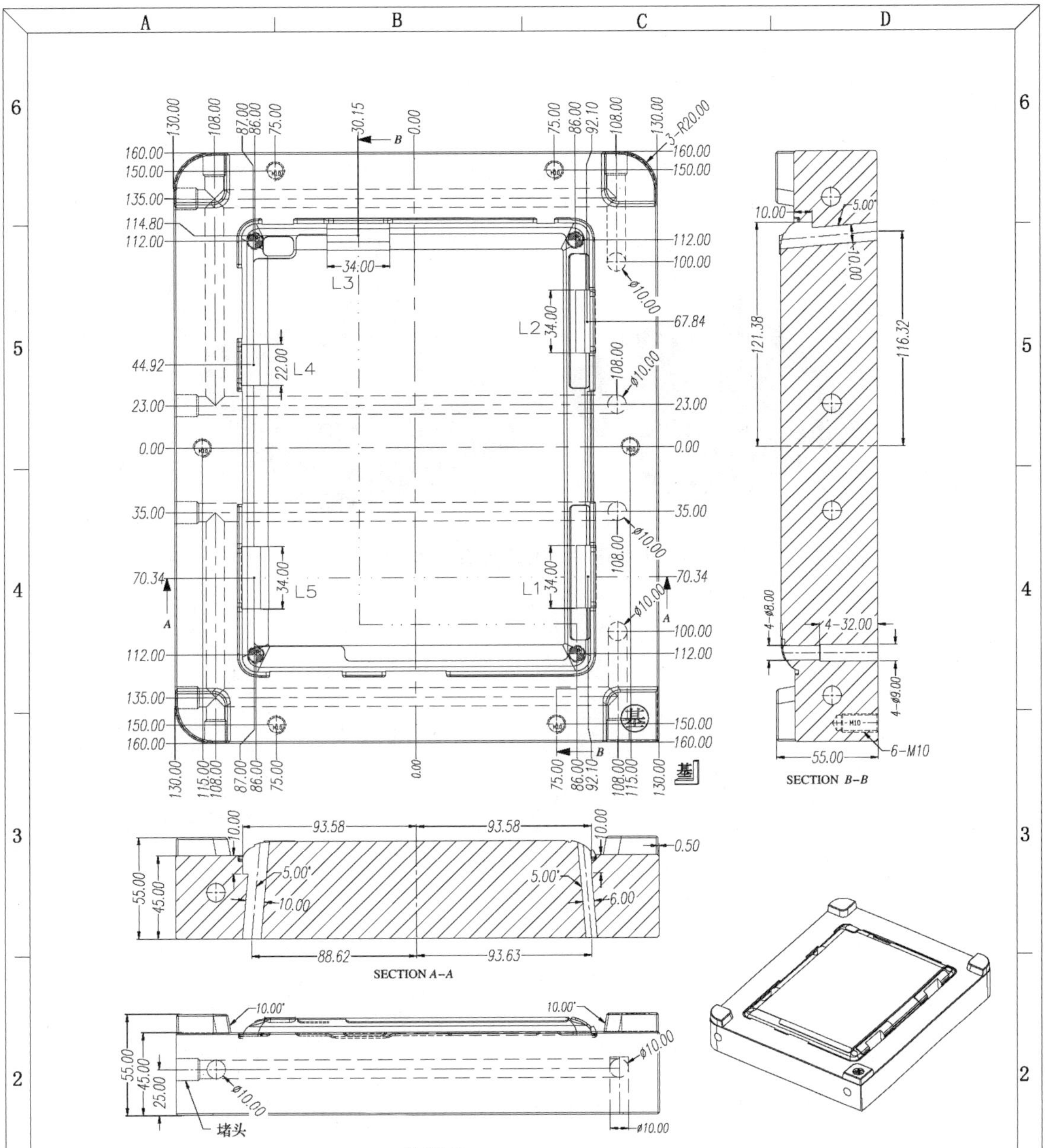

## 实例4 一模一腔直浇口斜顶杆机构热流道模设计

技术要求
1. 热处理前须钻好冷却水道、螺纹孔等所有孔。
2. 型芯表面粗糙度为Ra 0.8 μm，沿脱膜方向抛光。
3. 未注倒角C1 mm。

图 4-10-2 型芯零件图

## 技能训练

完成训练题图所示电话机底壳的 3D 模具设计（路径：配套资源\XL-Part\XL04.stp），并创建型腔和型芯零件图。

产品材料为 PC2805，收缩率为 1.005，表面要求普通光面。

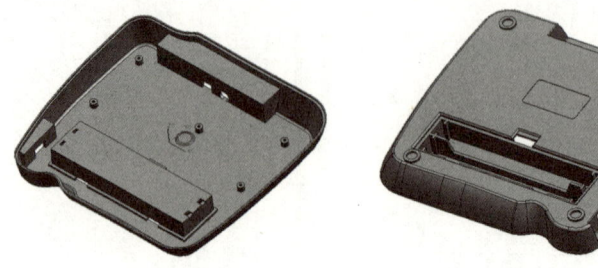

训练题图　电话机底壳 3D 图

# 参考文献

[1] 伍先明,潘平盛.塑料模具设计指导[M].北京:机械工业出版社,2020.

[2] 戴裕崴,王正才.注塑模具CAD/CAE/CAM综合实训[M].大连:大连理工大学出版社,2014.

[3] 霍晗.注射模具设计及应用实例[M].北京:机械工业出版社,2011.

[4] 洪建明,周建安,郭晓霞,等.UG NX12.0注塑模具设计实例教程[M].北京:机械工业出版社,2021.

[5] 高玉新,荣真基,王均波,等.UG NX10.0模具设计实例教程[M].北京:机械工业出版社,2021.

[6] 金志刚,胡晓岳.注射模设计项目化实例教程[M].北京:机械工业出版社,2022.

[7] 王晖,刘军辉.注射模设计方法及实例解析[M].北京:机械工业出版社,2013.

# 附录

## 注塑模具术语对照表

| 国标 | 俗称 | 国标 | 俗称 |
|---|---|---|---|
| 模架系统相关名称 | | 抽芯机构相关名称 | |
| 模架 | 模胚 | 侧滑块、滑块 | 行位 |
| 二板模 | 大水口模 | 定模滑块 | 前模行位 |
| 三板模 | 细水口模 | 动模滑块 | 后模行位 |
| 定模座板 | 面板 | 定模弹块 | 前模弹块 |
| 定模板 | A板 | 斜导柱 | 斜边 |
| 动模板 | B板 | 楔紧块 | 铲机 |
| 支撑板 | 托板 | 斜顶机构相关名称 | |
| 垫块 | C板、方铁 | 斜顶杆机构 | 斜顶机构 |
| 推杆固定板 | 顶针面板、面针板 | 斜顶杆 | 斜顶 |
| 推板 | 顶针底板、底针板 | 斜顶杆座 | 斜顶座 |
| 动模座板 | 底板 | 三板模相关名称 | |
| 推料板 | 流道推板、水口板 | 定距拉杆 | 小拉杆 |
| 成型系统相关名称 | | 流道拉杆 | 流道钩针 |
| 型腔 | 前模仁、前内模 | 圆形拉模扣 | 开闭器、留模胶 |
| 型芯 | 后模仁、后内模 | 矩形拉模扣 | 扣鸡 |
| 型腔镶件 | 前模镶件 | 其他相关名称 | |
| 型芯镶件 | 后模镶件 | 限位钉 | 垃圾钉 |
| 浇注系统相关名称 | | 支撑柱 | 撑头 |
| 浇口 | 水口、入水位 | 定位元件 | 管位 |
| 直浇口 | 大水口 | 抛光 | 省模 |
| 点浇口 | 细水口 | 内六角螺钉 | 杯头螺丝 |
| 浇口套 | 唧嘴 | 电极 | 铜公 |
| 定位圈 | 定位环、法兰 | 加强肋 | 骨位 |
| 冷料穴 | 冷料井 | 塑料件 | 胶件 |
| 热射嘴 | 热唧嘴 | 塑料件收缩率 | 胶件缩水 |
| 冷却系统相关名称 | | 设置收缩率 | 放缩水 |
| 冷却水 | 运水 | 熔接痕 | 夹水纹 |
| 管螺纹 | 喉牙 | 螺钉柱 | 司筒柱 |
| 水管接头 | 水喉、喉嘴 | 塑件壁厚 | 胶厚 |
| 顶出系统相关名称 | | 收缩凹陷 | 缩水 |
| 推杆 | 顶针 | 溢边(飞边) | 披锋 |
| 推管 | 司筒 | 顶棍孔 | KO孔 |
| 复位杆 | 回针 | | |
| 推板导柱/导套 | 中托司 | | |
| 弹簧 | 弹弓 | | |
| 推杆板 | 顶针板 | | |